우리는 숲으로 여행 간다

우리는 숲으로 여행 간다

초판 1쇄 2022년 3월 21일
초판 2쇄 2022년 7월 15일

글 안윤정
사진 서은석

발행인 유철상
편집장 홍은선
디자인 노세희, 주인지
마케팅 조종삼, 윤소담
콘텐츠 강한나

펴낸곳 상상출판
출판등록 2009년 9월 22일(제305-2010-02호)
주소 서울특별시 성동구 뚝섬로17가길 48, 성수에이원센터 1205호(성수동 2가)
전화 02-963-9891(편집), 070-7727-6853(마케팅)
팩스 02-963-9892
전자우편 sangsang9892@gmail.com
홈페이지 www.esangsang.co.kr
블로그 blog.naver.com/sangsang_pub
인쇄 다라니
종이 ㈜월드페이퍼

ISBN 979-11-6782-065-5 (13980)

전국 자연휴양림·숲체원·국립공원 야영장 베스트 50

우리는 숲으로 여행 간다

글 안윤정 × 사진 서은석

상상출판

프롤로그

'구슬이 서 말이라도 꿰어야 보배'란 말이 있다. 아주 공감하는 말이다. 좋은 아이디어가 있어도, 사진을 많이 찍어도, 데이터를 많이 수집해도 그것을 정리해서 결과물을 내놓지 못하면 그저 늘어놓은 자료에 불과하다. 보통 여행 과정은 계획, 실천, 정리 단계로 이어지는데 의외로 가장 힘든 단계가 '정리'이다.
여행하는 사람은 많다. 숲을 좋아하는 사람은 더욱 많다. 자연휴양림에 빠져서 매주 찾는 사람도 많아졌다. 그러나 여행을 계획하고 실천한 후 사진이나 자료를 정리해 기록하는 단계까지 꾸준히 실천하는 사람은 그리 많지 않다. 나는 여행 후 블로그에 포스팅하는 것으로 뒷정리를 해 왔다. 캠핑이나 여행을 다녀온 후, 당일 또는 다음날 정리해서 글을 쓰는 습관을 들였다. 습관은 되었어도 매번 힘들다. 여독으로 지친 시간, 게으름과의 싸움이다.

어쩌다 보니 주로 휴양림 야영장에서 캠핑을 했는데, 다니다 보니 '자연휴양림'이란 곳 자체에 욕심이 생겼다. 야영장이 있는 곳에서는 캠핑을 하고 야영장이 없는 휴양림에서는 숙박 시설을 이용했다. 그러면서 숲을 즐기고 주변을 여행하기 시작했다. 소위 '도장 깨기'로 전국 자연휴양림, 국립공원 야영장을 돌았고 그곳을 베이스캠프 삼아 여행을 다녔다. 2014년 출간했던 책, '캠핑으로 떠나는 가족 여행'이 그 여행의 첫 결과물이다. 어느덧 세월이 흐르고 숲 경험은 또 쌓이고 쌓여 다시 내뱉어야 하는 시간이 되었다. 결국 이 책은 15년 동안의 '우리 가족 숲 생활'을 열심히 꿰어놓은 것이라 해도 과언이 아니다.

물론 우리보다 더 오래전부터 숲을 찾아온 사람도 많다. 나도 경험이 적은 사람이 책을 내거나 강연하는 것을 보면 '저 사람은 나보다 경력도 짧고 여행 횟수도 적은데…' 하며 질투 아닌 질투를 한 적이 있다. 하지만 곧 '구슬이 서 말이라도 꿰어야 보배'를 떠올리며 생각을 고쳐먹게 된다. '그래, 경험이 적어도 그걸 엮어 책을 낸다는 건 보통 일이 아니지' 하며 존경을 표하게 되었다. 여행서를 쓴다는 것은 '추억'이라는 구슬을 하나씩 꺼내서 그것에 '정보'를 입히는 과정이니 말이다. 15년 숲 생활 중 엄선해서 추억을 소환하고, 여러 번 다녀왔을지라도 최신 정보를 위해 다시 다녀왔다. 또 가능한 한 트렌드를 담기 위해 신생 휴양림이나 숲길을 많이 넣으려 노력했다. 여건상 주말에만 여행이 가능하니 예약이 가장 어려운 숙제였다. 여기 소개한 숲은 모두 직접 예약하고 하룻밤 이상을 머문 '내돈내산' 숲이다. 가능한 한 직접 경험한 예약 전쟁부터 숙박시설, 야영장의 분위기를 생생히 전하고자 노력했다.

솔직히 처음에는 '숲'이 좋아 숲을 찾기 시작한 건 아니다. 캠핑을 시작한 후 저렴한 캠핑장을 찾다가 자연휴양림 야영장을 알게 됐다. 하룻밤에 만 원도 안 되는 야영 데크 이용료에 그야말로 횡재한 기분이 들었다. 가격도 저렴하고 나무에 둘러싸인 주변 환경도 좋았다. 비록 자리가 넓지는 않아도, 짐을 데크까지 옮겨야 하더라도 숲속 야영 데크 위 텐트는 그런 단점을 상쇄하고도 남을 만큼 아름다웠다. 하지만 초봄에는 자그마한 데크 위 텐트에서 추위에 떨며 치를 떨었고 여름에는 폭우에 억수로 고생했다. 제주에서는 폭설로 서귀포자연휴양림에 고립된 적도 있다. 그런데도 이상하게 다음 휴양림 예약일이 되면 나는 또 컴퓨터를 켜고 예약 사이트에 접속해 있다. 숲은 참 요물이다. 한번 빠지면 헤어나지 못하는 마법을 부리는 것이 틀림없다.

코로나19라는 희대의 빌런으로 일상생활이 자유롭지 못한 지 벌써 2년. 우리의 여행도, 아웃도어 생활도 많이 위축됐다. 그러나 아이러니하게도 '숲' '휴양림' '캠핑'은 붐이 일었다. 바이러스에 둘러싸인 위험한 세계에서, 원초적인 자연이 우리를 지키는 울타리라 여기는 것일까? 빽빽한 소나무 숲에 안긴 통나무집은 누구도 침범할 수 없는 우리만의 세상이다. 조심조심 걷는 숲길은 커다란 위안이다. 숲속에서 오순도순 모여 굽는 고소한 바비큐는 면역력을 높여주는 보약 같은 음식이다.

요즘 캠린이(캠핑 초보), 휴린이(휴양림 초보), 등린이(등산 초보)란 말이 온라인에 자주 등장한다. 각종 인터넷, SNS, 동영상 사이트에 이들을 위한 정보가 가득하다. 그러나 짧은 글로, 영상으로 후딱 흡수한 정보는 쉽게 잊힌다. 또 정보는 인터넷상에 무궁무진하게 많지만 숲에서 받은 영감은 돈을 주고도 살 수 없을 것이다. 이 책은 조금 느리게, 아날로그 감성으로 숲을, 또 숲속 생활을 상상하고 느껴보는 것은 어떨까 하는 마음으로 쓰기 시작했다. 휴린이, 캠린이가 이 책을 읽고 '나도 여기 가봐야지'라고 자극받는다면 충분히 보람을 느낄 것이다. 자, 이제 모두 심호흡을 하고 '숲'으로 여행을 떠나 보자.

2022년 봄 **안윤정**

목차

part1 숲 여행, 준비부터 시작

part2 전국 숲 여행 본격 가이드

Theme1
몸부터 마음까지, 힐링 숲

Theme2
전망 좋고 시설 으뜸인 숲

Theme3
바다 곁에서 즐기는 숲

part3 테마별·지역별 모아 보기

part

1

숲 여행, 준비부터 시작

forest 01

숲 여행에 앞서

공인된 숲?

먼저 '숲'이란 무엇인가를 짚고 넘어가자. 숲은 수풀(林)의 줄임말로, '나무가 빽빽하게 우거진 곳'을 뜻한다. 우리나라의 평지는 대부분 농지나 도시로 개발되었기 때문에 일반적으로 숲이라 하면 '산'을 떠올린다. 하지만 산뿐만 아니라 평지에도 나무가 많은 곳이라면 '숲'이라 부를 수 있을 것이다.

그런데 모든 숲에 마음대로 들어가고 여행할 수 있을까? 답은 NO이다. '산림자원의 조성 및 관리에 관한 법률'에 따라 금지되는 곳이 아주 많다. 국립, 도립, 군립, 지질공원은 기본이고 도시공원, 수목원, 해수욕장 근처의 숲 역시 지정된 장소를 제외하고는 자유로운 여가 활동이 불가능하다. 그러니 아무리 좋은 숲이 있어도 국가나 소유자가 허가한 곳이 아니라면 모두, 우리의 여행은 불법 활동이 될 수 있다. 특히, 직접적인 불을 이용한 취사는 숲 보호 차원에서 더욱 엄격히 금지된다.

그렇다면 정정당당하게 즐길 수 있는 '숲'은 어디일까? 야영, 취사가 허가된 숲, 먹고 자고 즐길 수 있도록 허락된 숲! 이를 '공인된 숲'이라 칭하겠다. 그런 곳의 대표 주자가 바로 자연휴양림, 숲체원·치유의 숲, 국립공원 야영장 등이다. 따라서 이 책에서는 이 세 가지의 공인된 숲을 중심으로 소개하고자 한다.

공인된 숲이 주는 매력

왜 숲으로 가냐고 물었을 때, 일반적으로 가장 먼저 나오는 대답은 '숲이 좋아서'이다. 이때 '숲'은 당연히 '자연'이다. 그런데 '공인된 숲'이라니 말해 뭐할까? 그 품위와 가치는 개인이 아니라 모든 사람이 인정한다는 말이다. 그래서 국립 휴양림이고 국립공원이 아닐까? 조성될 때부터 훌륭한 자연환경을 배경으로 삼은 것이다. 울창한 숲에 안겨 잠들고, 옆에서 계곡이 힘차게 노래한다. 맑은 공기와 더불어 나무가 제공하는 피톤치드는 기본 옵션이다.

사람들이 처음 '공인된 숲'에서 묵는 이유는 대부분 '저렴한 숙박비' 때문이다. 자연휴양림 야영장과 국립공원 야영장 이용 요금은 보통 사설 오토캠핑장의 1/2 또는 1/3 수준이다. 자연휴양림같은 숙박 시설 역시 개인이 운영하는 펜션보다 요금이 저렴한 편이다. 장점은 또 있다. 일정 규칙만 지킨다면 관리받는 느낌으로 안전하게 지낼 수 있다. 보통 사설 캠핑장이나 숙박 시설에서는 주인의 간섭이 있을 수 있는데, 국립이나 공립 시설에서는 그런 간섭 없이 자유롭게 자연을 만끽할 수 있다.

forest 02

공인된 숲의 성격과 특징

휴양과 레저를 위한 숲

자연휴양림

자연휴양림이란 휴식과 레저(명상, 숲 해설, 캠핑, 액티비티 등)를 위해 조성된 숲을 말한다. 보통 산림청 산하 국립자연휴양림관리소에서 운영하는 국립 자연휴양림과 도·시·군(지자체)에서 관리하는 공립 자연휴양림으로 나눌 수 있다. 개인이 운영하는 사립 휴양림도 몇 곳 있다. 대개 숲 속에 숙박 시설 또는 야영 시설이 있고 산책로, 등산로 등이 조성되어 있다. 운동장, 모험 레포츠 시설, 수영장 등 부대시설이 마련된 곳도 있다.

1988년 대관령 기슭 울창한 소나무 숲에 국내 최초의 자연휴양림이 조성되었다. 대관령자연휴양림이다. 이후 전국적으로 숲 좋은 곳에 국민의 자연 안식처로 자연휴양림이 문을 열어 왔다. 현재 180여 개가 있고 그 숫자는 계속 늘어나고 있다.

국립공원 야영장

우리나라를 대표하는 생태계와 자연, 문화 경관을 보전하기 위해 환경부가 지정하고 국가가 관리하는 구역을 '국립공원'이라 한다. 그 안에 야영장, 대피소, 생태탐방원과 해설 프로그램을 운영하며 자연의 보호뿐 아니라 자연과의 공존을 도모한다. 현재 한국에는 총 22개의 국립공원이 있다. 국립공원 안에서 우리가 먹고 자고 즐길 수 있는 대표적인 숲 공간이 야영장이다. 야영장은 대개 노지형으로 구획이 정리된 경우가 많으나 요즘은 데크형, 더 나아가 체류형 숙박 시설(카라반, 솔막 등)도 늘어나는 추세이다. 국립공원 야영장은 보통 유명 등산로 입구에 있는 경우가 많아 숙박과 산행, 트레킹을 겸할 수 있다는 장점이 있다.

치유와 교육을 위한 숲

숲체원·산림치유원·산림교육센터, 치유의 숲

산림교육이나 치유에 중점을 둔 숲으로는 숲체원·산림치유원·산림교육센터, 치유의 숲 등이 있다. 국립, 공립 및 민간 운영으로 나눌 수 있는데 현재 전국적으로 국립, 공립, 사립을 합쳐 52곳이 운영 중이다. 산림청 산하 한국산림복지진흥원에서 관리하는 국립 서비스 기관은 '숲체원'이라 부르는데, 영주에 있는 국립산림치유원은 국립 숲체원의 본부 격이다. 국립 이외에 공립·사립 기관에는 산림교육센터 또는 에코센터, 힐링랜드 등의 이름이 붙어 있다. 이런 산림치유 기관에는 치유·교육 시설뿐 아니라 숙박 시설도 함께 있다. 예약하면 산림치유 서비스를 이용한 후 숙박할 수 있지만, 취사는 금지된다. 숲체원과 달리 '치유의 숲'은 일종의 치유 프로그램만 진행하는 곳으로, 숙박 시설은 없다.

forest 03

숲으로 가는 과정

목적지 정하기

먼저 나와 우리 가족에게 적당한 '숲'은 어디인지, 어디에 가고 싶은지부터 결정해야 한다.

조용한 자연 속 힐링이나 치유 우선 →	숲체원이나 치유의 숲, 자연휴양림 중 시설보다는 산림환경이 좋은 곳 예: 경기도잣향기푸른숲, 국립산림치유원, 산음자연휴양림, 하동편백자연휴양림
아이들과 뛰어놀고 싶다 →	자연휴양림 중 놀이터, 모험시설 등이 잘 갖춰진 곳, 국립공원 야영장 중 오토캠핑이 가능한 넓은 사이트가 있는 곳 예: 동두천자연휴양림, 송이밸리자연휴양림, 태안해안국립공원 학암포야영장, 주왕산국립공원 상의야영장

야외에서 맛난 음식을 맘껏 구워 먹고 싶다	→	화로대 사용이 가능한 국립공원 야영장, 바비큐가 가능한 자연휴양림 예: 무주향로산자연휴양림, 봉수산자연휴양림, 태학산자연휴양림, 치악산국립공원 금대야영장
등산·트레킹을 하고 싶다	→	산책로·등산로가 잘 갖춰진 자연휴양림, 산행 코스와 가까운 국립공원 야영장 예: 유명산자연휴양림, 축령산자연휴양림, 덕유산국립공원 덕유대야영장, 가야산국립공원 백운동야영장
깔끔한 숙박 시설에 머물며 가볍게 산책하고 싶다	→	최근 지어진 시설 좋은 자연휴양림 예: 철원두루웰숲속문화촌, 사천케이블카자연휴양림, 신시도자연휴양림, 공주산림휴양마을

각 숲의 시설, 장단점 살펴보기

가고 싶은 '숲'을 마음에 품었으면 이제 각 숲의 시설, 장단점을 살펴볼 필요가 있다. 여행지, 여행 목적, 구성원, 숙박 여부에 따라 예약할 시설, 코스가 달라지기 때문이다.

숲속 숙박 시설 | 자연휴양림의 숙소

❶ 숲속의 집

이름처럼 숲속에 자리한 숙박 시설이다. 집으로 치자면 단독주택인 독립형 숙소로, 대체로 통나무집 형태가 많지만 요즘은 한옥, 트리하우스, 원형 집 등 다양하고 개성 넘치는 외관이 증가하고 있다. 객실 크기에 따라 사용 적정 인원이 있는데, 통일된 규정은 없이 각 휴양림마다 객실 크기가 다르다. 즉, 같은 4인실이라도 어떤 곳은 넓고 어떤 곳은 좁을 수 있다. 4인실, 5인실, 6인실이 일반적이고 8인실, 10인실, 12인실, 20인실 등의 단체 숙소를 갖춘 휴양림도 있다. 구조도 제각각이라 예약 시 평면도를 참조하는 것이 좋다. 원룸형, 방 하나와 거실 하나를 갖춘 구조, 다락이 있는 2층형도 있다. 특히, 여러 가족이나 대가족이 이용할 경우 방과 화장실 개수가 중요하니 꼭 구조를 확인한 후 예약하는 것이 좋다. 보통 복잡한 도시생활에서 해방감을 느끼기 위해서 많이들 숲을 찾기 때문에, 여러 객실이 붙어 있는 산림문화휴양관이나 연립동보다는 독립적인 숲속의 집이 인기가 많다.

❷ 산림문화휴양관

2~3층 규모로 여러 객실을 가진 건물이다. 집으로 치자면 아파트형이다. 대개 작은 객실인 3인실, 4인실, 5인실로 구성되는 경우가 많지만 6인실, 8인실 등 큰 객실이 섞여 있는 곳도 있다. 방 구조는 대체로 원룸형이 많고, 별도의 방이나 다락방을 포함한 형태도 있다. 주택과 마찬가지로 산림문화휴양관에는 층간소음이 있을 수 있다. 예약 시 염두에 두어야 한다. 뛰기 좋아하는 어린아이가 있다면 아예 1층을 예약하고, 층간소음을 피하고 싶다면 가장 높은 층 객실을 선택하자.

❸ 연립동

이름대로 두 개 이상의 객실이 붙어 있는 경우이다. 연립주택이라 보면 된다. 단층에 두 객실이 붙어 있는 경우가 가장 많고, 휴양림에 따라 몇 개 층에 몇 개 객실로 구성된 경우도 있다. 대체로 같은 크기와 구조가 나란히 붙어있지만, 전혀 다른 크기나 구조인 경우도 있다. 예약 시 평면도를 꼭 참고해야 하는 이유다. 어느 방이 우리 가족에게 더 좋은지 선택하자. 산림문화휴양관과 마찬가지로 옆집, 윗집 등에서 소음이 발생할 수 있다.

❹ 숲속수련장

일명 단체 숙소이다. 가족 단위보다는 단체가 숙박하거나 여러 가족이 함께 묵는 경우 좋다. 큰 강당, 회의실도 있어 회사 워크숍이나 단합 대회 등에 유용하다. 숲속수련장은 모든 휴양림이 갖춘 시설은 아니다. 희리산해송자연휴양림, 용화산자연휴양림, 백운산자연휴양림, 칠보산자연휴양림 등에 있다.

❶ 야영 데크

일반적으로 자연휴양림 야영장에서 가장 많이 볼 수 있는 형태이다. 나무로 된 데크가 있고 그 위에 텐트를 설치한다. 인위적으로 정비하지 않고 보통 지형을 살려, 나무가 울창한 숲속이나 옆에 계곡이 흐르는 스폿이 많다. 차를 옆에 둘 수 있는 곳도 있지만 대체로 짐을 옮겨야 한다.

야영 데크 크기와 편의시설 환경은 각 야영장마다 조금씩 다르다. 데크 크기는 대체로 10㎡, 12㎡로, 거실형 텐트(투룸형)는 대개 야영 데크보다 크기 때문에, 휴양림에서 캠핑할 때는 돔형 텐트(원룸형)가 적당하다. 예전에는 데크에서 전기를 쓸 수 없는 곳이 많았으나 최근 데크 옆에 배전함을 설치해 전기 사용이 가능한 곳이 늘고 있다.

❷ 오토캠핑장

이름처럼 차를 옆에 두고 캠핑할 수 있는 구역이다. 숲속 야영 데크까지 짐을 나를 필요가 없어 편리하고, 사이트가 넓어서 어린아이가 있거나 큰 거실형 텐트를 이용하는 캠퍼들이 선호한다. 아무래도 사이트 옆 주차를 위해 평탄화된 공간이라 야영 데크보다 숲 느낌은 덜하다. 여러 형태의 야영장을 갖춘 희리산해송자연휴양림, 청옥산자연휴양림 등에 오토캠핑장이 있고 화천숲속야영장은 처음부터 '오토캠핑이 가능한 휴양림 야영장'을 콘셉트로 조성되었다.

❸ 노지야영장

데크나 파쇄석 등 어떤 인위적인 요소 없이 그야말로 '땅바닥'으로 된 곳이다. 정해진 구획도 없이 자유롭게 텐트를 치는 경우가 많고, 전기 사용도 불가능하다. 대신 요금이 아주 저렴하다. 청옥산자연휴양림 5야영장 일부 사이트와 교래자연휴양림 잔디 사이트가 이런 노지형이다. 단출하게 묶고 가는 노련한 산행족이나 백패커에게 적당하다.

❹ 캠핑카야영장

요즘 '차박'의 붐이 일면서 캠핑카 사용 인구가 눈에 띄게 늘었다. 이런 캠핑카족을 위한 공간을 갖춘 휴양림도 있다. 캠핑카를 옆에 두고 캠핑을 즐길 수 있는 곳으로, 주차 공간이 곧 캠핑 공간이라 사이트가 넓다. 화장실 등 편의시설은 옆의 야영 데크·오토캠핑장 시설을 공유하는 경우도 있고, 따로 마련된 곳도 있다. 사실 쓰레기 투기, 자연 훼손 등 무분별한 차박으로 곱지 않은 시선이 많은데 이렇게 휴양림의 캠핑카야영장을 이용하면 자연 속에서 정당한 캠핑을 즐길 수 있다.

❺ 캐빈

숲속 방갈로이다. 화장실, 주방은 없고 방만 있는 형태라고 보면 된다. 화장실, 개수대, 샤워실 등은 외부 공용 시설을 이용해야 한다. 텐트만 치지 않을 뿐이지 거의 반 캠핑이라고 보면 된다. 그래서 요금도 숙박 시설과 야영 데크의 중간 정도 된다. 텐트가 없는 사람이나 텐트 치는 번거로움 없이 편하게 즐기고 싶은 사람이 예약하면 좋다. 예약할 때 캠핑 시설로 분류된다. 대야산자연휴양림, 금강자연휴양림에 있는 둥근 모양의 캐빈이 유명하다.

❻ 카라반

고정형 카라반이 설치된 휴양림도 있다. 카라반 안에 침대, 주방, 화장실 등이 있고 야외에 테이블과 파라솔이 있어 텐트, 취사도구 등의 장비를 가져와 설치할 필요가 없다. 이용 요금은 휴양림 숙박 시설과 비슷한데, 야외 '캠핑' 분위기를 한껏 느낄 수 있어 특별한 날 이용하면 좋다. 비학산자연휴양림 등 몇몇 휴양림에는 동물 모양 카라반이 있어서 아이 동반 가족이 선호한다.

❶ 자동차야영장

국립공원 야영장에서 가장 일반적인 유형이 자동차야영장이다. 원래 의미대로 바로 옆에 차를 두고 오토캠핑할 수 있는 야영장(설악산국립공원 설악동야영장 1구역, 태안해안국립공원 학암포야영장, 덕유산국립공원 덕유대야영장 7구역)도 있고 주차하고 조금 짐을 옮겨야 하는 곳(치악산국립공원 금대야영장, 월악산국립공원 닷돈재야영장·용하야영장 등)도 있다. 각 사이트는 구획이 정리되어 있고 보통 흙바닥이지만 월악산국립공원 덕주야영장, 무등산국립공원 도원야영장, 월출산국립공원 천황야영장처럼 일부 데크가 있는 곳도 있다. 대체로 전기 사용이 가능하나 설악동 야영장이나 소금강산야영장에는 일부 전기 사용이 불가능한 영지도 있다.

❷ 일반야영장

가장 원시적인 환경을 가진 야영장이다. 대체로 자동차야영장보다 구역이 작고 주차장에서 짐을 옮기는 거리도 멀다. 전기 사용도 불가능하다. 대표적인 장소가 지리산국립공원 소막골야영장·백무동야영장·뱀사골힐링야영장이다. 편의성은 떨어지지만 깊은 숲에 자리하기 때문에 자연환경은 뛰어나다.

❸ 캠핑카 전용사이트

요즘은 캠핑카를 구매하거나 빌려 캠핑을 즐기는 경우가 많아졌다. 그래서 국립공원 야영장 중 일부에는 캠핑카를 주차하고 캠핑을 즐길 수 있는 사이트를 따로 두는 경우가 있다. 설악산국립공원 설악동야영장, 오대산국립공원 소금강산야영장, 월악산국립공원 송계야영장, 덕유산국립공원 덕유대야영장, 태안해안국립공원 학암포야영장에 캠핑카 전용사이트가 운영중이다.

❹ 체류형 시설

국립공원 야영장에는 텐트나 캠핑용품은 없지만 캠핑은 즐기고 싶을 때 이용 가능한 체류형 숙박 시설도 있다. 예전에는 산막텐트가 많았는데, 요즘은 일명 '자연의 집'이라는 솔막으로 바뀌는 추세이다. 솔막은 쉽게 말해 방갈로. 캠핑용품은 지참하고, 텐트를 치는 대신 방갈로에서 즐기는 방식이다. 용품을 대여해 주는 곳도 있으며 객실 안에 비치된 물건은 각 국립공원 야영장마다 조금씩 다르다. 편의시설은 캠핑장에 있는 공용 시설을 이용해야 한다. 숙박 시설의 모양도 조금씩 다른데, 덕유산국립공원 덕유대야영장 솔막처럼 하얀 산막 스타일도 있고, 변산반도국립공원 고사포야영장의 바람채나 오대산국립공원 소금강산야영장처럼 목재로 된 솔막도 있다. 야영장에 고정형 카라반이 있는 곳도 있다. 설악산국립공원 설악동야영장, 오대산국립공원 소금강산야영장, 치악산국립공원 구룡야영장, 덕유산국립공원 덕유대야영장, 주왕산국립공원 상의야영장 등에 이런 고정형 카라반이 있다.

숲속 숙박 시설 | 숲체원(산림치유원)의 숙소

숲에서 치유 프로그램에 참여하면서 하룻밤 머물고 싶다면 숲체원(또는 산림치유원, 산림교육센터 등)을 찾으면 된다. 숙소는 대체로 2~3층 건물로, 4~6인실의 단체형 숙소가 많다. 휴양림의 산림문화휴양관 같은 스타일이라고 보면 된다. 단체형 숙소가 대부분이지만, 숲속의 집 같은 독채형을 갖춘 숲체원도 있다. 영주 국립산림치유원, 춘천숲체원 등에 독채형 공간이 있다. 숲체원 숙박 시설 내에서는 취사 금지이며 기본적으로 식당이 따로 있다.

기타 | 기타 체험 시설

숲속에는 숙박 시설만 있는 것은 아니다. 자연휴양림 숲속에는 운동장과 놀이터, 모험 시설 등의 체육 공간과 목공예체험장 등의 교육 공간도 있다. 또 숙박 시설이 없는 치유의 숲에는 치유센터와 치유 프로그램이 진행되는 코스가 있다(국립대관령치유의숲, 국립예산치유의숲, 경기도잣향기푸른숲 등). 건강센터 또는 치유센터라는 곳에는 건강 측정 장비와 족욕실, 명상실 등 치유에 필요한 공간이 마련되어 있다. 먼저 건강 상태를 체크한 후, 치유사와 함께 산책 코스에서 몸에 맞는 다양한 활동을 하며 숲을 느낀다. 산음자연휴양림, 비슬산자연휴양림 등 숙박 시설이 있는 자연휴양림 내에 치유센터를 운영하는 곳도 있다. 가볍게 당일 숲 여행을 계획한다면 치유의 숲 방문도 좋다.

숙박 시설 예약하기

가고 싶은 '숲', '시설'이 정해지면 다음 단계는 예약! 공인된 숲(자연휴양림, 숲체원·치유의 숲, 국립공원 야영장)의 숙박 시설은 예약 방법이 각각 다르다.

자연휴양림 예약

국·공립 자연휴양림 예약

예전에는 국립 자연휴양림과 지자체에서 운영하는 공립 자연휴양림 예약 방법이 달랐지만, 2019년 12월 자연휴양림 통합 플랫폼 '숲나들e(www.foresttrip.go.kr)'로 통합되었다. 전국 180여 개의 자연휴양림 중 169곳(2022년 7월 기준)이 들어와 있으니 국·공립 상관없이 웬만한 자연휴양림 예약은 이곳을 거친다고 생각하면 된다. 예외로 숲나들e에 통합되지 않은 불정자연휴양림, 동강전망자연휴양림 등의 몇몇 휴양림은 별도의 과정을 거쳐 예약해야 한다.

통합적으로 숲나들e에서 예약하더라도, 예약 방법은 휴양림마다 조금씩 다르다. 여기서부터 예약에 대한 일종의 '공부'가 필요하다. 그래서 휴양림 예약은 어렵다는 편견이 생긴 것이다. 처음에는 뭐가 뭔지 모르고 정신없지만 조금 익히고 몇 번 예약하다 보면 '감'이 생기고 시스템을 이해하게 된다.

자연휴양림은 국립, 공립, 사립으로 나뉘며 국립은 모두 같은 방식으로 예약한다. 공립, 사립 휴양림은 각 휴양림마다 예약 방법이 다르다. 예약은 크게 '선착순 예약제'와 '추첨 예약제'로 나뉜다. 추첨제는 휴양림마다 신청 기간, 당첨 발표 후 결제 기간, 취소분이나 미결제분을 선착순으로 전환하는 날이 각기 다르다. 추첨제를 운영하는 휴양림 대부분이 수도권에 위치하거나 인기 있는 휴양림이다. 추첨 경쟁률이 높은 편이라 당첨되고 싶다면 눈치 싸움도 필요하다. 하지만 너무 눈치 보지 않고 소신 지원하는 것이 때로는 좋은 결과를 내기도 한다.

❶ 국립 자연휴양림 추첨 예약제

아세안자연휴양림을 제외한 국립 자연휴양림은 주말·공휴일과 여름 성수기에는 추첨제, 평일은 선착순 예약제로 운영된다. 주말 추첨은 매월 4일 9시~9일 18시에 다음 달 주말(금·토요일, 공휴일 전날)분 신청을 받는다. ID당 숙소, 야영장 상관없이 한 개 시설만 신청할 수 있다. 다음으로 10일 16시에 당첨자를 발표하고, 결제 기간을 둔다. 미당첨·취소·미결제분은 매달 15일 오전 9시에 선착순 예약으로 전환한다.

여름 성수기(7월 중순~8월 중순) 추첨 방식은 주말 추첨제와 같으나, 일정을 미리 공고한 후 신청을 받는 형식이다.

››› 국립 자연휴양림

유명산자연휴양림, 산음자연휴양림, 방태산자연휴양림, 용대자연휴양림, 화천숲속야영장, 오서산자연휴양림, 희리산해송자연휴양림, 신시도자연휴양림, 변산자연휴양림, 청옥산자연휴양림, 대야산자연휴양림, 남해편백자연휴양림 등

❷ 공립 자연휴양림 추첨 예약제

몇몇 공립 시설에서도 추첨제를 운영하고 있다. 숲나들e에서 '월추첨'으로 들어가 신청하면 된다. 각 휴양림마다 신청 기간, 당첨 발표일, 미결제·취소분의 선착순 전환일이 조금씩 다르다. 예를 들어, 축령산자연휴양림의 경우 매월 1일 9시~4일 자정까지 다음 한 달분을 신청받는다. 5일 10시에 당첨 발표 후, 7일 오전 9시에 취소·미결제분을 선착순으로 전환한다.

››› 공립 월추첨제 휴양림

축령산자연휴양림, 안면도자연휴양림, 강씨봉자연휴양림, 금강자연휴양림, 용인자연휴양림, 서운산자연휴양림, 의왕바라산자연휴양림

››› 공립 주말추첨제 휴양림

옥화자연휴양림

❸ 선착순 예약제

국립 자연휴양림을 평일에 이용하고 싶다면 매주 수요일 9시에 선착순 예약에 나서야 한다. 향후 6주차 월요일 숙박분까지 예약할 수 있다. 그리고 추첨제 주말분 중 넷째주에 미당첨·미결제분이 있다면 15일 이후 수요일 9시에 평일분과 함께 선착순 오픈된다(첫째~셋째주 미당첨·미결제분은 15일 9시에 선착순 예약으로 전환). 예를 들어, 1월 19일 수요일 9시에는 2월 23일 수요일~2월 28일 월요일 분의 예약이 가능한 것이다. 단, 주말 추첨제에 해당하는 25일, 26일은 해당하지 않는다. 평일 예약은 대개 주말 예약보다 수월하지만, 신시도자연휴양림 같은 인기 휴양림은 평일에도 예약 경쟁이 치열하다.

추첨제를 실시하는 몇몇 곳을 제외한 공립 자연휴양림은 대개 선착순 예약으로 운영된다. 하지만 각 시설마다 예약 개시일과 예약 가능 기간 등이 다르기 때문에 주의해야 한다. 특히, 매달 1일과 수요일은 아주 중요한 날이다. 아래를 참고하자.

공립 자연휴양림의 경우 오픈 기간의 주말은 특히 경쟁이 치열하다. 주말 숙박을 목표로 할 경우, 미리 계획을 세우고 최소한 한 달 반 전부터 예약하는 부지런함이 필요하다.

››› 매월 1일 오전 9시 다음 1개월분 예약 개시
집다리골자연휴양림, 광치자연휴양림, 봉수산자연휴양림, 무주향로산자연휴양림

››› 매주 수요일 오전 9시 다음 6주차 일주일분 예약 개시
고대산자연휴양림, 양양송이밸리자연휴양림, 소백산자연휴양림, 태학산자연휴양림, 완도자연휴양림, 비슬산자연휴양림, 사천케이블카자연휴양림, 공주산림휴양마을

선착순 예약제를 운영중인 휴양림 중, 특정 요일이나 시간에 홀로 오픈하는 곳도 있다. 동두천자연휴양림은 매주 화요일 9시(6주차 일주일분), 용문산자연휴양림은 매주 수요일 10시(8주차 일주일분), 칼봉산자연휴양림은 국립 자연휴양림 주말 당첨 발표 시간인 매달 10일 16시에 예약이 오픈된다. 마찬가지로 예약은 숲나들e에서 한다.

❹ 특별 예약제

그 밖에 국립 휴양림과 몇몇 공립 휴양림에는 특별 예약제도 있다. 바로 다자녀·장애인 우선 추첨이나 바우처 우선 예약, 지역민 우선 예약 등이다. 각 휴양림 정책을 꼼꼼하게 살펴보고 이용하면 예약에 좀 더 유리하다.

팁! 예약에 실패했다면

대기 예약

추첨제에서 탈락하고 선착순 예약에 성공하지 못했더라도, 실망할 필요는 없다. 바로 '대기'라는 제도가 있기 때문. 말 그대로 예약된 시설에 대기를 걸었다가 취소분이 나오면 순번에 따라 예약할 수 있는 것이다. 보통 국립 자연휴양림은 1번에서 3번까지 대기를 걸 수 있고, 공립 자연휴양림 중에서도 대기제를 운영하는 곳이 꽤 있다.

››› 대기제를 운영하는 공립 자연휴양림
고대산자연휴양림, 동두천자연휴양림, 소백산자연휴양림, 태학산자연휴양림, 봉수산자연휴양림, 양양송이밸리자연휴양림, 완도자연휴양림 등

누구에게나 변수는 생기기 때문에, '대기'가 '예약 가능'이 되는 경우가 종종 있다. 특히, 대기 1번은 아주 희망적이다. 예약을 놓쳤더라도 대기 1번을 걸 수 있다면 반은 성공한 것이다. 대기 역시 ID당 국·공립에 상관없이 총 세 개까지만 가능하다.

취소분 예약

마지막으로 꼭 가고 싶은 자연휴양림이 있는데 추첨에도 떨어지고, 선착순에서도 못 구하고, 대기조차 없는 곳이라면, 수시로 숲나들e를 들락거리며 취소분을 노리면 된다. 대기가 없는 휴양림의 경우 기존 예약자가 취소한 경우, 바로 예약이 가능하다. 간절하면 이루어진다고 하듯, 자주 사이트를 들여다 보며 노력을 들이면 꼭 하나는 걸리기 마련이다.

당일 여행

숙박을 예약하지 못했다고 숲 여행을 못 떠나는 것은 아니다. 당일 여행으로도 충분히 즐길 수 있는 곳이 숲이다. 보통 공인된 숲에는 누구나 입장할 수 있다. 입장료가 있는 경우도 있고, 무료 입장인 곳도 있다. 보통 국립 자연휴양림의 경우, 숙박하지 않더라도 성인 기준 1000원의 요금만 내면 휴양림에 방문해 산책하며 즐길 수 있다.

국립공원 야영장 예약

국립공원 야영장은 선착순 예약제와 추첨제를 병행한다. 예약 제도와 상관없이 국립공원 예약시스템(reservation.knps.or.kr)을 이용한다.

국립공원 야영장 예약

❶ 성수기 추첨 예약제

국립공원은 여름 성수기뿐 아니라 봄, 가을에도 성수기가 있다. 보통 꽃 피는 5월과 단풍이 예쁜 10월이라 생각하면 된다. 정확한 성수기 기간과 추첨 일정은 그때그때 공지하니 참고하면 된다. 자연휴양림처럼 신청 기간을 두고 신청을 받은 후, 당첨자를 발표한다. 그리고 공지된 날짜에 미결제분이나 잔여분을 선착순 예약으로 전환한다.

❷ 일반 기간 선착순 예약제

성수기를 제외한 기간에는 한 달에 두 번, 선착순으로 예약이 진행된다. 보통 1일과 15일 오후 2시에 오픈된다. 1일, 15일이 주말이나 공휴일일 경우, 이어지는 평일 오후 2시에 예약이 시작된다.

팁! 예약에 실패했다면

대기 예약

국립공원 야영장 예약에도 대기 제도가 있는데, 휴양림과는 다르게 한 명만 대기에 둔다. 또 휴양림의 경우, 예약된 시설이 있어도 같은 날짜에 다른 시설에 대기는 걸 수 있는데 국립공원의 경우 불가능하다.

또 대기는 지정된 기간에 세 개 시설까지 가능한데, 대기하던 어느 한 곳에서 취소가 나올 경우 나머지 두 곳의 대기 예약은 자동으로 없어진다. 휴양림의 경우 대기가 풀려 결제까지 해도 나머지 대기는 살아 있어, 더 선호하는 곳이 대기가 풀리면 기존 예약을 취소하고 갈아탈 수 있는데 국립공원 야영장의 경우는 그게 불가능하다. 그러니 대기라는 카드도 더 신중히 써야 한다.

숲체원·치유의 숲 예약

숲체원·치유의 숲 예약

산림청 산하 한국산림복지진흥원에서 운영하는 국립 숲체원은 2022년 1월 현재 여덟 곳이 운영중이다. 이곳은 통합예약 시스템, e숲안애(portal.fowi.or.kr)에서 예약할 수 있다. 이용일 4주 전, 오전 9시부터 선착순으로 예약이 가능하다. 객실 예약은 여기서 하지만 프로그램은 객실과 별도로 예약해야 한다. 각 기관마다 조금씩 다르니 사전에 문의하는 것이 좋다. 또 국립이 아닌 지자체·개인 운영 치유의 숲이나 산림교육센터는 e숲안애를 이용하지 않는다. 자체 홈페이지가 있는 경우도 있고, 전화 예약만 가능한 경우도 있으니 방문을 희망하는 시설에 문의하는 것이 좋다.

››› 국립 숲체원

국립산림치유원(영주주치마을), 횡성숲체원, 장성숲체원, 칠곡숲체원, 청도숲체원, 대전숲체원, 춘천숲체원, 나주숲체원

forest 04

숲에서 무엇을 할까?

1

휴식! 숲의 본질에 가장 어울리는 활동이 아닐까? 딱딱한 콘크리트 건물 속에 갇혀 살다가 모처럼 자연 속으로 들어가는 순간, 가슴을 활짝 펴고 나무를, 하늘을 바라본다. 머리를 비워내는 시간, 일명 '숲멍'만 해도 건강해지는 느낌이 든다.

2

숲에 가면 걷거나 등산하기 더없이 좋은 환경이다. 자연휴양림, 치유의 숲, 국립공원 야영장은 산에 위치하는 경우가 많다. 당연히 그 자연환경을 100% 즐기기 위한 등산 코스나 트레킹 코스가 있다. 계절별로 옷을 갈아입는 숲속을 걷는다. 봄에는 산 정상에 올라 철쭉의 화사함에 흠뻑 빠지고 가을에는 단풍 터널, 겨울에는 상고대의 장엄함을 감상한다. 숲에 간다고 꼭 등산을 해야 하는 건 아니다. 그냥 가족들과 숙소 주변을 걷는 것만으로도 충분하다. 요즘 자연휴양림에는 데크로드 등 산책로가 잘 정비되어 있다. 국립공원에도 무장애탐방로라는 노약자를 위한 트레킹 코스가 있다.

3

일정한 규칙이나 지식 없이 온전히 자유롭게 '숲'을 즐겨도 좋지만, 공인된 숲(자연휴양림, 치유의 숲, 국립공원 야영장)에 가면 누군가의 도움을 받아 숲을 즐길 수도 있다. 바로 각종 체험 프로그램이나 치유 활동에 참여하는 것. 자연휴양림에서는 '숲 해설'을 진행한다. 미리 신청해도 좋고 즉석에서 참가할 수도 있다. '아는 만큼 보인다'고, 숲 해설을 경험하고 나면 나무 한 그루조차 새롭게 다가온다. 숲체원이나 치유의 숲에서 진행하는 치유 프로그램은 이름처럼 '치유' 자체를 목적으로 한다. 좀 더 과학적으로 힐링되는 기분이 든다.

4

아이들과 함께라면 목공예 등 무언가 만드는 체험이 좋다. 아이들은 수동적인 활동보다 직접 하는 능동적인 체험을 좋아한다. 요즘은 목공예체험장이 따로 마련된 휴양림이 있고, 국립공원 야영장에도 아이들을 위한 만들기 체험을 준비해둔 곳이 있다. 시계, 컵 등 실용적인 물건을 만든다면 여행 후에도 두고두고 추억을 소환하는 물건이 된다.

5

아파트 생활에 익숙한 현대인들이 처음 캠핑에 관심을 갖는 이유는 바로 '야외에서 맘껏 고기 굽고 싶어서'란다. 자연휴양림은 대체로 산림 보호 차원에서 장작불 피우는 것을 금지하는데, 숯은 용납하는 곳도 있다. 그래서 소위 바비큐 하기 좋은 휴양림은 인기가 많다. 바비큐가 가능한 기간과 장소는 시설마다 다르니 확인 후 이용해야 한다. 국립공원 야영장 역시 장작불이 허용되는 곳과 금지되는 곳이 있다. 특히, 건조한 11월 중순~12월, 2월~5월 중순까지는 '산불조심' 기간이라 금지하는 경우가 많다. 이때를 피한다면 숲에서 제철 식재료를 구우며 가족과 즐거운 시간을 보낼 수 있다.

6

숲으로 여행 가는 많은 가족은 '아이'가 그 명분이 된다. 도시 생활에 익숙한 아이에게 자연 속에서 맘껏 뛰어노는 시간을 주고 싶다는 것. 그래서 요즘 숲에 가면 놀이터와 운동장 등 특별히 아이들을 위해 마련된 공간이 많다. 놀이터를 넘어 아예 동두천자연휴양림의 '놀자숲'처럼 놀이파크를 크게 짓는 경우도 있다. 놀자숲 정도는 아니더라도, 미니 집라인이나 밧줄놀이 정도는 갖춘 '모험 시설' 또는 '숲 체험원'도 많이 늘어나고 있다. 사실 아이들에겐 자연보다 이런 재밌는 놀이 시설이 더 흥미로울 것이다.

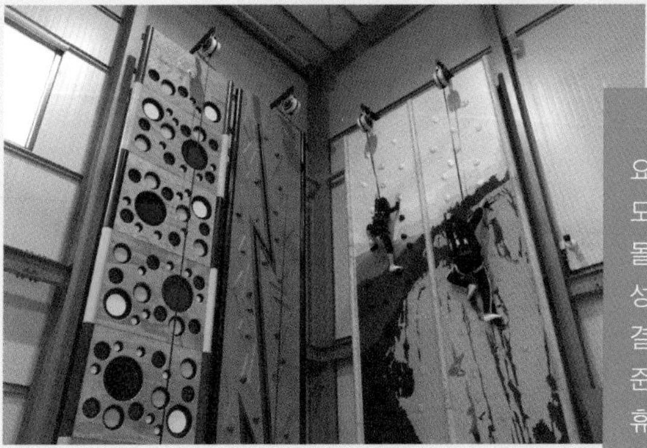

7

요즘 숲에서는 아이뿐 아니라 어른도 줄 잡고 뛰어내리며 논다. 인기몰이 중인 어드벤처(모험) 시설로, 성인용 집라인부터 나무 사이로 연결된 줄을 건너는 코스도 있다. 수준에 맞춰 도전해 보자. 국립 자연휴양림 중에서는 춘천에 위치한 용화산자연휴양림이 대표적이다. 암벽 등반 등 실내외에서 다양한 모험 시설을 경험할 수 있다.

8

숲에 가면 동식물과 친해질 수 있다. 당연히 벌레도 많은데, 이건 숲 여행의 단점도 장점도 될 수 있다. 겁 없는 아이는 사슴벌레를 용감하게 만져보고 무모하게 다람쥐를 잡는다고 뛰어다니기도 한다. 제주도 휴양림에서는 노루를 친구처럼 만난다. 평소 책에서만 접하던 자연 속 동물, 곤충을 직접 만나보는 소중한 경험이다. 봉수산자연휴양림처럼 수목원, 곤충생태관을 갖춘 곳도 있다. 승마 체험이 가능한 숲도 있다. 영천 운주산승마휴양림은 처음부터 승마 체험을 목적으로 조성되었고, 소백산자연휴양림 안에도 최근 승마장이 조성되었다.

9

공기 깨끗한 숲속에 들면 밤하늘이 화려하게 빛난다. 휴양림이나 야영장에서 빛 공해가 없는 공간을 찾아 별을 즐겨도 되지만 숲 근처 천문대를 찾는 것도 좋다. 좌구산휴양랜드 안에는 천문대가 있다. 중미산자연휴양림과 칠갑산자연휴양림도 근처에 천문대가 있다. 휴양림과 별도로 운영되기 때문에 따로 예약해야 한다.

10

숲속에서는 책도 술술 읽힌다. 숙소 앞 벤치, 야영장 타프 아래처럼 좋은 독서 공간이 있을까? 유명산자연휴양림, 검마산자연휴양림, 삼봉자연휴양림, 토함산자연휴양림처럼 숲속 도서관을 운영하는 곳도 있다.

11

자연휴양림이나 국립공원 야영장은 보통 그 지역의 유명한 산이나 명소에 자리한다. 그래서 주변 지역을 여행할 때 숲속 숙박 시설이나 캠핑장이 좋은 베이스캠프가 될 수 있다. 조령산자연휴양림은 문경새재에 있고 미천골자연휴양림, 금원산자연휴양림, 태학산자연휴양림처럼 아예 숲속 사찰이나 문화재가 있는 곳도 있다.

12

보통 숲속에는 맑은 계곡이 흐른다. 그래서 특히 여름에 숲 여행 인구가 늘어난다. 삼복더위에 숲은 최고의 피서지. 그 맑은 계곡에서 발 담그고 더위 식히기 좋다. 아예 계곡물을 막아서 수영장을 조성한 휴양림도 있다. 이런 곳은 여름에 특히 붐빈다.

13

보통 숲이라면 '산'을 떠올리지만 근래에는 바다를 접한 숲에도 많은 휴양림이 생겨나고 있다. 변산자연휴양림이나 신시도자연휴양림처럼 객실에서 바다가 보이는 곳은 물론, 변산반도국립공원 고사포야영장이나 연곡해변솔향기캠핑장처럼 바다 옆 솔숲에서 낭만적인 캠핑을 즐기는 곳도 많아졌다. 바다와 접하기 때문에 이런 숲에 머물면 해수욕은 물론 낚시, 갯벌체험 등도 함께 즐길 수 있다.

forest 05

숲속 생활에서 주의할 점

1

숲은 우리가 숨 쉬고 살아가는 환경의 밑바탕이 된다. **소중하게 여기며 훼손하지 않고 지켜내는 것이 중요하다.** 함부로 식물을 꺾거나 자르지 말고, 우연히 만난 동물에게도 위해를 가하지 말자. 그들이 숲의 주인이고 우리는 숲에 잠시 머물다 가는 객이다. 온전히 있는 그대로 느끼고 '아니 온 듯' 조용히 다녀가는 것이 옳다.

2

화기를 사용하거나 **불을 다룰 때에는 조심 또 조심**해야 한다. 작은 실수 하나가 산불이라는 엄청난 재앙을 가져올 수 있다.

자연휴양림 중 지정된 공간에서 바비큐가 가능한 곳이 있다. 대체로 산불조심 기간이 아니라면 허용하지만, 휴양림에 따라서는 1년 내내 금지하는 곳도 있다. 또 바비큐는 가능하더라도 대부분 장작 사용은 안 되고, 숯만 허용된다. 국립공원 야영장 역시 장작 사용이 허용되는 곳이 있고 금지되는 곳이 있다.

바람이 너무 심한 날은 직화구이에 대한 욕심을 버리고 야외 불놀이는 자제하는 것이 좋다. 야외 바비큐뿐 아니라 화재 위험이 있는 행동은 아예 하지 않아야 한다. 가스버너를 사용할 때도 과대 불판 사용 금지. 부탄가스를 화기 주변에 두지 않고, 다 쓴 것은 꼭 구멍을 내서 버려야 한다.

동절기에는 난방기 사용에도 항상 주의해야 한다. 특히 야영장의 경우, 난방 기구를 텐트 안에 두고 환기 구멍을 확보하지 않아 질식사하는 안타까운 사고가 매년 발생한다. **꼭 환기 통로를 마련할 것!** 휴양림이나 국립공원 야영장에는 소화기나 방화사 등이 비치되어 있으니 화기나 난방기 사용 시 꼭 위치를 확인해 두자.

3

숲은 평상시에는 온화하나 한순간에 괴물로 변할 수 있는 무서운 곳이다. 외부에 그대로 노출되기 때문에 폭우, 폭설, 강풍, 뇌우, 혹한 등에 더욱 취약하다. **자연재해, 안전사고에 항상 조심해야 한다.** 폭우에 한순간 계곡물이 불어나고 강풍에 텐트가 무너지기도 한다. 갑작스러운 폭설에 고립될 수도 있다. 일기예보에 항상 주의를 기울이고 휴양림이나 국립공원에서 안전 조치가 있을 경우 신속하게 따라야 한다.

특히, 야영장을 이용할 경우 더욱 외부 온도 변화, 날씨에 신경을 써야 한다. 계곡 옆에 야영 데크가 있는 경우, 비가 많이 내리면 위험할 수 있다. 많은 비가 예상된다면 아예 이런 장소는 피하는 것이 좋다. 예보와 달리 갑작스러운 폭우, 폭설, 강풍 상황이라면 과감하게 철수하는 것이 현명하다. 절대 '자연'에 맞서지 말자.

자연재해가 아니더라도 항상 조심해야 한다. 대체로 산책로, 등산로가 잘 정비되어 있으나 산길에서는 언제든지 사고가 발생할 수 있다. **꼭 정해진 길로만 움직이자.** 코스에도 없는 산길을 마음대로 누비면 안 된다. 길을 잃거나 낙상, 추락의 위험이 항상 도사리고 있다.

또한 산속은 기온 변화가 심하고 기상이변이 있을 수 있으니, 철저한 준비가 필요하다. **숲에서 숙박하거나 캠핑할 경우, 옷은 충분히 챙기는 게 좋다.** 한여름에도 숲은 쌀쌀하다. 숲으로 트레킹, 등산을 갈 때도 마실 물뿐 아니라 체온 조절을 위한 겉옷을 준비해야 한다. 산 위로 가면 기온이 급격히 떨어지고 산속에서 소나기, 우박 등도 만날 수 있다. 우비나 방수성이 좋은 바람막이 점퍼를 배낭에 넣고 다니면 유용하다.

4

숲은 각종 생물의 보금자리이다. 숲속 자연휴양림 시설이나 야영장에서 벌레를 만나는 건 자연스러운 일이다. 하지만 벌레라도 **모기나 말벌 등의 독충이나 해충은 조심해야 한다.** 기피제나 향 등 각종 퇴치용품을 이용해 대비하자. 특히, SFTS(중증열성혈소판감소증후군)나 쯔쯔가무시 질병을 일으키는 진드기에 물리지 않도록 조심해야 한다. 풀밭에 그대로 눕거나 앉지 말자. 산행 시에도 가능한 긴팔, 긴바지를 입는 게 좋다.

숲에서는 언제든지 멧돼지, 곰, 뱀 등 **야생동물과도 만날 수 있으니 유의해야 한다.** 등산로를 벗어난 산길로 다니지 말 것. 보통 야생동물도 자극하지 않으면 공격하지 않으니 소리를 지르거나 민감하게 반응하지 말고 조용히 피하자. 식물 중에도 독초나 독이 든 열매가 있으니 함부로 따거나 만지지 않도록 주의하자.

5

숲으로 가면 **그 숲의 규칙을 따라야 한다.** 공인된 숲은 이용 시 규칙이 있다. 보통 예약 시 안내 메시지를 받는데 거기에 자세하게 쓰여 있다. 먼저, 이용 시간이 정해져 있다. 입실 시간과 퇴실 시간. 프로그램 예약이라면 이용 시간이 명시되어 있다. 보통 국립 자연휴양림의 경우, 입실은 오후 3시이고 퇴실은 오전 11시이다. 공립이나 사립 휴양림의 경우 각 휴양림마다 조금씩 다르나 대체로 입실 오후 2~3시, 퇴실 오전 11시~오후 12시이다.

예약한 시설은 양도, 교환, 매매를 금지하고 있다. 체크인할 때, 입실자를 확인한다. 타인에게 양도하거나 매매하다 적발되면 위약금은 물론 앞으로의 이용에 페널티를 받을 수 있으니 유의해야 한다. 또 예약 취소 시에는 위약금이 발생한다. 성수기 기준, 국립 자연휴양림은 사용 예정일 5일 전, 국립공원 야영장은 3일 전에 취소해야 전액 환불 받는다.

원칙적으로 숲 시설에 반려동물 입장은 불가하다. 단, 몇몇 곳은 반려견을 허용한 휴양림(2022년 2월 현재 산음자연휴양림, 검마산자연휴양림, 천관산자연휴양림, 화천숲속야영장)이 있다. 반려견과 숲을 이용하고 싶을 경우, 이곳을 예약하면 된다. 또 자연휴양림, 국립공원 야영장, 숲체원 내에서는 기본적으로 금연이다. 야외에 흡연 공간을 따로 두는 곳이 있으니 반드시 흡연은 지정된 장소에서 해야 한다.

6 마지막으로 가능하면 욕심을 부리지 않는 것이 좋다. 이것은 주의할 점이라기보다는 권유이다. 우선, 숲으로 갈 때 음식 준비를 너무 거창하게 하지 않는 게 좋다. 특히 **숲속에는 쓰레기를 최대한 남기지 않는 게 환경을 위해서 바람직한 일이다.** 어떤 음식이든 사람 수에 맞게 먹을 만큼만 준비하고 재활용 쓰레기도 가능한 한 줄여 보자. 추천하는 방법은 집에서부터 싸 들고 가지 말고 숲 근처 시장이나 상가, 식당에서 장을 보거나 식사하는 것이다. 지역 상권도 살리고 그때그때 먹을 만큼만 사거나 요리해 먹을 수 있으니 일석이조이다.

욕심을 줄이는 것은 음식 이외에도 해당된다. 가족, 친구끼리 여행에서 간혹 의견 충돌로 싸움이 발생하는 경우가 있다. 숲으로 간다면 사람에 대한 기대와 욕심을 내려놓고 서로 편하게 지내면 좋다. **숲에서 뭔가를 많이 하고 주변 관광지를 많이 돌아보려는 욕심도 버렸으면 한다.** 숲에서의 여행을 일정이 빽빽한 패키지 여행처럼 하려는 사람들이 있다. 숲 해설 듣고, 등산하고, 근처 유명 관광지 대여섯 곳을 돌아본다. 게다가 그 관광지가 30~40km 이상 떨어져 있어서 이동 거리가 만만치 않다면 알찬 숲 여행이 아니라 아주 피곤한 여행이 될 수 있다. 열심히 돌아다니는 것도 좋지만 숲에서는 가능한 천천히 즐기고, 바깥 구경은 한두 가지로 줄여 보면 어떨까 한다.

part

2

전국 숲 여행 본격 가이드

Theme 1

몸부터 마음까지,

힐링 숲

고소한 숲속 나들이

경기도 잣향기 푸른숲

몽실몽실 입체 구름이 눈앞에 나타나면 가을이다. 추석을 앞둔 주말, 오곡백과가 익어가는 들녘을 달려 고소한 내음에 이끌리듯 그 숲에 들었다. 소문대로 건강한 숲 느낌이 좋구나. 가벼운 마음으로 산책 나왔다가 몸과 마음을 살찌우고 가는 바람직한 나들이.

잣나무들의 낙원

경기도 가평과 남양주에 걸쳐 있는 축령산과 서리산은 데칼코마니 같다. 딱 가운데를 접으면 합체. 그 가운데 골짜기를 따라 남양주 쪽에는 축령산자연휴양림이, 반대편 가평에는 경기도잣향기푸른숲이 자리하고 있다.

이름도 참 예쁘다. 창의력이 없었다면 '잣나무 수목원' 되었을 이름이 누군가의 참신함으로 '잣향기푸른숲'이 되었다. 국내 최대 잣나무 숲. 이곳에는 수령 80년이 넘는 잣나무 5만 2000여 그루가 자라고 있다. 이 잣나무는 나무껍질이 회백색이라 축령백림이라 불린다. 쭉쭉 뻗은 키다리 잣나무는 울창한 숲을 이루고 그 숲은 수도권 시민들에게 힐링 숲이 되었다.

경기도잣향기푸른숲으로 가는 길은 온통 잣 판매장, 잣 국수, 잣 두부 등 잣 관련 문구로 도배되어 있다. 오가는 길에 잣 향 듬뿍 담긴 음식을 맛봐도 좋겠다.

1 가을, 경기도잣향기푸른숲에는 잣향이 가득하다.
2 피톤치드 마시며 걷는 산책로

편하게 잣나무 숲을 느낄 수 있는 무장애 나눔길

잣 향기 마시며 데크로드 산책부터 숨찬 등산까지

경기도잣향기푸른숲은 해발 450~600m 사이에 자리한다. 평지로 된 수목원을 생각하면 큰 오산. 가벼운 옷차림, 특히 예쁘지만 불편한 신발을 신고 오면 고생한다. 대충 돌아봐도 경사가 꽤 심하기 때문에 옷차림은 몰라도 신발은 꼭 편한 것으로 신어야 한다. 매표소를 거쳐 입장하면 안내도 앞에서 가족회의를 거쳐 동선부터 짠다. 잣나무 숲 산책 코스는 연령대에 맞게 안내도에 추천된 코스로 가면 좋다. 초등학생 아이가 있는 가족이 욕심을 내서 중고생 코스나 성인 코스로 간다면 행복한 산책길이 짜증 길이 될 수 있다. 지도상으로는 평면이지만 실제로는 경사가 있다는 걸 잊지 말길(거의 반 등산이라 보면 된다).

유아숲체험원은 아이들의 에너지 발산 장소이다.

그윽한 잣 향기 맡으며 쉬어가는 여유

가족, 친구, 연인의 원망이 두려우면 난이도를 낮춰 걷는 것도 현명한 방법이다. 출발 전, 화장실에 다녀오고 마실 물도 준비한다.

입구 쉼터를 지나면 무장애 나눔길이 시작된다. 이 수목원에서 가장 편하게 잣나무 숲을 즐길 수 있는 포인트이다. 일행 중에 연로하신 부모님이나 유아가 있다면 이곳에서만 시간을 보내도 충분할 만큼 울창하고 편안하다. 지그재그 길을 천천히 걷다가 중간에 의자나 데크가 나오면 나무들에 가까이 갈 수 있는 기회다. 힘들지 않아도 쉬어간다. 잠시 앉아 그들의 숨소리, 향기를 느낀다. '잠시 긴장을 내려놓고 피톤치드란 고마운 선물을 받으렴.' 잣나무 씨가 속삭인다.

편안한 힐링 걷기가 끝나면 본격적인 오르막이 나온다. 방문자센터, 축령백림관, 목공방 등이 모여 있는 곳에서 뒤쪽으로 가면 편하게 오르는 데크로드가 나타난다. 방향을 잘못 잡으면 결국 목적지는 같지만 오르는 과정이 힘들 수도 있다. 기대만큼 출렁거리지 않는, 작은 출렁다리도 만난다. 쉼터도 있다. 거기서 계단 길을 올라 고도를 좀 높이면 화전민마을과 힐링센터가 있는 곳에 닿는다. 잠시 야생화가 손짓하는 벤치에 앉아 숨을 좀 고른다. 앞에 유아숲체험원도 있다. 다양하진 않지만 밧줄로 만든 몇 가지 놀이기구가 자리하고 있다. 아이는 아빠의 도움으로 용기를 내 밧줄을 한 발 한 발 건너본다. 누구나 웃음 짓게 만드는 흐뭇한 장면이다.

잣나무 숲에서 스트레스여, 안녕!

경기도잣향기푸른숲에는 다양한 경험이 기다린다. 오감을 이용한 체험 활동으로 생태 지식을 습득하고 자연의 소중함도 느끼는 숲 해설 프로그램뿐 아니라 유아 숲 체험, 산림 치유 프로그램이 운영되고 있다. 프로그램은 홈페이지에서 예약하거나 사전 예약이 꽉 차지 않은 경우, 당일 현장 접수도 가능하다. 힐링센터를 찾아 건강 체크부터 받는다. 오른쪽 검지를 집게에 꽂고 1분간 정자세로 있으면 똑똑한 기계가 정신적·신체적 스트레스, 피로도, 심장 안정도를 측정해 스트레스 점수를 매겨준다. 정신적 스트레스가 높은 편이라니 오늘 이 숲에서 스트레스를 다 버리고 가 보자.

나들이 구성원에 맞게 체험 프로그램을 선택하면 좋다. 할아버지, 할머니, 손자, 손녀까지 3대가 힐링센터 앞에 모여 체조를 한다. 오랜만에 몸을 쓰며 원반을 돌린다. 허리도, 팔다리도 마음대로 움직이지 않지만 가족 모두가 합동해 만들어 내는 몸짓이 감동적이다. 온 가족이 마음의 짐을 덜고 행복해지면 좋겠다.

잣나무로 둘러싸인 데크 위에 오순도순 잣 향기가 가득하다. 한 가족이 숲 해설사가 들려주는 잣나무 이야기를 듣고 본격적으로 수확에 나서본다. 대부분 도시에서 자라고 수확은 처음이니 아이는 물론 부모도 재밌어한다. 잣송이 사이에서 잣이 쏙쏙 나오면 신이 난다. 깨가 쏟아지는, 아니 잣이 쏟아지는 고소한 광

1 한옥으로 된 힐링센터
2 비대면 시대의 슬기로운 숲 체험
3 온 가족이 체조하며 행복 충전 중

경이다.

코로나19란 전염병이 가져온 변화, 비대면 활동이 이 잣나무 숲에서도 가능하다. 산책길에 지정된 장소에 가서 QR코드를 인식하면 맨발 걷기, 호흡 명상, 허그 명상 등을 보고 따라 할 수 있다. 마치 미션 수행하는 기분이 들어 아이들도 적극적으로 참여한다. 휴대폰 하나만 있으면 되는 세상이 숲에도 적용된다니 신기하다. 이곳에는 숙박 시설은 없다. 당일 여행을 넘어 업그레이드된 하룻밤을 원한다면 같은 잣향 골짜기인 축령산자연휴양림을 찾아가면 된다.

〉〉〉〉 숲 간략 정보

주소 경기도 가평군 상면 축령로 289-146
전화 031-8008-6769
이용 시간 09:00~18:00(동절기 09:00~17:00), 월요일 휴무
요금 어른 1000원, 청소년·군인 600원, 어린이 300원
프로그램 예약 경기농정 통합홈페이지 farm.gg.go.kr

숲 주변 돌아보기

》 아침고요수목원

경기도잣향기푸른숲에서 불과 6km 거리에 가평을 대표하는 아침고요수목원이 있다. 또 다른 아기자기한 아름다움을 느낄 수 있는 곳이다. 계절마다 다른 꽃이 맞아준다. 높은 산이 병풍처럼 둘러싼 풍경화 속에 앉아 있는 기분이 든다. 커플들의 데이트 코스답게 포토 존도 많다. 예쁜 성당을 배경으로 가족사진도 남겨본다.

주소 경기도 가평군 상면 수목원로 432 **전화** 1544-6703 **홈페이지** www.morningcalm.co.kr

》 호명호수

원래 호명호수는 청평양수 발전소 상부에 물을 저장하기 위해 조성한 인공 호수이다. 이제는 가을빛 느끼기 좋은 낭만적인 산책 코스가 되었다. 호수 둘레가 1.9km 정도 되는데, 호수 전체를 쉬엄쉬엄 걸어도 좋고 자전거를 빌려 한 바퀴 돌아도 좋다.

주소 경기도 가평군 청평면 호명리 5 **전화** 031-580-2062

산그늘에서 밝은 에너지 찾기

산음자연휴양림

개성 없는 무슨 산 휴양림이 아니라 얼마나 다행인가? '산그늘'이란 어여쁜 이름. 경기도 양평이라는 행정구역만 믿고 가벼운 마음으로 찾았다가는, 강원도만큼 험하고 먼 여정에 적잖이 당황할 수 있다. 산음자연휴양림으로 향할 때는 '놀랄 준비'를 하고 가자.

강원도처럼 깊은 숲, 이제 반려견과 함께 간다

산음자연휴양림은 '경기도'라고 쓰고 '강원도'라고 읽어야 하는 곳이다. 병풍처럼 높은 산으로 둘러싸여 있어 그 이름도 산의 그늘이라는 '산음'이 되었다. 경기도 양평군 단월면에 자리하지만, 강원도 홍천에 접하고 가는 길도 첩첩산중 강원도 오지 못지않다. 특히, 산음리 마을에 들어서면 도로 폭이 좁아지기 때문에 중간에 차를 만나면 난감할 수 있다. 눈치와 양보의 적절한 조화가 필요한 길이다. 심혈을 기울인 운전이 끝나고 휴양림에 입성하면 안도의 한숨과 함께 다가오는 깊은 산세와 시원스러운 계곡, 침엽수와 활엽수가 적절히 조화로운 숲속 길. '아, 이래서 산음이구나!' 하며 보람이 차오른다.

최근 사회적 트렌드에 맞춰 산음자연휴양림은 반려견 동반이 가능한 휴양림으로 변신했다. 크게 기존 숙박 시설이 있는 '휴양림 지구'와 새로 조성된 '반려견 동반 지구'로 나뉜다. 아띠울펜션 앞에서 오른쪽으로 올라가면 기존 휴양림이고, 다리를 건너 산길을 오르면 반려견 동반 지구로 간다. 이 길은 마을 길보다 더 험난하고 난이도가 높다. 꼬불거리는 외길이라 운전이 미숙하면 위험하니

반려견 동반 지구 객실

반려견 동반 지구 놀이터

가능한 낮에 입실해야 한다. 숙박 시설은 연립동 형태로, 방의 이름을 견종에서 따 진돗개, 풍산개, 말티즈, 치와와 등으로 지었다. 산속 통나무집에서 우리 집 막내, 댕댕이와 하룻밤을 보낸다. 반려견 지구답게 넓은 애견 놀이터와 운동장도 있다. 숲에서 맑은 공기 마시며 모처럼 강아지들과 뛰어놀 수 있어 애견인들에게는 탐나는 장소이다.

음지를 양지로 만드는 마력의 숲

오랜만에 산음자연휴양림을 찾았더니 매표소 앞에 신선한 건물 하나가 눈에 들어온다. 이름도 참 정겨운 '도토리상회'다. 마을 농산물 직판장이자, 귀농한 바리스타의 핸드드립 커피를 맛볼 수 있는 카페이다. 반가운 마음에 체크인하는 것도 잠시 잊어버리고 카페로 향한다. 향긋한 숲속 향을 담은 커피 한 잔 마시고 산음리 표고버섯도 한 봉지 구매해 산음을 두고두고 느껴본다.

마을 농산물 직판장 겸 카페인 도토리상회

산음자연휴양림 메인 숙박 지구는 여느 휴양림처럼 계곡을 따라 길게 자리한다. 가장 아래에 1야영장, 산림휴양관이 있고 경사가 조금씩 가팔라지며 2야영장이 나온다. 2야영장을 지나 가장 높은 위치에 '숲속의 집'이 자리하고 있다. 산음자연휴양림은 규모가 꽤 크다. 숲속의 집만 해도 20여 개가 있고, 8인실, 4인실, 3인실 등으로 크기도 다양하다. 산림문화휴양관은 휴양림 전체에서 딱 중간에 위치한다. 주변에 주차장과 야외무대, 목공예체험실 등이 함께 있다. 숲속의 집 앞에는 식탁 겸 야외 테이블이 있어 가을밤, 고소한 냄새를 피우기 좋다. 또 아침에는 가만히 앉아 깊어지는 가을빛을 감상하기 좋다.

수도권에서 여기만 한 숲속 야영장은 드물다. 특히, 잣나무 숲이 일품인 2야영장은 어디에 텐트를 쳐도 낭만적인 분위기를 연출한다. 26개 데크가 있는데 잣나무 숲속 깊숙한 자리도 있고 편의시설 가까운 길가에 자리한 곳도 있다. 숲속 느낌과 편의성 중 선택은 예약자의 몫이다. 잣 향기에 더해 커플들의 속삭임, 아이들의 웃음소리로 산음 숲에는 고소함이 가득하다. 가을 햇살 아래 맛보는 숲속 브런치는 일류 레스토랑 부럽지 않은 비주얼이다. 맛은 말해 뭐할까? 하룻

1 가을이 한창인 1야영장
2 잣나무 숲이 낭만적인 2야영장
3 가을빛 감상하기 좋은 숲속의 집

밤 지나니 오고 가는 길에 잣잎 쿠션도 더 견고해졌다. 어김없이 찾아오는 철수 시간. 쭉쭉 뻗은 잣나무 사이사이로 햇빛이 내리며 밝은 에너지가 숲에 스며든다. 다들 따스함을 품고 돌아가는 눈치이다. 산그늘 속에서 청한 하룻밤 한뎃잠에 음지를 양지로, 무기력을 행복으로 이끄는 마력이 있었나 보다.

따스하게 물드는 치유의 숲

산그늘의 산은 용문산이다. 그늘은 용문산이 주지만, 휴양림에서 오를 수 있는 산은 봉미산(856m)이다. 마지막 숲속의 집을 지나 봉미산 등산로가 시작된다. 거리는 2.1km지만 오르막이 만만치 않으니 가족과 함께라면 보류하는 게 좋다. 그 대신 국내 1호 숲으로 빛나는 '치유의 숲'이 있어 서운하지 않을 만큼 걸을 수 있다.

산음자연휴양림의 상징, 치유의 숲은 산림청이 지정한 국내 1호 숲이자 숲 해설을 최초로 시작한 곳이다. 숲속의 집에서 2야영장을 지나서 내려오면 데크로드가 나온다. 치유의 숲은 여기부터 시작된다. 잣나무가 주종을 이루는 시원스러운 길이다.

지그재그로 이어진 길을 걸으며 숲 내음을 만끽한다. 쭉쭉 뻗은 잣나무 따라 스트레칭도 해 본다. 어느덧 데크로드는 끝나고 산림치유센터가 나타난다. 단풍들 사이에 편백나무로 지은 하얀색 건물이 돋보인다. 이곳에서는 사전 예약을 통해 숲 체조, 명상, 오감 체험 등 다양한 치유 프로그램을 경험해 볼 수 있다. 먼저 각자 몸의 스트레스, 체성분 측정을 한 후 산림 치유 지도사가 상담을 통해 맞는 프로그램을 권해 준다.

산림치유센터를 지나 계곡으로 들어선다. 데크로드는 맛보기였고 본격적인 치유의 숲은 여기서 시작된다. 낙엽송, 전나무, 잣나무, 참나무, 층층나무 등이

1 가족과 걷기 좋은 치유의 숲길
2 혈압, 심박수 등을 측정해 스트레스 지수를 알아본다.

조화롭게 자리해 가을이면 단풍 쇼를 감상할 수 있다.

치유의 숲길은 부모님, 아이들과 걷기 참 좋다. 산음자연휴양림에는 부모님 모시고 올 만한 8인실이 많아서인지 삼대가 산책하는 흐뭇한 광경을 자주 목격한다. 소원바위까지 가서 살짝 소원도 더해본다. 단풍이 노을처럼 물드는 아름다운 숲에서 부모님의 황혼도 따스하게 저물어가고 있다.

계곡도 치유의 숲만큼 알찬 곳이다. 넓고 깊은 계곡은 아니지만 물줄기 따라 시원한 여름을 보내기에는 부족함이 없다. 상류부터 흘러온 물이 모이는 산림휴양관 앞쪽과 1야영장 쪽 계곡이 발 담그고 놀기 좋다. 아이들은 별다른 도구 없이 물만 튀기면서도 시원한 시간을 보낸다.

》》》 숲 간략 정보

주소 경기도 양평군 단월면 고북길 347

전화 031-774-8133

숙박 시설 숲속의 집 20동, 연립동 1동(2실), 산림문화휴양관 1동(16실), 반려견 지구 연립동 4동(12실)

야영 시설 야영 데크 43개

예약 숲나들e www.foresttrip.go.kr(주말, 여름 성수기 추첨/그 외 기간 수요일 오전 9시 선착순 예약)

숲 주변 돌아보기

》용문사

용문산 그늘에 산음자연휴양림이 있으니 용문사는 절로 발길이 간다. 천연기념물 30호, 수령 천년이 넘었다는 은행나무가 있다. 입구부터 약 1km가량 걷는다. 천천히 가을을 느끼며 걷기 좋은 길이다. 신라 신덕왕 때 창건했다는 용문사는 대한제국 때 의병들의 근거지로 쓰이다가 불타고 다시 세워져서 사찰 경내는 그리 넓지 않다. 입구의 노란 은행나무를 보며 살짝 기대했는데, 할머니 은행나무는 아직 푸른 빛이 강하다. 11월 첫째 주 정도에 노란 빛의 절정을 볼 수 있다.

주소 경기도 양평군 용문면 용문산로 782 **전화** 031-773-3797

》양평곤충박물관

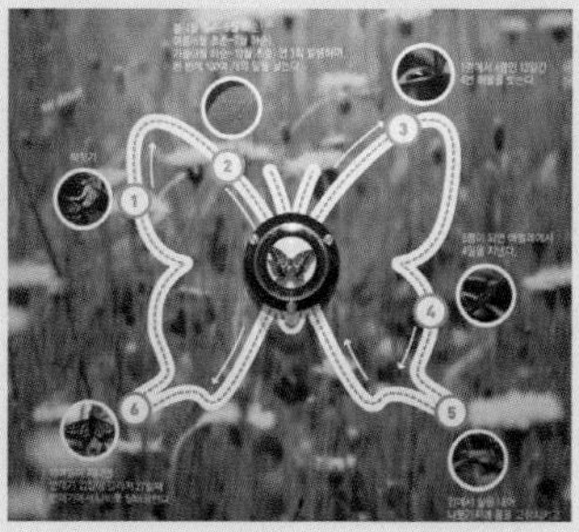

양평 읍내를 거쳐 집으로 돌아가는 길에 아이들과 양평곤충박물관에 들러보자. 옥천면 양평 공공하수처리장 내에 조성된 생태 공간에 공원을 비롯해 곤충박물관, 견학로 등이 있다. 곤충박물관은 신유항 교수가 평생 수집한 표본을 교육자료로 기증하면서 설립된 어린이 교육의 장이다. 많은 곤충표본 중 단연 나비가 돋보인다. 사슴벌레, 장수풍뎅이를 직접 관찰하고 애벌레를 만져보는 코너는 항상 아이들로 붐빈다.

주소 경기도 양평군 옥천면 경강로 1496 **전화** 031-775-8022

Park

숲과 물아일체(物我一體)

양평 쉬자파크

'숲'이란 이름으로 불리면 좋겠다. 새소리에 잠들고 나무들 손짓, 몸짓 하나하나 느끼며 살 수 있으면 좋으련만. 바쁘게 살다 보면 어느덧 그것에서 벗어나 있다. 그래도 다행인 건 주말마다 짬을 내서 하는 '숲'생활. 캠핑도 여행도 그런 연습 중 하나가 아닐까? 나는 숲이 되고 숲은 내가 된다.

모든 '쉼'은 여기에

건강한 생활을 하려면 영양, 운동, 휴식의 삼박자가 균형을 유지해야 한다. 보통 먹는 것과 운동은 신경을 많이 쓰지만 휴식은 '노는 것'이라 생각되어 그리 신경 쓰지 않았다. 그런데 최근 들어서 그 중요성이 부각되기 시작했다. 휴식은 노는 것이 아니라 몸을 재정비하고 기운을 충전하는 것이다. 쉴 수 있을 때 푹 쉬고 쉴 수 없을 때도 짬을 내서 쉬자! 그 쉼은 몸뿐 아니라 '마음'에도 해당된다. 긴장, 불안감을 떨쳐버리고 머리를 비워야 온전한 휴식일 것이다.

산 좋고 물 좋은 '양평' 하면 자연 속 별장, 전원주택이 떠오른다. '양평' 간다고 했을 때, 일이나 공부를 떠올리는 사람은 없을 것. 대부분 '놀러 간다''쉬러 간다'고 생각한다. 그 이미지에 딱 맞게 아늑한 용문산 자락에 전국 최초의 산림문화 휴양단지가 문을 열었다. 이름도 아예 휴식을 강조해 '쉬자파크'로 지었다. 휴식이란 단어 대신 '쉬자'라고 귀엽게 권유하니 안 쉬어갈 수가 없다. 바로 옆 라인에 용문산자연휴양림이 있지만 양평쉬자파크는 휴양림과는 또 다른 분위기로 '휴양'을 강조하고 있다.

쉬자파크는 잘 꾸며진 산속 공원 같다. 아기자기한 산책로, 관찰 데크, 생태습지, 놀이터 등. 조경도 수준급이다. 옆의 용문산자연휴양림은 등산객이 많이 찾

휴식 명상 시간

정원 같은 쉬자파크

프리미엄 시설이라는 초가원

는다면 이곳은 가족 단위의 쉬자족, 놀자족에게 안성맞춤이다. 게다가 양평 군민은 입장이 무료라니 이런 아늑한 소풍 장소를 가진 양평 군민들이 부러워진다.

입구 매표소 옆에 커다란 주차장이 있다. 일반 입장객은 여기에 주차하고 양평쉬자파크를 둘러본다. 숙박객은 차단기를 통과해 언덕을 오른다. 햇살 드는 언덕에 이국적인 모습의 숙박 시설이 자리하고 있다. 주황색 지붕에 하얀 외관이 지중해 느낌을 물씬 담고 있다. 쉬자파크의 숙박 시설은 여느 휴양림처럼 '숲속의 집'이라 부르지 않고 '치유의 집'이라 부른다. 이 이국적인 치유의 집은 별, 숲, 해, 달이란 동화 같은 이름을 지니고 있다. 두 동이 좌우로 맞붙어 있어 해A, 해B, 숲A, 숲B 등으로 불린다. 모두 70㎡ 크기에 화장실도 2개나 있는 넉넉한 복층이다. 구름과 바람이라 불리는 휴양관도 있다. A,B,C,D 네 개 동이 나란히 있는 구조라 휴양관이라기보다는 연립동에 가깝다. 단층이고 32㎡ 넓이라 4인 가족에게 가성비 면에서 적당하다. 사실 이 지중해풍 숙박 시설만 해도 여느 휴양림에 비하면 가격도 수준도 높은데, 진짜 프리미엄 숙박 시설의 끝판왕은 '초가원'이 보여주고 있다. 생태습지, 폭포를 지나 너른 야외무대가 있는 쉬자정원 위에 이름처럼 초가지붕을 한 '초가원' 세 동이 럭셔리하게 자리하고 있다. 그야말로 숲속 별장이다. 타원형 지붕에 풀이 자라고 벽 밖으로 소나무가 튀어나와 있는 모습이 인상적이다. 구불거리는 소나무를 그대로 살린 동서양이 조화를 이룬 고급 건축물이다. 히노키 욕조에서 휴식하고 하늘 창으로 별을 바라본다. 격자로 된 창으로는 숲을 바라본다. 바비큐 시설도 수준급이다. 특별한 날이라면 초가원을 탐내보자. 나와 가족을 위해, 부모님을 위해 충분히 저지르고 싶은 사치이다.

걷고 놀고 호흡하며 하나되는 용문 치유의 숲

양평쉬자파크 안에는 '용문 치유의 숲'도 있다. 가장 안쪽에 치유센터가 자리한다. 치유 프로그램은 숙박 시설과는 별도로 전화 예약해야 한다. 가을 끝자락, 마지막 남은 가을도 배웅하고 몸의 독소도 풀 겸 용문 숲으로 향한다. 산림치유의 시작은 먼저 '내 몸 알기'. 혈압, 심박수를 측정해 스트레스와 혈관, 자율신경의 건강상태를 점검한다.

건강상태 점검이 끝나면 나무 지팡이 하나씩 짚고 숲으로 떠난다. 멋들어진 소나무 숲에서 준비운동을 시작한다. 모처럼 동심으로 돌아가는 산토끼 노래에 맞춰 가볍게 뛴다. 둘이서 지팡이를 잡고 돌리며 부부 금슬 테스트도 해본다. 천천히 할 때는 쉽게 움직이지만 속도가 빨라지니 꽤 힘들어진다. 서로 박자를 맞춰야만 잘 돌아가는 지팡이. 부부뿐 아니라 모든 세상일이 이렇게 박자 맞추기가 힘든 것이란 깨달음을 얻는다.

한바탕 몸을 푼 후에는 계단형으로 이루어진 소나무 숲을 한 단 더 내려간다.

예전 이곳은 다랑논이 있던 자리란다. 소나무 숲속 평평한 자리에서 균형감 테스트도 해본다. 눈을 감고 제자리에서 50을 세고 눈을 떠보면 과연 어디에 있을까? 틀림없이 나는 제자리 걸음을 걸었는데 이상하게도 앞으로 쭉 나와 있다. 척추, 골반이 조금씩 틀어졌다는 증거란다. 아마 많은 시간을 컴퓨터 앞에서 생활하는 현대인들 대부분이 앞으로 걸어 나오지 않을까 싶다. 컴퓨터를 안 쓸 수는 없으니 자주 스트레칭을 해야겠다고 다짐한다.

잠시 자연 돌의자에 앉는다. 오늘 불릴 내 이름을 짓는 시간. 오늘은 숲과 물아일체가 되고 싶으니 내 이름은 '숲'으로 하련다. 숲에서 '숲'이 낙엽을 밟는다. 경쾌한 부스럭 소리에 발걸음이 더욱 경쾌해진다. 이번에는 자연의 눈을 가져본다. 정확히는 뱀의 눈. 뱀은 바닥에 붙어살기 때문에 시야가 위로 펼쳐져 있단다. 위로 향한 거울을 눈높이에 대고 걸어 보니 마치 뱀의 눈을 가진 듯 훨씬 높은 곳까지 시선이 간다. 발밑이 보이지 않아 조금 어지럽지만 전혀 다른 시각으로 보는 숲은 신기하다.

1 놀이가 즐거워지는 아늑한 솔숲
2 솔방울은 자연의 선물
3 협동이 필요한 지팡이 돌리기

솔쉼터 안의 정자는 인기 휴식 장소이다. 정자에 앉아 팔, 다리를 움직이며 모세혈관 운동을 신나게 해본다. 솔향 가득 담은 마사지도 한다. 내 몸을 소중히 하는 시간이다. 몸의 긴장을 풀고 혈관 운동을 열심히 한 후, 마지막에는 자연 속에서 마음 정리를 한다. 호젓한 솔쉼터에서 작은 소원을 빌고 간다. 잘생긴 도토리에 각자 소원을 담아 소나무 사이에 골대를 정하고 던져 본다. 네모난 가지 사이를 통과하면 소원 성취 성공, 빗나가면 실패. 힘차게 도토리를 던지며 '건강'을 외친다. 이게 뭐라고 성공하니 기쁘다. 소원처럼 진짜 건강해졌으면 좋겠다.

〉〉〉〉 숲 간략 정보

주소 경기도 양평군 양평읍 쉬자파크길 193

전화 031-770-1009

숙박 시설 숲속의 집 8동, 휴양관 2동(8실), 초가원 3동

예약 숲나들e www.foresttrip.go.kr(매주 수요일 10시 선착순)

치유의 숲 프로그램 나 愛(일반인 숲속 명상-치유력 향상), 화목 愛(가족 짝 체조-친밀감 형성), 마음 愛(소외계층 호흡명상-자존감 형성) 등, 체험비 5000원(2시간)

치유의 숲 예약 070-8811-1008(100% 예약제)

홈페이지 swijapark.foresttrip.go.kr

숲 주변 돌아보기

》두물머리

두물머리는 두 강물이 만나는 합수 지점을 의미하는데 양평 두물머리는 아예 지명이 되었다. 금강산에서 흘러내리는 북한강과 강원도 금대봉 검룡소에서 시작한 남한강이 합쳐지는 곳이라 지명도 양수리이다. 아침에 피어오르는 물안개, 나루터, 늘어진 수양버들 등이 운치 있는 분위기를 연출해 각종 사진, 드라마, 영화에도 자주 등장한다. 포토 존에서 사진도 찍고 인기 먹거리인 연잎 핫도그도 맛보고 간다.

주소 경기도 양평군 양서면 양수리

》수종사

두물머리에서 다리만 건너면 남양주시이다. 가는 길에 운길산의 수종사에서 두물머리 전망을 담고 간다. 수종사까지는 대략 30분 정도 걸어서 올라야 하지만 멋진 전망을 바라보면 보람을 느낄 수 있다. 세조가 이곳에서 묵어갔는데 한밤중에 종소리에 깨서 그 근원을 찾다 굴 속의 십팔나한을 발견했단다. 물방울 떨어지는 소리가 종소리처럼 울린다고 해 절을 짓고 수종사라 칭했다. 범종각 앞 은행나무도 수종사의 명물이다. 세조가 심었다니 500살도 넘었겠다. 그 앞에서 바라보는 풍광도 좋다. 절을 둘러본 후에는 다도실에 들어 차 한 잔 마시고 가자. 흐르는 강물을 바라보며 따스한 차로 하루를 차분하게 마무리한다.

주소 경기도 남양주시 조안면 북한강로 433번길 186 **전화** 031-576-8411

국립춘천숲체원

쑥쑥 자존감이 자란다!

춘천숲체원

우연히 다가온 숲에 감사한다. 가을 햇살이 감미로운 오후, 며느리의 슬픈 전설이 흐르는 춘천 아침못 마당. 빈백 의자에 몸을 맡기고 편안하게 하늘 감상을 한다. 레포츠 시설 소문에 시끌시끌할 줄 알았는데 오늘은 왠지 조용하다. 나를 돌아보기, 숲을 관찰하기 참 좋은 날이다.

다채로운 산림 레포츠로 특화된 숲체원

사진으로 본 춘천숲체원은 에너지가 충만한 곳이었다. 삶의 활력을 찾고 싶은 요즘, 딱 끌리는 숲이랄까. 2021년 5월 개원한 후 바로 입소문이 나서 예약이 어려운 곳이지만 우연히 취소분을 얻어 싱글벙글하며 춘천으로 향했다. 춘천숲체원으로 가는 길, 왠지 낯설지 않다. 춘천 나들이로 자주 찾던 구봉산 카페들을 스쳐 소양댐 닭갈비타운을 지나간다. 한적한 마을 길을 굽이 들어가면 꽤 깊은 계곡이 나온다. 그곳에 나타나는 자신만만한 붉은 색 계열의 숲체원 건물! 당당하게 입장하게 된다. 어깨를 펴고 오늘 하루 자존감을 키워보리라.

다채로운 시설이 자리한 춘천숲체원

춘천숲체원의 산림 레포츠 시설, 모험숲

춘천숲체원은 녹색자금(복권기금)으로 조성된 곳이란다. 국유림 335ha에 산림교육과 함께 레포츠를 즐길 수 있는 복합형 산림 복지 시설로 문을 열었다. 근처 용화산자연휴양림에도 산림 레포츠 시설이 있으니 이제 춘천은 '레포츠' 이미지로 굳어지고 있다. 이곳의 산림 레포츠 시설은 규모도 상당하다. 열한 개의 장애물로 이뤄진 모험숲뿐 아니라 실내암벽장까지 갖추고 있다. 특히, 평소 모험 시설 이용이 어려운 장애인이나 약자를 위한 '배려숲'이 있다는 것이 참 칭찬할 만하다. 국내 최초로 휠체어 이용이 가능한 로프 코스 모험 시설이다. 휠체어 탑승자와 보호자가 함께 체험할 수 있도록 안전하게 설계되어 있다.

춘천숲체원은 시설도 다채롭고 이름도 참 예쁘다. 먼저 '맞이관'이란 이름의 방문자센터를 찾아간다. 숲체원 내에서는 취사가 불가능하지만, 전기 포트 정도는 체크인 할 때 빌릴 수 있다. 맞이관 앞으로 누리관이라는 붉은 건물이 반긴다. 누리관은 단체 숙소동이지만 단체 예약이 없으면 개인도 이용할 수 있다. 각 숙박동에는 수풀, 나무, 구름, 하늘이란 예쁜 이름이 붙어 있다. 푸른 잔디밭 앞에 있는 소담관은 식당이다. 숲체원에 머무는 동안 이곳에서 식사하면 된다. 그리

붉은빛으로 빛나는 단체 숙소동, 누리관

머물고 싶은 숲속의 집

고 또 하나의 큰 건물이 어울림관이다. 강당과 실내암벽장이 있다.

어울림관을 지나 안쪽으로 들어가면 갈림길이 나온다. 이곳에서 직진하면 모험숲, 놀이숲으로 간다. 왼쪽 언덕을 오르면 단독형 숲속의 집과 별빛집이란 글램핑장이 나타난다. 하룻밤 지낸 누리관도 나쁘지 않았지만 다음에 기회가 있다면 숲속의 집에 머물고 싶다. 가족들과 오순도순 지내기에 더없이 좋아 보인다. 처마 끝 풍경이 어찌 이리 고울까? 살랑 바람에 은은한 소리가 퍼진다. 언덕을 따라 계단식으로 자리한 별빛집에는 감성 캠핑 분위기가 가득하다.

별빛집이란 이름의 글램핑장

이야기가 흐르는 숲속에서 PLAY하다

오늘 숲 해설은 신청자가 나 하나뿐이라 과외처럼 듣는다. 맞이관 앞에 포토 존이 있다. 숲으로 가기 전, 이곳에서 의식처럼 사진을 찍고 가야 한단다. 알고 보니 'Play(즐겨라), Lead(이끌어라), Act(행동하라), You(주인공은 너)' 단어의 앞 글자를 따서 'PLAY'라고 내건 춘천숲체원의 슬로건이었다. 당당하게 Y자 포즈를 취해 본다. 자존감 쑥쑥 자라는 출발이 좋다.

편안한 숲길을 따라, 이야기를 따라 걷는다. 먼저, 계곡 돌다리를 건넌다. 계곡 건너에서 바라본 수리봉. 그곳에 문수동자의 이야기가 들어있다. 슬픈 이야기는 푸른 아침못광장에도 흐른다. 유포리의 탐욕스러운 정씨 영감. 스님한테 시주를 안 하고 욕을 보이니 그 며느리가 대신 사죄했단다. 스님은 벼락이 치면 집을 떠나라고 며느리한테만 알려주는데, 며느리는 결국 시아버지를 버리지 못하고 벼락과 함께 드넓은 못 속으로 사라지고 만다. 그 전설이 담긴 곳에 잠시 앉아 쉬어간다. 포근한 빈백 의자에는 '누구나 휴식, 누구나 힐링'이라 쓰여 있는 듯하다. 어느새 며느리의 안타까운 전설은 사라지고 밝은 에너지가 온몸으로

1

2

1 며느리의 슬픈 전설이 깃든 아침못광장
2 계곡, 수리봉이 보이는 풍경

1 이야기 들으며 걷는 숲 데크 길
2 코스모스가 반겨주는 산책길

스며든다.

발걸음은 모험숲에 닿는다. 오늘은 체험자가 없어 조용하지만, 평소에는 줄 타고 뛰어내리는 아이들의 함성으로 활기가 넘치는 공간이다. 삭막한 도시의 놀이동산이 부럽지 않다. 낙엽송이 호위해 주는 데크로드를 힘차게 오른다. 지그재그로 완만하게 오른다. 남녀노소 산책하기 좋다. 산책길 끝, 둥그런 광장에서 다양한 참나무 이야기를 듣는다. 졸병 같은 졸참나무, 잎으로 떡을 싸 먹어 떡갈나무, 수라상에 올라가서 상수리, 지붕 엮는 굴피라 굴참나무. 족집게 과외 받듯, 귀에 쏙쏙 들어온다. 진짜 나무, 참나무가 이렇게 보물 같다니. 아는 만큼 보인다고 숲의 진면목이 이제야 보인다.

〉〉〉〉 숲 간략 정보

주소 강원도 춘천시 신북읍 장본2길 331
전화 033-912-9000
숙박 시설 숲속의 집 2인실 2동, 숲속의 집 5인실 2동, 단체동 4동(2인용 6실, 5인용 7실, 10인용 2실, 12인용 2실), 글램핑 3동
예약 e숲안애 portal.fowi.or.kr

》청평사

춘천 청평사에 가는 방법은 두 가지. 소양강호 유람선 타고 가는 낭만적인 전통 방식과 자동차를 타고 가는 일반적인 방법이 있다. 어떻게 가든 청평사 가는 길은 추억 길이다. 주차장부터 약 2km 거리의 숲길을 걷는다. 잘 정비된 길이라 녹음을 감상하며 걷기 좋다. 공주 설화가 있는 계곡, 구송폭포(구성폭포) 앞에서는 누구나 사진 찍으며 쉬어간다. 오봉산이 병풍처럼 둘러싼 청평사 고려선원. 보물 회전문을 비롯해 고려정원, 공주탑 등의 문화재가 남아 있다.

주소 강원도 춘천시 북산면 오봉산길 810 **전화** 033-244-1095

》춘천막국수체험박물관

춘천 하면 생각나는 대표 음식은 닭갈비와 막국수. 그 시원한 막국수를 먹고 체험도 할 수 있는 일석이조의 박물관이 춘천숲체원 지척에 있다. 인상적인 막국수 만드는 틀 모양의 건물. 1층에서 막국수 재료인 메밀의 생태와 효능 등을 공부하고 2층의 식당 겸 체험 장소로 이동한다. 반죽을 조몰락대는 아이들의 손길이 제법 진지하다. 면을 뽑을 때는 아빠의 힘이 좀 필요하다. 손수 만든 막국수는 그야말로 꿀맛. 평소 편식하던 아이도 그릇을 싹싹 비운다.

주소 강원도 춘천시 신북읍 신북로 264 **전화** 033-244-8869 **홈페이지** ccmksmuseum.modoo.at

산 위에는 억새, 숲속에는 대나무

오서산자연휴양림

첫 가족 산행으로 각인된 오서산. 어느덧 10년이란 세월이 훌쩍 지나고 추억을 곱씹으며 까마귀가 응원해주는 오서산에 다시 오른다. 능선마다 바람에 나부끼는 억새의 몸짓, 저 멀리 손짓하는 바다, 뿌연 미세먼지까지도 10년 전과 똑같다. 변한 건 딱 두 가지. 부실해진 내 무릎과 정상에서 V자를 그리던 꼬맹이의 부재.

은행나무 환영받으며 '서해안의 등대 산'으로

충남 서부, 보령과 홍성에 걸쳐 있는 오서산(791m)은 '서해안의 등대'라고 불린다. 근처에 높은 산이 없고 정상에서 시원하게 펼쳐지는 서해안 풍광 덕에 이런 멋진 별칭이 생겼으리라. 캠퍼, 특히 등짐 지고 산을 오르는 백패커들 사이에서는 오래전부터 유명한 산이다. 낭만적인 일몰을 감상하고 부드러운 억새 품에서 잠들 수 있으니 캠퍼들의 로망이 아닐 수 없다. 딱 하나 마음에 걸리는 것은 백패킹에 대한 불법 논란, 자연 훼손에 대한 곱지 않은 시선이었다. 이런 불편한 시선에서 자유롭게 오서산 억새를 즐길 수 있는 방법으로 떠오른 곳이 바로 오서산자연휴양림이다. 좋지 아니한가. 휴양림 야영장에 텐트 치고, 억새 능선을 걷고 나서 바로 잠들 수 있으니 말이다.

오서산자연휴양림은 보령시 청라면에 자리한 국립 휴양림이다. 출발지에 따라 광천나들목 또는 대천나들목을 경유하게 된다. 어디서 오든 소요 시간은 비슷하나, 공통점은 가을이 한창인 황금 들판과 노란 은행나무의 환영을 받는다는 것. 휴양림으로 가는 길의 장현마을은 아예 '은행마을'이라 불릴 정도다.

오서산 억새 능선

사계절 다채롭게 빛나는 휴양림

오서산자연휴양림에는 다양한 색이 공존한다. 입구에 들어서자마자 기린 두 마리와 노랑, 빨강의 하트가 마구 환영해 준다. 빨간 벤치에 앉아 누구나 인증샷을 남긴다. 휴양관 앞에는 무지개 색연필이 서 있다. 은행잎이 그려진 목공예장도 특색 있다. 숲속의 집 앞에는 빨강, 노랑, 파랑 바람개비가 합세해 동산을 가득 메운다. 의자인 줄 알고 앉았다가 깜짝 놀란다. 빨간 의자의 정체는 바로 시소 벤치. 아이들은 엉덩이 아픈 것은 아랑곳하지 않고 기우뚱거리며 즐거워한다. 숲도 나무도 좋지만, 아이들은 이런 인공적인 색깔, 이런 인위적인 도구에 더 크게 반응한다. 오서산 포토 존을 보면 숲에도 자연과 인공의 조화가 필요하겠다는 생각이 든다. 봄, 여름, 가을은 자연의 색으로 빛나고 삭막한 겨울은 이런 알록달록한 색이 보완하며 숲을 빛내주니 말이다.

오서산자연휴양림에는 숲속의 집 여덟 동과 연립동 세 동, 산림문화휴양관 한 동과 아담한 야영장이 하나 있다. 입구 하트 동산 뒤쪽으로 가면 숲속의 집이 나온다. 개나리, 채송화 등 친숙한 꽃 이름이다. 총 일곱 동이 자리하는데 3인

휴양림 입구의 포토 존

바람개비 동산의 시소벤치

1 아담한 숲속의 집
2 단풍보다 초록이 아직 많은 10월의 야영장

실, 4인실, 5인실로 크기가 다양하니 예약 시 잘 살펴야 한다. 숲속의 집 위로 가면 아담한 야영장이 있다. 야영 데크 여덟 개가 일렬로 앉아 있다. 데크 사이즈가 11㎡로 다소 작지만 돔형 텐트 하나 올리고 소박하게 캠핑하기엔 부족함이 없다. 마지막 8번 데크는 호불호가 갈리는 자리이다. 가장 호젓해 명당이라는 의견과, 짐 옮기기 멀고 등산로에서 가까워 불편하다는 평으로 나뉜다. 야영장을 흐르는 명대계곡은 오서산에서 내려오는 맑은 물이다. 수량이 풍부하진 않지만 원시림 속을 흘러내리며 시원한 풍광을 선사한다. 산 정상이 억새로 일렁일 때, 아직 야영장에는 알록달록 단풍보다는 초록빛이 많이 남아 있다.

다시 입구 하트 동산에서 직진하면 또 다른 숙박동이 등장한다. 목공예체험장과 산림문화휴양관, 연립동이 자리한다. 휴양관 앞에는 단풍나무가 절정을 뽐내고 그 속에 바비큐장이 들어앉아 있다. 이런 곳에서 고기 구워 먹으면 참 낭만적인 맛이 날 듯하다. 옆으로 찔레꽃, 잔디꽃이란 이름의 연립동도 가을 숲을 배경으로 빛나고 있다. 숲속의 집 중 가장 큰 진달래꽃 동이 가장 높은 곳에서 바람개비 동산을 바라보고 있다. 대가족이 출동할 경우, 이곳이 제격이다.

위에는 부드러운 억새,
아래에는 곧은 대나무

'오서산' 하면 '억새'부터 떠오른다. 그만큼 오서산은 억새의 대표 명소이다. 10월이 억새 산행의 제철이니 가을에 오서산자연휴양림을 찾는다면 땀 흘리며 억새 물결을 마주해 보자. 조금 힘든 정도의 난이도. 초등학생 이상이라면 충분히 도전할 수 있다. 억새 철이면 일부러 입장료 내고 휴양림을 찾아오는 등산객도 많아서 주차장도 넓게 마련되어 있다. 숙박 시설이든 야영장이든 휴양림에서 하룻밤 머물며 산행을 하면 일석이조. 특히, 야영장은 등산로 입구에 있기 때문에 남들보다 500m가량 덜 걷는다. 두 코스가 있다. 하나는 야영장 옆 등산로를 따라 2km, 다른 하나는 등산객이 주로 이용하는 주차장 위 임도로 산길을 따라 2.8km 거리다. 대체로 짧은 코스인 야영장 쪽으로 올라 임도 쪽으로 하산한다.

'오서산'하면 우리 가족의 첫 산행이 떠오른다. 추억의 타임머신은 금세 10년 전으로 뒤돌아간다. 단풍이 들기 시작한 10월의 어느 날이었다. 야영장 데크에 빨간 집을 짓고 오서산 정상을 향해 출발했다. 그날은 7살 아이가 첫 산행에 나서는 역사적인 날. 월정사까지는 쉽게 오르고 임도까지도 무난하다. 이후 본격적인 오르막이 시작되는데 의외로 아이는 여유롭다. 오서산의 오(烏)는 까마귀란다. 그래서 그런지 오르는 내내 '까까까' 소리가 응원처럼 들려온다. 벌거벗은 참나무 사이사이를 숨차게 오르던 차, 지팡이로 뒷짐을 지고 할아버지처럼 걷는 아이 모습에 기가 찬다. 아이들이 가벼워서 산을 더 잘 탄다는데 과연 그렇구나. 막바지 철제계단에서 힘을 내서 오르면, 시야가 터지고 마침내 억새들의 춤사위와 마주한다. 역광에 빛나는 하늘하늘 억새들의 몸짓이 애잔하다. 그 너머로 붉은 해가 힘을 잃어가고 있다. 높이(791m)를 알려주는 정상석 앞에서 V자를 그리며 인증사진을 남긴다. 그날 아이가 느낀 자긍심은 두고두고 삶의 원동

오서산 명물, 푸른 대나무 숲

력이 되길 바라본다.

오서산에서 억새가 전부라고 생각하면 오산. 어제 억새 산행으로 고단한 몸을 오늘은 푸른 대숲에서 풀고 간다. 연립동 뒤쪽으로 대나무 숲으로 가는 길이 있다. 이 대나무 숲은 억새밭만큼 오서산자연휴양림을 대표하는 장소로 숲 해설과 각종 체험이 이곳에서 진행된다.

푸른 숲에 들어서면 크고 작은 소리도 묻힌다. 대나무 숲에서 '임금님 귀는 당나귀 귀'를 외쳤다는 옛이야기가 떠오른다. 곧게 뻗은 숲속에서는 마음속 응어리를 맘껏 풀어 놓아도 좋겠다. 온전히 녹색에 갇힌 숲. 걷는 내내 마음도 걸음걸이도 곧게 펴지는 것 같다. 어제 억새에게 삶의 유연함을 배웠다면 오늘은 대나무에게 어떤 시련에도 당당할 지조를 배우고 간다.

》》》 숲 간략 정보

주소 충청남도 보령시 청라면 오서산길 531
전화 041-936-5465
숙박 시설 숲속의 집 8동, 연립동 3동(6실), 산림문화휴양관 1동(10실)
야영 시설 야영 데크 8개
예약 숲나들e www.foresttrip.go.kr(주말, 여름 성수기 추첨/그 외 기간은 수요일 오전 9시 선착순)

숲 주변 돌아보기

》보령은행마을

오서산 동남쪽에 자리한 장현마을은 수령 100년이 넘는 은행나무 30여 그루를 포함해 약 3000여 그루가 빛나는 은행나무 최대 군락지이다. 아예 '은행마을'이란 고유명사로 불린다. 그 중 정촌유기농원이 있는 곳이 마을의 중심이다. 농원 은행나무 숲에서는 통기타 선율을 즐기며 가족, 연인들이 노란 오후를 즐기고 있다. 아담한 연못 앞에는 캠핑장도 있다. 정겨운 허수아비가 길잡이 되어주는 은행나무 길을 기분 좋게 걸어본다.

주소 충청남도 보령시 청라면 오서산길 150-32

》신경섭가옥

보령은행마을 내, 정촌유기농원에서 700m가량 떨어진 곳에 신경섭가옥이 있다. 신경섭가옥은 조선 후기 양반가옥으로, 충남문화재자료 제219호로 지정되어 있다. 운치 있는 담벼락, 일렬로 서 있는 은행나무 앞이 포토 존이다. 너도나도 멋진 풍경을 담느라 분주하다. 가옥 앞 300년 된 느티나무도 은행나무 사이에서 당당하게 자리를 지키고 있다.

주소 충청남도 보령시 청라면 장밭길 62

》보령석탄박물관

우리나라 최초의 석탄박물관이 보령에 있다. 전시장에서 석탄의 생성과 이용 역사, 장비 등을 살펴본다. 석탄이 생소한 아이들은 꼬마 연탄 만들기 등의 체험에 흥미롭게 참여한다. 국내 최초의 모의 갱도에는 냉풍 터널도 있어 시원한 바람 맞으며 시간을 보낼 수 있다.

주소 충청남도 보령시 성주면 성주산로 508 **전화** 041-934-1902

나는 참 소중한 사람

비슬산자연휴양림

숲에 눕는다. 누워서 본 하늘은 파란 바다 같다. 다양한 모양을 한 잎들이 모여 섬을 만들어 낸다. 비슬산 숲에서 생각을 비우는 시간. 자꾸 잡념이 밀려와 진중한 시간을 방해하지만 있는 그대로 의식의 흐름에 몸을 맡겨 본다. 잠시 후, 소중한 내 안의 나를 마주한다.

대구 시민들의 허파,
비슬산에서 힐링

이상하게 경북 내륙은 발길이 가지 않았다. 특히, 대구는 자연과는 거리가 먼 '도시'라는 이미지가 강했다. 팔공산과 더불어 대구 시민들의 정신적 지주인 명산, 비슬산이 있었는데 말이다. '비슬'은 정상의 바위가 신선이 거문고를 타는 모습을 닮았다 하여 붙여진 이름이란다. 예쁜 이름처럼 산도 예쁘다. 봄이면 산 위에 참꽃의 분홍 파도가 넘실댄다. 그런 아름다운 비슬산을 빈 가지만 앙상한 늦가을에 찾았다.

숲은 공존의 공간이다. 우리는 잠시 그곳을 빌려 살고 있지만 '주인'인 양 착각한다. 실상은 침입자. 숲속에 이방인이 들어서면 나무들은 긴장한다. 동물들도 경계한다. 그 긴장감은 생존을 위한 본능일 터이다. 그런데 아이러니하게도 그 방어 요소로 뿜어내는 피톤치드가 오히려 인간을 이롭게 한단다. 피톤치드와 햇

비슬산 참꽃군락지의 가을풍경

빛, 적당한 온도, 부드러운 녹색이 고맙게도 인간의 몸에 보약이 된다. 면역력을 높여주고 신체적, 정신적 피로감을 풀어준다. 건강을 선물해 준다. 이런 고마운 숲을 잠시 치유의 공간으로 빌렸다. 산 중턱에 비슬산자연휴양림이 있고 그 안에 치유의 숲이 함께 자리하고 있다.

숲, 나에게 토닥토닥 응원을 보내다

휴양림으로 가기 전에 치유센터가 먼저 나온다. 비슬산 치유의 숲에서는 연령, 목적에 맞는 다양한 산림 치유 프로그램이 진행된다. 치유의 가장 첫 단계로 다양한 기계의 힘을 빌려 정신적, 신체적 스트레스와 피로도를 측정하고 근육량과 체지방 분석도 한다. 규칙적인 운동으로 스트레스를 관리해야 한다는 결과. 사실 측정하지 않더라도 알고 있는 것이지만 실천이 참 힘든 숙제이다.

건강 체크가 끝난 후에는 야외로 간다. 치유센터 뒤편으로 데크로드가 있다. 본격적으로 숲 여행을 떠나는 길이다. 조금 오르면 평평한 데크 위에 작은 광장이 나온다. 이곳에서 몸풀기로 체조를 하며 몸의 체온을 1℃ 높여 본다. 처음에는 조금씩 움직이던 동작도 음악에 맞춰 점점 커진다. 신나게 몸을 흔들다 보니 어느덧 나를 조금 내려놓을 준비가 된다. 참나무들이 호위하는 능선길을 따라 오른다. 소나무 군락지도 눈에 들어온다. 대화 없이 조용히 오감만 열어놓고 걷는다. 걸으면서 보고, 듣고, 맡으며 느끼길. 가족, 친구끼리 오랜만에 담소 나누는 것도 좋지만 숲에서는 가끔 묵음이 필요하다. 온전히 느끼기 위해서 말이다. 잠시 후, 느낀 것을 말해보는 시간. 저 멀리 들리는 물소리, 사람 소리, 음식 냄새까지 맡았다는 아이. 대단한 감각 소녀이다. 떠들었으면 못 느꼈을 감각, 감정들이다.

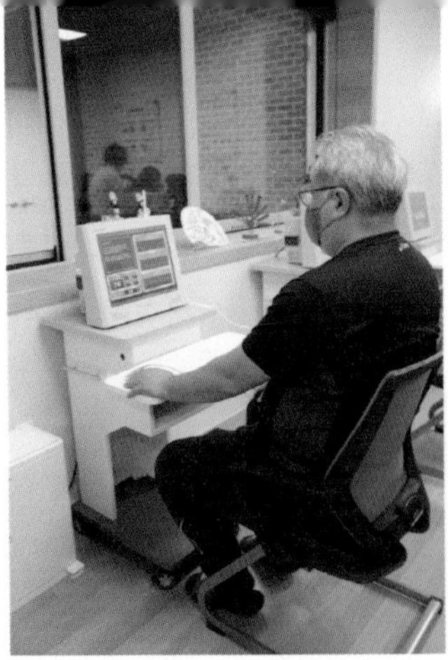

각종 도구를 이용해 건강 상태를 점검한다.

반신욕실에서 긴장 완화하기

비슬산은 숲에 든 사람들에게 한 가지 소원은 들어준단다. 버리고 싶은 나의 욕심은 못생긴 도토리 속에, 소망하는 가족의 안녕과 건강은 잘생긴 도토리 속에 담아 놓는다. 그리고 아이들의 자연 장난감, 새총으로 욕심은 저 멀리 날려 버린다. 아이에게 슬쩍 물어보니 코로나 상황이 빨리 끝나게 해 달라고 거창한 소원을 빌었단다. 대견스러운 소원을 비슬산이 좀 들어줬으면 좋겠다.

낙엽송이 줄지어 가을 소리를 내는 아늑한 숲속 데크 위에 자리를 잡고 앉는다. 가벼운 스트레칭 후에 호흡으로 숲 내음을 느끼며 명상한다. 나를 비우는 시간이다. 누워서 바라본 하늘은 너른 바다처럼 나를 감싼다. 다소 어수선한 생각 보따리도 어느새 차분하게 정리된다. 근심, 걱정을 버리고 숲에서 마주하는 '나'. 토닥토닥하며 응원해 주고 싶다.

숲속 힐링 여행을 마치고 치유센터로 돌아오면 반신욕실, 음파치유실, 족욕실 등에서 육체 피로를 푼다. 다소 쌀쌀한 외출에 경직되었을 근육을 이완하며 마음의 긴장도 풀린다. 따스한 물속에서 오늘 하루 수고한 발에게 휴식 시간을 주며 숲 여행을 마무리한다.

노란빛 캠핑장 속에서 가을 느끼기

치유센터에서 나와 숲속 캠핑장으로 간다. 휴양림에서 숙박하면서 치유 프로그램을 신청하면 할인 혜택도 있다. 또 휴양림 안에 등산로 시작점이 있어 비슬산에 오르기도 유리하다. 오늘은 캠핑장 카라반에서 하룻밤 머물며 비슬산의 가을을 느껴보련다.

비슬산자연휴양림의 야영장은 오토캠핑이 가능해 야영장이란 단어보다 캠핑장이란 단어가 더 어울린다. 실제로 '숲속 오토캠핑장'이라 칭하며, 카라반과 데크가 혼재한다. 상단에 카라반이 4인용부터 10인용까지 쭉 배치되어 있고 하단에는 데크가 자리하고 있다. 데크는 소형(4×7m)과 대형(5×8m), 두 종류다. 웬만한 거실형 텐트는 다 올라간다. 숲속 캠핑장에는 느티나무가 많아 노란빛이 가득하고 야외 공간에는 고기 굽는 냄새가 가득하다.

1 가을의 노란빛이 가득한 비슬산자연휴양림 캠핑장
2 거실형 텐트도 거뜬한 데크 사이트
3 다양한 카라반 사이트

자연과 인간의 공존공간, 숲

휴양림 입구의 야영장에서 더 들어가면 길을 따라 숲속의 집 등 숙박 시설이 나온다. 물놀이장 주변에 평상이 일렬로 있어 여름에는 놀기 좋겠다. 곳곳에 정자, 쉼터가 있고 사람들이 삼삼오오 가을을 만끽하고 있다.

〉〉〉〉 숲 간략 정보

주소 대구광역시 달성군 유가읍 일연선사길 61

전화 053-659-4400

숙박 시설 숲속의 집 9동, 연립동 2동(13실), 산림문화휴양관 1동(9실)

야영 시설 야영 데크 24개, 고정식 카라반 20대

예약 숲나들e www.foresttrip.go.kr(매주 수요일 9시 선착순)

치유의 숲 프로그램 채우林(건강검진, 면역력 향상, 자아존중감 향상 등), 설레林(임산부 숲 태교 등) 체험비 1만 원

프로그램 예약 달성군 시설관리공단 통합예약시스템 www.dssiseol.or.kr

숲 주변 돌아보기

》비슬산 대견사

비슬산자연휴양림에 머물면 비슬산 대견사는 꼭 다녀와야 한다. 두 가지 가는 방법이 있다. 휴양림에서 시작하는 등산로를 따라 2km, 아니면 공영 주차장에서 전기차를 타고 약 30분 오른다. 전기차는 국내 최초 친환경 산악용 전기자동차란다. 20인승이지만 인기가 많아 대기시간도 길다. 대견사는 통일신라 때의 고찰이지만 흐르는 세월 속에 폐허가 되었다가 2014년에 복원되었다. 사찰 주변 암괴류와 절벽 끝에 당당하게 서 있는 삼층석탑이 사진 으뜸 포인트이다.

주소 대구광역시 달성군 유가읍 일연선사길 177 **전화** 053-746-0020

》도동서원

대구 외곽에 위치한 도동서원은 유네스코 세계유산에 등록된 서원 중 한 곳이다. 조선 5현 중 한 명인 한훤당 김굉필의 학덕을 기리기 위해 설립된 서원이다. 특히, 입구의 400년 된 커다란 은행나무가 압권이다. 사진을 찍으면 한 프레임 안에 넣기 힘들 정도로 둘레가 크다. 가을 정취 물씬 느끼며 학구열도 키워보자.

주소 대구광역시 달성군 구지면 도동서원로 1 **전화** 053-616-6407

》국립대구과학관

비슬산 치유의 숲으로 가는 길에 국립대구과학관이 있다. 상설전시관뿐 아니라 4D영상관, 천체투영관 등 관람이 가능하다. 1층 로비에 거대한 물시계가 눈길을 끈다. 자율주행 체험이 가능한 미래자동차관도 흥미롭다. 과학관은 규모가 커서 다 돌아보려면 시간이 꽤 걸린다. 시간적 여유를 갖고 찾는 것이 좋다.

주소 대구광역시 달성군 유가읍 테크노대로 6길 20 **전화** 053-670-6114 **홈페이지** www.dnsm.or.kr

숲에 나를 맡기면

국립산림치유원

숲에 나를 던진다. 나무에 몸을 맡긴다. 울창한 나무와 그 이파리가 그늘막이 되어 몸과 마음을 편하게 해 준다. 눈을 감는다. 천천히 고요한 시간이 찾아오고 새소리, 풀벌레의 미세한 속삭임이 조금씩 다가온다. 온전한 숲속, 잡념이 살짝 발을 들였다가 이내 하얀 무(無)가 자리 잡는다.

오롯이 숲으로

현대인들의 스트레스는 머리를 비우고 마음을 가볍게 하는 게 최선의 치료일 것이다. 알지만 실천하기가 어려운 법. 잠시 뒷일은 생각하지 않고 저지를 필요가 있다. 만성 두통이 극에 달한 어느 날, 무작정 소백산 자락으로 들어갔다. 내성천과 죽령계곡의 남원천이 만나 낙동강으로 흘러가는 백두대간의 허리에 국립산림치유원이 자리한다. 산이 병풍처럼 둘러싸고 있어 그런지 치유원에 들어서는 순간, 뭔가 안전한 느낌이 든다. 사악한 문명을 막아주는 입지랄까? TV도 없고 와이파이도 없이 고립을 자처하기 참 좋은 곳이다.

국립산림치유원은 산림자원을 이용해 몸과 마음을 치유하고 더 나은 삶을 추구하기 위해 조성된 산림복지 서비스 기관이다. 현대인의 숲 힐링을 위한 전국 산림치유원의 리더 격이다. 방문자안내센터에 들어서면 간단한 오리엔테이션을 거쳐 본격적인 숲속 힐링의 여정을 시작한다.

치유원 생활은 자유와 편안함, 조금의 불편함이 공존한다. 전원주택 같은 형태의 숙박 시설과 단체를 위한 숙박동이 있는데 모두 취사 금지이고 식당에서 정해진 시간에 식사한다. 음식도 소박하다. 온전한 쉼을 위한 시스템이지만 기

1 전원주택 단지 같은 주치마을
2 국립산림치유원 입구

름진 식사, 수시로 간식을 먹는 생활습관을 가진 사람에게는 고역일 수 있다. 방으로 돌아와도 적막하다. TV도 없고 와이파이도 없어 세상과 단절된 곳. 손에서 자연스레 스마트폰을 내려놓게 된다. 그러면서 그동안 우리가 얼마나 무겁게, 과하게, 건강을 해치면서 살아왔는지도 절감하게 된다.

혼자라도 외롭지 않은 치유

온전한 나를 찾기 위해 해먹 하나 달랑 들고 숲으로 들어간다. '숲에 안기다' 해먹 체험. 걷다가 멀리 산을 배경으로 치유사의 안내에 따라 위, 아래, 좌우로 엄지 손가락을 움직이며 눈동자도 움직여 본다. 그동안 스마트폰에만 집중하던 내 편협한 안구가 모처럼 이리저리 운동을 한다. 잣나무를 기둥으로 삼아 해먹을 연결한다. 처음에는 수다스러운 숲이 해먹 설치가 끝나고 다들 자리를 잡으면 서서히 고요해진다. 이젠 온전히 해먹에 몸을 맡기고 '숲멍'할 시간. 머리는 쉬고 감각만 깨어 있는 시간이다. 땅이 주는 기운, 바람이 들려주는 이야기가 느껴진다. 몸이 편안해지면서 작은 호흡에 마음 속 근심 덩어리가 사라지고 깊은 호흡에 건강한 에너지가 스며든다. 모처럼 '나'라는 짐을 내려놓고 푹 쉬어 가는 시간이다.

손가락을 움직이며 안구 운동하기

숲에 안기는 해먹 체험

소나무 전망대

국립산림치유원에는 편안한 마실치유숲길부터 난이도 높은 산악스포츠치유숲길까지 다양한 숲길이 조성되어 있다. 혼자라도 쉬엄쉬엄 걸어보자. 치유원이 자리한 숲속에는 깊은 가을이 자리 잡았다. 낙엽이 수북이 쌓인 벤치에 앉아 잠시 쉬어간다. 어느새 숲에 스며든다. 멋드러진 소나무가 반겨주는 전망대에 도착한다. 가슴이 뻥 뚫린다. 더불어 막힌 코도 마음도 시원해진다. 산책 나온 가족들 사진도 찍어 주면서 타인의 즐거움이 내 기쁨이 될 수 있다는 것도 느낀다.

치유 프로그램은 다양하다. 숲 산책, 명상 등 휴식형도 있고 신체 균형을 찾는 운동 프로그램, 기구를 이용한 치유 프로그램도 있다. 또 물의 부력과 수력을 이용해 혈액순환 등을 돕는 '수치유'도 있다. 비대면 시대에 알맞은 셀프 치유 콘텐츠도 있다. 입실할 때 받은 작은 꾸러미에 색연필과 컬러링 엽서, 젠탱글 아트 재료가 들어있는데 적적한 시간에 색칠하며 생각 비우기 참 좋다. 저녁 먹고 8시부터 셀프 치유 시간이란다. TV를 켜면 다양한 스트레칭 동작이 시연된다. 각 지역 사투리로 동작 설명이 되는데 이게 은근히 재미있다. 혼자라도 설명 들으며 즐겁게 몸을 움직일 수 있다.

》》》 숲 간략 정보

주소 경상북도 영주시 봉현면 테라피로 209
전화 054-639-3400
숙박 시설 영주 주치마을 숙박 시설 17동, 단체숙소동 2동(35실)
예약 e숲안애 portal.fowi.or.kr

숲 주변 돌아보기

》 인삼박물관

풍기는 예로부터 인삼의 고장이었다. 그 풍기인삼을 알리고자 설립한 인삼박물관이 국립산림치유원에서 4km 거리에 있다. 인삼을 소재로 알차게 전시가 구성되어 있다. 인삼의 기원, 풍기인삼의 유래, 생육 과정 등을 살펴본다. 인삼 전시실 외에 아이들 눈높이에 맞게 꾸며진 다양한 체험도 있다. 특히, 인삼밭 가꿔보기, 인삼 캐기 등이 흥미롭다.

주소 경상북도 영주시 풍기읍 죽령로 1378 **전화** 054-639-7681 **홈페이지** www.yeongju.go.kr/insam

》 소수서원

우리나라 최초의 사액서원인 소수서원은 영주 여행의 필수 코스이다. 1541년 풍기군수, 주세붕이 안향을 배향하기 위해 설립했으며 유네스코 세계유산에 등재된 8개의 서원 중 하나다. 들어가는 입구의 소나무 숲이 참 운치 있다. 옛날 유생들이 공부하던 분위기를 떠올리며 천천히 산책하기 좋다. 경렴청 바로 옆 500년 된 은행나무도 보고 강학당으로 발걸음을 옮겨보자.

주소 경상북도 영주시 순흥면 소백로 2740 **전화** 054-639-5852

》 희방폭포

영남 지방 제1폭포로 꼽히는 희방폭포도 국립산림치유원에서 가깝다. 해발고도 700m 지점에 있으나 가는 길은 그리 힘들지 않다. 연화봉에서 희방계곡을 이루며 흘러내리는 물줄기가 시원스럽다. 희방폭포를 본 후 철제 계단을 힘들여 오르면 희방폭포의 윗부분, 소(沼)를 만날 수 있다. 조금 더 오르면 희방사에 닿는다. 이후는 본격적인 산행길이지만 희방폭포, 희방사까지는 가족 모두 즐겁게 다녀올 수 있는 코스이니 도전해 보자.

주소 경상북도 영주시 풍기읍 죽령로 1720번길 50

솔바람 타고 반딧불이 보러 가자

운문산 생태·경관보전지역

맑은 밤, 어둠 속에 반딧불이 푸른 빛이 점점이 박혀 있다. 고요한 아침, 까막딱따구리가 집 짓는 경쾌한 소리. 호젓한 숲길에 하얀 꼬리 말발도리꽃이 하늘거린다. 그 안에 퍼지는 아이들의 웃음소리. 청도 운문산에서 만날 수 있는 동화 같은 풍경이다.

보전가치가 큰 생태·경관보전지역

'생태·경관보전지역'은 다양한 생물이 존재하는 생태적으로 중요한 지역이나, 자연경관이 수려해 보전할 가치가 큰 곳을 가리킨다. 환경부에서 지정한다. 지금까지 지정된 생태·경관보전지역은 33개 지역으로, 합친 면적이 285.78㎢가 된다고 한다. 대표적인 곳이 지리산 심원계곡 및 피아골계곡 일원, 한강 밤섬, 동강유역 습지 등이 있다.

맑은 고장, 경북 청도 운문산에도 생태·경관보전지역이 있다. 청도군 운문면 신원리 일대, 약 26.4㎢ 규모로 2010년 지정되었다. 운문산반딧불이, 꼬리말발도리, 담비 등의 깃대종과 수달, 매, 까막딱따구리, 삵, 무산쇠족제비 등 멸종위기 동물도 만날 수 있다. 운문산생태·경관보전지역은 국립공원에서 운영·관리하며 입구에 가면 탐방안내센터가 있다.

탐방안내센터에서는 생태보전지역을 알리고 그 생태계를 함께 느낄 수 있는

1 운문산생태·경관보전지역 탐방안내센터
2 멸종위기 동식물에 대해 설명을 듣는 아이들

운문산에 군락지를 조성하여 자생하는 꼬리말발도리

다양한 탐방 프로그램을 운영한다. 우연한 기회에 청도를 방문해 아이와 함께 프로그램에 참여해본다. 프로그램은 초등학생부터 청소년, 일반인 대상까지 다양한데 '자연 속 오감 만족 생태 관광'이 가족 단위로 참여하기에 적당하다. 간단한 교육이 끝난 후 전시실에서 조금 전 설명으로 들은 생태·경관보전지역과 탐방로를 한눈에 살펴본다. 솔직히 운문산은 운문사가 전부인 줄 알았다. 그런데 이번에 곳곳에 자리한 비경, 복수초 군락지, 하늘나리 군락지, 꼬리말발도리 복원지 등의 존재를 처음 알았다. 표본을 보며 멸종위기 동식물도 살펴본다. '꼬리말발도리''까막딱따구리' 등은 계속 강조되어 뇌리에 콕 박힌다.

솔바람길 걸으며 자연 놀이, 밝게 자라는 아이들

탐방안내센터에서 교육이 끝나면 본격적인 탐방을 위해 야외로 나선다. 그곳은 바로 '운문산 솔바람길'. 운문사 매표소부터 사리암까지 이어지는 멋진 길이다. 탐방이 아니라 단순히 운문사만 찾는다고 해도 이 길은 꼭 걷길 바란다. 제발 휙 차 타고 운문사로 들어가는 과오를 범하지 말지어니. 이런 멋진 소나무길을 걸어보지 못한다면 땅을 치고 후회할 일이다.

누구나 걷기 좋은 솔바람길

소나무 숲속에서 몸풀기로 안전 체조를 시작한다. 마치 내가 소나무가 된 듯 팔을 흔들고 솔방울처럼 날아오르고 빙그르 돌기도 한다. 아이들은 엄마와 일심동체가 되어 열심히 따라 한다. 준비운동이 끝나면 본격적인 탐방을 시작한다. 솔바람길을 솔솔 걷다가 중간중간 포인트에서 생태놀이를 즐긴다.

단풍나무 아래에서 씨앗을 관찰한다. 바람개비 같은 씨앗. 색종이로 만든 단풍나무 씨앗을 바람개비처럼 날려본다. "날아라, 내 씨앗!" 하며 힘껏 날린다. 다시 걷다가 나무 위 큰 구멍을 발견하고 멈춘다. 까막딱따구리 집이란다. 조금 전, 아이들이 열심히 공부한 멸종위기종 중 하나이다. 집주인을 보고 싶지만 지금은 외출 중. 모두 그 나무 아래에서 기념사진을 남기고 간다. 소나무 숲이 끝나면 양지바른 벤치 옆에서 아이들과 밧줄 놀이도 한다. 빙 둘러싼 사람들이 줄을 당기면 가운데 앉은 사람은 마치 하늘다람쥐처럼 날아오른다. 하늘로 둥둥 뜬 아이들은 놀이기구 탄 듯 즐거운 비명을 지른다.

잠시 밧줄 놀이의 흥분을 가라앉히고 이번에는 차분하게 그림을 그린다. 16개의 그림 조각을 나눠 받고 상의 없이 각자 그리고 싶은 것을 그린다. 나무를 그리는 아이, 해와 달을 그리는 아이, 꽃을 그리는 아이. 잠시 후 16개의 조각을 합치면 신기하게도 하나의 나무가 완성된다. 그림을 보고 아이들은 깔깔 웃으며 나름 품평회를 한다. 비록 해도 달도 두 개씩이지만 개성이 모여 만든 멋진 작품이다.

운문사에 거의 닿을 무렵, 푸른 숲에서는 거품벌레에 대한 설명을 듣고 거품벌레 만들기를 해본다. 애, 어른 할 것 없이 가장 신기해하는 광경이다. 천연 거품을 이용해 나뭇잎 위에 거품벌레를 만든다. 막대기에 거품을 살짝 묻혀 불면 신기하게도 나무 물관을 통해 거품이 나와 하얀 벌레가 된다. 아이들은 신나서 넓은 나뭇잎만 보이면 달려간다. 어느새 숲속은 하얀 벌레 천지, 아이들의 웃음 천지가 된다.

1931년 운문산에서 최초로 발견되어 이름 붙은 '운문산반딧불이'는 생태경관보전지역을 대표하는 깃대종이다. 운문산에 증식장을 조성해 개체수를 보전, 관리하고 있는데 운 좋으면 맑은 여름밤에 운문산반딧불이를 만날 수 있단다.

1 숲속 몸풀기 체조
2 종이로 만든 단풍나무 씨앗 날리기
3 밧줄 위에서 하늘다람쥐처럼 날아 보기

그림 조각을 맞춘 후 감상하는 아이들

나뭇잎 위에 거품 벌레를 만드는 아이들

청도를 여름에 다시 찾는다면 꼭 반딧불이 탐사 프로그램에 참여해보자고 아이와 약속하고 돌아온다. 운문산 생태 관광을 마치면 잠자리는 근처 운문산자연휴양림으로 삼으면 좋겠다. 숲속의 집, 휴양관 등 다양한 숙박 시설뿐 아니라 시원한 계곡 따라 자리한 야영 데크도 훌륭한 보금자리가 된다.

〉〉〉〉 숲 간략 정보

주소 경상북도 청도군 운문면 운문사길 55

전화 054-371-6405

이용 요금 무료(사전 예약 필수)

탐방 프로그램 숨겨진 비경을 찾아 떠나는 운문산탐방(왕복 7.2km 자연환경해설), 솔바람이 전해주는 운문산이야기(2km 생태체험 탐방) 등

홈페이지 www.eco-unmunsan.kr

숲 주변 돌아보기

》운문사

운문산 생태 관광의 종점은 운문사이다. 운문사는 넓은 평지에 펼쳐진 사찰이라 편하게 돌아보기 좋다. 신라의 고찰로 일연이 삼국유사를 집필한 곳으로 유명하며, 또 지금은 비구니 승가대학이 있는 곳이기도 하다. 경내 중앙에 위치한 천연기념물 180호인 일명 '처진 소나무'도 빼놓을 수 없는 명물이다.

주소 경상북도 청도군 운문면 운문사길 264 **전화** 054-372-8800

》와인터널

청도는 감으로 유명하다. 우아한 감 향기를 담은 와인을 만나보는 것도 이색적인 경험. 방치되었던 철도 터널, 남성현터널이 지금은 와인 숙성 저장고이자 카페로 이용된다. 철길 위를 평균대처럼 걸으며 터널 안으로 들어간다. 어두운 터널 안에 화려한 조명이 낭만적인 분위기를 연출한다. 시원함을 느끼며 와인 시음도 해본다.

주소 경상북도 청도군 화양읍 송금길 100 **전화** 054-371-1904

》청도소싸움테마파크

청도는 소싸움이란 역동성을 지닌 활력의 고장이기도 하다. 농경시대부터 즐겨온 소싸움으로 테마파크를 조성하였다. 경기장에서는 소싸움을 경마처럼 배팅을 하며 즐길 수 있다. 뿔을 맞대고 기 싸움을 벌이는 소들을 보면 의외로 박진감이 넘친다. 경기장 옆, 미디어체험관에서는 소싸움의 유래 등을 살펴보고 각종 체험을 즐길 수 있다.

주소 경상북도 청도군 화양읍 남성현로 346 **전화** 054-373-9612

편백 숲에 파묻히다

하동편백자연휴양림

이름만 들어도 상쾌해지는 나무가 있다. '피톤치드'란 천연 항균 물질을 마구 내뿜는다는 편백나무가 그 주인공. 경남 하동에 평생 가꾼 편백 숲을 기증한 훌륭한 분이 계신다는 뉴스를 들었다. 게다가 그 숲을 누구나 찾아와 누릴 수 있는 자연휴양림으로 조성했다는 사실에 가만히 앉아 있을 수가 없었다.

개인이 가꾼 숲이 많은 사람에게 혜택을 주는 숲으로

2020년 여름 개장 때, 편백이라는 단어만으로도 관심을 끈 하동편백자연휴양림. 남해편백자연휴양림이 있지만 오랜만에 '편백'을 전면에 내세운 휴양림의 등장이었다. 게다가 개인이 가꾼 곳이라니 더욱 관심이 갔다.

어린 시절을 일본에서 보낸 김용지 선생은 1976년부터 일본에서 편백나무 묘목을 가져와 하동에서 가꾸기 시작했고 휑했던 산은 푸른 편백나무 숲으로 변신했다. 시간이 흘러 그는 약 80만㎡ 중 30만㎡의 편백 숲을 하동군에 무상 기증했고 그 숲은 휴양림이 되었다. 이런 소중한 편백 숲을 선물해 준 김용지 선생은 얼마 전 세상을 떠났지만 그 기부로 인해 수많은 사람이 숲속에서 힐링하는 혜택을 받으니 참으로 고마운 일이다.

편백 숲에서의 힐링

그 좋은 편백 숲 안에 숲속의 집 열 채가 전부이다. 숲을 가능한 훼손하지 않고 숙박 시설을 배치하려 노력한 흔적이 보인다. 일단 길이 굉장히 좁고 경사가 심하다. 이런 점 때문에 개장 초기에는 차량 진입이 안 되었다. 숙박객과 짐 모두 카트로 이동했으나 이제는 객실 한 개당 한 대의 차량 진입이 가능하다. 먼저 편백나무 숲길을 오르면 101~104호 숲속의 집이 나오는데, 특히 나란히 위치한 103호, 104호는 시원스러운 전망으로 소문나 평일에도 공실이 없을 정도로 인기가 많다. 101호는 여분으로 비워놓기 때문에, 우리가 머물렀던 102호는 온전히 독립적이고 조용한 장점이 있었다. 그래도 다음에 기회가 된다면 전망이 트인 103호나 104호를 예약하겠다는 꿈을 꿔본다.

1 진정한 숲속의 힐링처
2 산비탈에 자리한 200번대 객실들

나머지 숙박 시설은 한참을 들어가야 나온다. 201~206호는 산비탈에 자리하고 있다. 언덕을 올라야 해서 앞쪽 102~104호보다는 짐 옮기기가 힘들다. 하지만 다름없이 편백 숲에 둘러싸인 환경이다. 모든 객실은 4인에서 6인까지 투숙 가능한 곳으로 거실과 방이 하나 있는 구조이다. 객실에 '마음소리의 방(102), 힐링의 방(103), 치유의 방(104), 숲 사랑의 방(206)' 등의 별칭이 붙어 있는 것이 참 인상적이다. 이름처럼 그 방에 들어서면 힐링 되고 치유되었으면 좋겠다는 생각이 든다. 여느 휴양림 객실처럼 간단한 취사도구와 냉장고, 에어컨 등이 갖춰져 있다. 특이하게 TV는 없다. 아마 잠시 복잡한 세상일은 잊고 진정한 휴식을 하라는 권유가 아닌가 한다.

하동편백자연휴양림에서 하룻밤을 보낸다면 가장 큰 축복은 무엇보다 '편백 숲 아침 산책'이 아닐까? 숲길 산책로는 크게 세 코스로 조성되어 있다. 1코스 상상의 길(2.7km), 2코스 마음소리의 길(1.5km), 3코스 힐링길(1.7km)이다. 혼자 걸어도 좋지만 동행한 가족, 친구가 있다면 상의해서 적당한 코스를 걸어보자. 어느 코스를 걸어도 중간에 임도와 만나며 어렵지 않게 걸을 수 있다. 중간중간 쉼터와 전망대도 있어 지루하지 않다.

촉촉한 숲 내음 맡으며 걷는 길. 숲에 한 줄기 빛이 내리고 가슴 속에는 따스

1 다양한 산책 코스
2 가족과 함께 하는 편백 숲 아침 산책
3 편백나무에게 전하는 감사 인사

한 사랑이 스며든다. '마음소리 길'이라는 이름처럼 걷는 동안 내 마음의 소리에 귀 기울여 본다. 편백나무가 뿜어내는 엄청난 양의 피톤치드가 곳곳에 스며들어 왠지 건강해지는 느낌이 든다. 까슬까슬한 나무 표면을 보듬으며 믿음직스러운 편백나무에게 감사 인사를 전한다.

》》》 숲 간략 정보

주소 경상남도 하동군 옥종면 돌고지로 1088-51
전화 070-8994-0717
숙박 시설 숲속의 집 10동
예약 숲나들e www.foresttrip.go.kr(매주 수요일 9시 선착순)

숲 주변 돌아보기

》삼성궁

하동 청암면 묵계리에 있는 삼성궁은 좀 특별한 분위기의 여행지이다. 환인, 환웅, 단군을 모신 성전으로 지리산 골짜기 해발 850m에 자리하고 있다. 곳곳에 돌탑과 크고 작은 연못, 다리와 고목들까지. 뭔가 비밀의 숲에 들어온 듯 신비롭다. 특히 비취색 물빛은 꼭 사진에 담고 가야 한다.

주소 경상남도 하동군 청암면 삼성궁길 2

》덕천서원

하동편백자연휴양림은 행정구역상 하동이지만 산청과 진주의 경계에 위치한다. 산청 덕천서원이 13km 거리로 가까워 함께 둘러보기 좋다. 지리산 천왕봉 가는 길목, 시천면에 자리한 덕천서원은 남명 조식 선생의 학덕을 기리기 위해 제자들이 세운 서원이다. 조식은 퇴계 이황과 쌍벽을 이룬 영남학파의 영수(領袖)로 평생 벼슬을 거부하고 시골에서 선비로 살았다고 한다. 그래서 그런지 서원도 소박한 모습이 인상적이다.

주소 경상남도 산청군 시천면 남명로 137

》진주청동기문화박물관

하동편백자연휴양림에서 30분 거리에 있다. 진주 대평마을 일대에 조성된 박물관은 강을 끼고 있어 조망도 훌륭하다. 청동기 시대의 대표적인 유적을 살펴보며 진주 남강의 청동기 문화가 일본에까지 영향을 준 사실도 알게 된다.

주소 경상남도 진주시 대평면 호반로 1353 **전화** 055-749-5172

경이로운 삼나무 숲

붉은오름자연휴양림

한라산 까마귀 소리가 알람시계 역할을 한다. 밤새 제법 거친 봄비가 내리더니 현무암 돌담은 더욱 까매지고 그 속에 기생하는 이끼들은 풍성해졌다. 벚꽃보다 소박한 솔비나무 꽃에도 이슬이 맺혔다. 오로지 제주에서만 가능한 행복한 아침 풍경. 삼나무 숲의 깊은 울림을 들으며 며칠 더 묵고 싶다.

아이와 함께 제주에서 딱 한 곳만 머문다면 여기

육지와는 다른 온도, 습도, 거기에 바람까지. 제주의 자연환경이 빚어 놓은 숲은 색다른 분위기로 다가온다. 삼나무를 비롯해 붓순나무, 참식나무, 솔비나무, 조록나무 등 낯선 이름도 제주에서는 친숙한 나무다.

난대 식생이 가득한 화산섬, 제주에는 모두 네 개의 자연휴양림이 있다. 서귀포자연휴양림만 서남부권에 있고 나머지 세 곳 절물자연휴양림, 교래자연휴양림, 붉은오름자연휴양림은 모두 섬 동쪽에 자리한다. 한라산 영실이나 어리목 코스를 염두에 둔다면 당연히 서귀포자연휴양림이 우선이고, 제주 동부권, 시내까지 돌아볼 생각이라면 세 곳 중 하나를 선택하면 된다. 아이를 동반한 가족이라면 붉은오름자연휴양림을 베이스캠프로 삼으면 좋다. 같은 남조로 라인이고 거리는 가깝지만 교래자연휴양림은 제주시, 붉은오름자연휴양림은 서귀포시에 위치한다. 남조로는 눈, 비로 통제될 가능성이 적어 1100도로 등의 산간도로에 비해 운전 부담이 적고, 노선버스도 다니기 때문에 대중교통 여행도 가능

붉은오름을 배경으로 자리한 휴양림

한 곳이다. 몇 년 전 겨울방학 때, 아이와 함께 붉은오름자연휴양림에서 보낸 일주일이 생각난다. 버스 타고 천천히 서귀포로 유람갔다 돌아와 잠들고, 폭설이 내린 날은 꼼짝 못하고 휴양림 눈밭에서 하루 종일 뒹굴어도 마냥 좋았던 기억. 제주에서의 겨울 추억은 그렇게 소복소복 쌓였다.

제주 민속촌 같은 자연휴양림

제주 시내에서 출발한 버스가 중산간의 울룩불룩한 오름 사이를 달린다. 곧 붉은오름, 물찻오름, 말찻오름 등에 둘러싸인 붉은오름자연휴양림에 도착한다. 버스 정류소에서 내려 매표소까지 걸어 들어간다. 어느새 매표소와 커다란 주차장이 나온다. 이제부터 방문객이든 숙박객이든 관계없이 휴양림까지는 공평하게 '걸어서' 들어간다. 휴양림 내에는 차량 진입이 불가하다. 비치된 짐수레를 이용하거나 캐리어를 끌고 들어간다.

먼저, 주차장 옆 숲이 눈에 들어온다. 숲속 야영장이다. 최근 개장했지만 낭만

낭만이 가득한 숲속 야영장

2층 휴양관, 삼나무들 옆이라 삼나무동이라 부른다.

전통가옥 모습을 한 숲속의 집

적인 캠핑 장소로 입소문 나며 외지 캠퍼뿐 아니라 제주 현지인들도 많이 찾는다. 당연히 예약은 치열하다. 이곳에서의 캠핑을 꿈꾼다면 비행기표에 앞서 휴양림 예약부터 해야 한다. 세 가지 유형의 숲속 야영 데크는 크기와 모양, 이용료가 모두 다르므로 예약 전부터 고려해야 한다. 각 사이트로 가는 길은 데크로 되어 있어 깔끔하고 편리하다. 어두워지면 길에 조명도 들어와 운치를 더해준다. 밤새 세찬 비가 퍼붓더니 자욱한 안개가 숲속 야영장을 덮어버렸다. 짙고 푸른 양치식물의 모습이 안개와 더해져 공룡이 튀어나올 듯한 원시적인 분위기. 그 안에 꽃무늬 텐트만이 현대문명 티를 내며 멋스럽게 빛난다.

매표소에서 숙박 시설까지는 10분가량 걸어간다. 확 시야가 트이고 제주 민속촌 같은 분위기의 전통가옥이 부채꼴 모양으로 쫙 펼쳐져 있다. 가장 먼저 등장하는 2층 건물은 '삼나무동'이라 불리는 휴양관이다. 1층에는 8인실, 2층에는 4인실이 있다. 휴양관 지붕도 초가 모양으로 멋스럽다. 이후 옹기종기 자리한 가옥들. 특히, 각 집으로 가는 현무암 돌담길이 압권이다. 제주 감성을 물씬 품었다. 4인실은 연립동 형태이고 6인실, 7인실은 독채 형태이다. 각 집 이름은 붓순나무, 윤노리나무, 솔비나무, 조록나무 등 제주 자생 나무로 되어 있는데 이름에 해당하는 나무가 그 집 앞에 심어진 것이 아주 인상적이다. 방 이름표도 한국어 외에 영어, 중국어, 일본어로 표기해 외국인 관광객도 배려한 모습이다.

삼나무 숲에 눈이 내리면

한라산에서 폭설을 만났다. 붉은오름자연휴양림은 위험한 순간을 넘기고 도착한 안식처 같은 곳이었다. 다음 날 맞이한 하얀 세상은 어제의 한라산과는 너무 달랐다. 어제는 폭설이 괴물 같았다면 오늘 삼나무 숲, 현무암 돌담길에 소복히 쌓인 눈은 흐뭇하게 웃는 천사 같다. 삼나무 숲 산책로는 이국적인 겨울 왕국이다. 아이들은 눈사람 만들기에 여념이 없고, 내리는 눈을 맞으며 덩달아 눈사람이 되어간다.

눈이 내리지 않아도 붉은오름자연휴양림 안에는 아이들 놀거리가 많다. 숲속의 집 앞, 놀이터는 아침부터 웃음소리로 시끌시끌하다. 돌담길을 미로처럼 뛰어다니는 아이들. 아침을 먹은 후에는 목재문화체험장으로 가서 연필꽂이 만들기 등 즐거운 체험도 한다. 넓은 운동장과 유아숲 체험원도 아이들의 에너지 발산 장소이다.

삼나무 숲에 눈이 내리면

눈 내리는 붉은오름자연휴양림

다양한 식생을 만나며 오르는 붉은오름등반로

아기자기한 산책로도 붉은오름자연휴양림의 자랑이다. 해맞이숲길, 상잣성숲길, 무장애 나눔 숲길, 붉은오름등반로 등 다채로운 트레킹 코스가 있어 선택의 즐거움이 있다. 이 중 삼나무 데크길은 필수. 휴양관 옆에서 시작되는데 길이가 짧고 데크로 되어 있어 누구나 걷기 좋다. 삼나무 데크길 중간에 붉은오름 정상으로 가는 갈림길이 나온다. 1.7km 거리의 등반로인데 막바지 400m 정도 가파른 계단만 감내하면 주변 풍광을 눈에 담을 수 있다. 오르는 내내 새덕이, 참빗살나무, 까마귀베개 등 생소하고 제주스러운 나무들 만나는 즐거움도 있다. 거친 제주의 바람도 온몸으로 느낀다. 정상까지 가지 않더라도 계단이 나오기 전까지는 걸어보자. 경이로운 삼나무 숲길이 기다리고 있다. 삼나무가 뿜어내는 피톤치드, 켜켜이 쌓인 형광빛 이끼들. 촉촉한 봄비까지 내린다면 더욱 짙어진 숲속의 아침 산책은 만병통치약이다. 폐 속 깊이 상쾌함이 스며든다. 숲의 기운을 받은 다정한 노부부도, 아장거리는 세 살 꼬마도 모두 무병장수할 것이다.

》》》 숲 간략 정보

주소 제주특별자치도 서귀포시 표선면 남조로 1487-73
전화 064-782-9171
숙박 시설 숲속의 집 6동, 연립동 3동(6실), 산림문화휴양관 1동(7실)
야영 시설 야영 데크 34개
예약 숲나들e www.foresttrip.go.kr(매주 수요일 9시 선착순)

숲 주변 돌아보기

》조랑말체험공원·녹산로

붉은오름자연휴양림 옆 동네 가시리에는 조선 시대 국영 목장인 갑마장이 있었다. 그 광활한 초지에 최초의 '마을 설립 박물관'인 조랑말박물관과 문화공간이 조성되었다. 박물관 옥상은 주변 오름, 풍력발전기가 한눈에 보일 정도로 전망이 좋다. 박물관 안에는 말 관련 유물들과 문화예술 작품이 잘 어우러져 있다. 승마 체험도 할 수 있다. 봄에는 조랑말체험공원을 중심으로 길게 뻗은 녹산로가 빛난다. 아래는 유채꽃 물결, 위에는 벚꽃 터널로 장관을 연출하니 진풍경 보며 드라이브하는 호사를 누려보자.

주소 제주도 서귀포시 표선면 녹산로 381-15 **전화** 064-787-0960

》따라비오름

제주의 수많은 오름 중, '오름의 여왕'이라 불릴 만큼 곡선미를 자랑하는 따라비오름(342m)이 18km 거리에 있다. 때마침 억새가 일렁이는 가을이라면 반드시 올라보자. 가시리의 오랜 역사를 담아 개장한 '갑마장길' 코스에도 따라비오름이 포함된다. 오르는 길은 그리 힘들지 않다. 마지막 계단 몇 개만 힘내서 오르면 곧 사방에서 불어오는 바람을 마주한다. 풍력발전기와 억새가 어우러진 가을 정취를 느끼며 세 개의 분화구를 따라 천천히 걸어보자. 불어오는 바람에 몸을 맡기며 '자유'를 느끼기 참 좋다.

주소 제주도 서귀포시 표선면 가시리 산62

》감귤박물관

제주를 찾는다면 흔한 것이 감귤나무, 감귤 농장이다. 서귀포시에는 감귤을 테마로 운영하는 감귤박물관이 있다. 붉은오름자연휴양림에서 자동차로 30분 거리. 아이들과 방문하면 감귤의 역사, 종류, 재배 방법 등을 살펴보며 유익한 시간을 보낼 수 있다. 감귤에 관련된 퀴즈에도 도전해본다. 박물관 옆 온실에서는 이색적인 세계의 감귤도 만나볼 수 있다.

주소 제주도 서귀포시 효돈순환로 441 **전화** 064-767-3010

Theme 2

전망 좋고 시설 으뜸인 숲

휴양림이야? 리조트야? 아하, 놀자숲도 찜!

동두천자연휴양림

2020년 여름, 코로나로 혼란스러운 시기에 개장한 동두천 자연휴양림. 여느 휴양림처럼 '무슨 산' 휴양림이라 불리는 것을 지양하고 당당히 지역명을 휴양림 이름으로 삼았다. 수도권에 위치하고, 구불구불한 산길 없이 고속화도로를 달려 쉽게 접근이 가능하다. 게다가 시설은 최신 리조트급이니 인기 폭발은 당연지사.

필승! 동두천 대첩

경기도 동두천시 왕방산 자락에 자리한 동두천자연휴양림은 일반적인 '자연휴양림'과는 전혀 다른 이미지를 품고 있다. 고급지고 세련된 숙박 시설, 아기자기하게 꾸며진 정원. 휴양림이라기보다는 리조트라는 표현이 더 어울린다. 게다가 놀이터와 놀자숲은 아이들의 천국이다. 한마디로 정의하자면 유아를 동반한 가족에겐 수도권에서 가까운 꿈의 리조트이다.

능력 있는 엄마가 되기 위해선 매주 화요일 9시에 손가락이 빨라야 한다. 요즘 아이돌 콘서트 티켓팅보다도 어렵다는 동두천자연휴양림 예약. 오죽하면 동두천 대첩이란 말도 나온다. 산림청 통합예약시스템 '숲나들e'에서 검색해 보면 이곳은 주말뿐 아니라 평일도 예약이 풀이다. 심지어 아이가 있는 가족은 평일에 휴가까지 내고 간단다. 매주 화요일마다 예약 도전에서 실패하다 보면 어느 순간 깨닫는다. 차라리 대기 1순위를 노리는 것이 현명하다는 것을. 대기를 걸고 간절히 기다리면 '예약 가능'이란 뜻밖의 문자를 받게 된다.

방문자센터에서 체크인을 할 때, 모모플이라는 공간이 눈에 들어온다. 보드게

왕방산 아래 아늑하게 자리한 동두천자연휴양림

임, 레고, 플레이스테이션 등을 하며 시간을 보낼 수 있는 곳이다. 아이들과 동행한다면 자주 들락거릴 장소이다. 특히, 놀자숲에서 놀 나이가 지난 청소년은 딱 여기 단골손님이다.

리조트형 휴양림의 대표 주자

청록빛이 도는 구름 모양 위에 '동두천자연휴양림'이라고 새겨진 예쁜 간판. 그 뒤로 세련된 모습의 숙박 시설이 자리하고 있다. 복층형 8인실이다. 특히, 3호실은 노약자·장애인을 위한 문턱이 없는 객실이다. 이곳은 모든 객실이 예약이 어렵지만 복층은 더욱 치열하다. 경쟁률 높이는 주범은 바로 2층에 있는 놀이 네트. 아이들에게 인기 만점이다. 놀자숲에서 놀기에는 너무 어린 아이들에게 이 네트가 안전한 놀이터가 된다.

복층형 시설에서 사방댐으로 정돈된 계곡을 건너면 산림문화휴양관이 나온다. 휴양관도 역시 모던한 모습이다. 휴양관 1층에는 매점도 있어 간단한 물품 구매가 가능하다.

1

2

1 놀이 네트로 인기 만점인 복층형 객실
2 아늑한 바비큐 공간을 갖춘 단층형 객실

잘 정비된 야영장

야외 놀이터

동두천자연휴양림은 일년 내내 바비큐가 가능한 휴양림이다. 단독형 숲속의 집은 테라스에서 바비큐가 가능하고 휴양관은 야외에 바비큐 공간이 따로 마련되어 있다. 또 일정 요금을 내면 숯불을 피워주는 서비스도 받을 수 있다. 번거로운 준비 과정 없이 먹거리만 가져가면 되니 불피우기에 자신 없는 아빠들이 환영할 만한 서비스이다.

다시 복층형 시설을 지나 아래로 내려가면 야외 놀이터와 야영장, 그리고 단층형 숙박 시설이 나타난다. 단층형 숙박 시설과 야영장은 마주보고 있다. 자칫하면 서로 관찰하는 입장이 되니 숙박객과 야영객 간의 배려가 필요하다. 단층형 다섯 동은 4인에서 6인까지 숙박이 가능하다. 복층보다 크기는 작지만 단층만의 장점도 있다. 먼저, 비가 와도 끄떡없는 아늑한 바비큐 공간이 매력적이다. 또 인조 잔디가 깔린 옥상도 평소 층간소음으로 위축되었던 아이들이 맘껏 뛰놀 수 있는 공간이다. 객실 내부에는 여타 휴양림의 장애인 우선 객실에서나 볼 수 있는 침대, 소파, 테이블이 갖춰져 있다. 복층형 2층에서 네트 놀이할 아이가 없다면 단층이 복층보다 훨씬 합리적으로 다가온다.

야영장은 데크 아홉 개가 배치된 아담한 규모이다. 화장실, 샤워실, 개수대가 있는 편의시설 건물도 깔끔하고 세련되었다. 동두천자연휴양림 인기의 중심에는 유아숲체험원이라 부르는 어린이 놀이 시설이 있다. 이 바로 앞에 위치한 데크 1, 2번은 유아 동반 가족이나 놀이터 소음에 신경 쓰지 않을 사람이 이용하

공간 활용을 잘 해야 하는 복층형 데크

는 게 좋다. 8, 9번이 놀이터에서 가장 멀다. 3번은 바닥이 목재 데크가 아니라 경화토(흙 콘크리트)인데, 턱을 없애 휠체어도 오를 수 있도록 배려한 자리이다. 최근 동두천자연휴양림은 복층형 데크도 선을 보였다. 이 야영 데크는 휴양관 바비큐장 옆 산기슭에 10~15번으로 자리 잡았다. 공간 활용을 어떻게 하느냐에 따라 호불호가 갈릴 듯하다.

감성 가득 공간은 엄마를 위해, 놀자숲은 아이를 위해

동두천자연휴양림은 자연미보다 인공미가 돋보이는 곳이다. 감성 가득한 공간 구성으로 사진 찍고 싶은 스폿이 가득하다. 놀이터 위, 숲초화원 앞은 계절마다 색다른 예술공간으로 탈바꿈한다. 봄에는 예술적인 조형물에 봄꽃이 가득하다. 연말에는 할로윈데이, 크리스마스 분위기로 꾸며진다. 깊은 산속 휴양림에서 별을 보듯, 동두천자연휴양림의 멋진 야경은 밤 산책을 재촉한다. 산책로 곳곳에도 어여쁨이 넘친다. 전망이 트이는 곳에서는 안락한 의자에 몸을 맡기고 하늘을 바라본다. 관리동 앞, 잔디광장은 노천카페가 떠오른다. 엄마는 연둣빛 동산을 바라보며 '숲멍', 그동안 아이들은 신나게 뛰놀 수 있으니 서로

감성 가득한 포토 존

다양한 놀이 체험 시설을 갖춘 놀자숲

에게 유익한 공간이다.

동두천자연휴양림의 하이라이트는 복합 놀이 체험 시설인 '놀자숲'이다. 기존 휴양림에 이런 놀이 시설이 있었던가? 실내외 통틀어 국내 최대 규모로, 포레스트어드벤처, 하늘네트어드벤처, 익스트림슬라이드 등이 웬만한 놀이동산 저리 가라 수준이다. 아이들이 이곳에 한번 발을 들이면 그날 집에 일찍 가긴 힘들다. 아예 동두천자연휴양림에서 숙박하면서 놀자숲까지 즐기면 아이를 위한 완벽한 프로젝트. 더불어 아이한테 엄마, 아빠 최고라는 '엄지 척'을 받게 되니 이보다 더 보람찬 여행이 있을까?

〉〉〉〉 숲 간략 정보

주소 경기도 동두천시 탑동가산로 1
전화 031-860-3257
숙박 시설 숲속의 집 복층형(8인실) 5동, 단층형(6인실) 5동, 산림문화휴양관 1동(17실)
야영 시설 야영 데크 15개
예약 숲나들e www.foresttrip.go.kr(매주 화요일 9시 선착순)

숲 주변 돌아보기

》어메이징파크

어메이징파크는 동두천자연휴양림과 같은 왕방산 자락에 위치한다. 행정구역으로는 포천이지만 산 너머 반대편으로 거리는 가깝다. 동두천 놀자숲이 몸으로 뛰어노는 놀이터라면 어메이징파크는 과학 놀이터이다. 탐구심이 왕성한 초등학생들이 직접 공학 기구를 만지고 체험하며 놀기 좋다. 특히, 떨어지는 물줄기를 피해 왕복운동을 하는 그네는 가장 인기가 많아 긴 줄을 서야 체험이 가능하다.

주소 경기도 포천시 신북면 탑신로 860 **전화** 031-532-1881 **홈페이지** www.amazingpark.co.kr

》경기북부어린이박물관

요즘 지역마다 특성화된 어린이 박물관이 늘어나는 추세다. 소요산 아래 위치한 경기북부어린이박물관은 '숲에서 꿈꾸는 아이들'이란 주제로 구성되었다. 특히, 공룡을 좋아하는 유아들은 1층에 들어서자마자 공룡 존으로 달려간다. 공룡 화석을 보고 모션 게임으로 공룡도 만나볼 수 있다. 2층의 숲생태 존과 물놀이 존도 인기 만점이다. 물대포로 공 쏘아 올리기 등, 물을 이용한 각종 놀이에 옷이 젖기도 한다. 미리 여벌 옷을 챙기는 센스가 필요하겠다.

주소 경기도 동두천시 평화로 2910번길 46 **전화** 031-868-9610 **홈페이지** ngcm.ggcf.kr

》회암사지

양주 천보산 자락에는 조선 왕실의 후원에 힘입어 불교 중심 사찰로 위세를 떨쳤던 회암사의 옛터가 남아 있다. 입구의 회암사지 박물관에서 먼저 역사를 살펴보고 공원같이 꾸며진 회암사지 터를 한 바퀴 돌아보면 좋다.

주소 경기도 양주시 회암사길 96 **전화** 031-8082-4187

고대하고 고대하던 숲속 작은 집

고대산자연휴양림

안보 관광을 떠나볼까 했다가 의외의 숲을 발견했다. 경원선 철도가 북을 향해 달리다가 멈춘 곳에 우뚝 선 고대산. 그곳에선 황금빛 철원 평야와 백마고지가 한눈에 들어온다. 손닿을 듯 북녘땅이 가까운 곳에 이렇게 어여쁜 숲이 자리 잡고 있다니.

경기 북부의 시설 좋은 자연휴양림

경기도 의왕에 바라산자연휴양림이 생겼을 때, 부러웠다. 그리고 왜 경기 북부에는 자연휴양림이 없는지 의문이 들었다. 경기 남부에 비해 자연환경이 잘 보존되어 있어 휴양림이 생기기엔 최적의 조건일 텐데 말이다. 그리고 2017년, 연천 고대산에 공립 자연휴양림이 오픈한다는 소식이 들렸다. 드디어 경기 북부에도 올 것이 왔구나.

경기도 연천군 신서면에 자리한 고대산자연휴양림은 행정구역상 연천이지만 철원과의 경계에 있다. 거의 철원인 셈. 연천 중심과는 꽤 거리가 있고 오히려 노동당사, 도피안사 등 철원 주요 관광지가 지척에 있다. 경원선 신탄리역에서 1.2km가량 거리로 서울 등 수도권에서 접근하기에 좋은 위치이다. 주말에 막히는 길이 싫다면 남쪽, 동쪽이 아니라 북쪽으로 향하면 된다. 고대산자연휴양림으로 가는 길, 주요 고속도로의 교통상황을 들으며 뭔가 승자가 된 기분도 든다.

전망 좋은 고대산자연휴양림

옹기종기 바비큐 해 먹으며 보내는 선물 같은 하루

신탄리역을 지나 등산객 무리를 따라서 오르다 보면 꽤 높은 곳에 휴양림이 자리한다. 경사가 있는 길을 올라가면 관리소 앞에 사찰 당간지주처럼 씩씩하게 고대산자연휴양림 이름표가 서 있다. 그리고 시꺼먼 큰 돌에 쓰인 글귀와 함께 주변이 아기자기하게 꾸며져 있다. '사랑과 행복을 주는 당신은 정말 멋진 사람'이라니. 일단 미소 짓게 된다. 고대산, 첫인상부터 합격이다.

고대산자연휴양림은 생각보다 작고, 기대보다 좋았다. 먼저 방문자센터 뒤로 2층짜리 산림문화휴양관 건물이 서 있다. 휴양관에는 5인실, 8인실이 있고 야외에 바비큐 공간이 따로 마련되어 있다. 갈림길에서 왼쪽으로 오르면 예쁜 숲속의 집이 등장한다. 녹색 지붕의 나무집이 동화 속 집을 연상시킨다. 황조롱이, 곤줄박이, 산까치 등 새 이름으로 된 예쁜 집은 6인실이다. 가장 끝의 소쩍새 동은 최근 생긴 장애인 우선 객실이다. 파란 하늘을 바라보며 더 오르면 담비, 하

웃음 짓게 만드는 아기자기한 조형물

동화 나라를 연상시키는 숲속의 집들

1 4인실 황토집 진달래
2 바비큐 하기 좋은 테라스 공간

늘다람쥐, 청솔모라는 이름의 4인실 숲속의 집 세 동이 나란히 서 있다. 크기만 작을 뿐, 조금 전 6인실과 비슷한 풍이다. 그리고 한 단 더 오르면 마지막 숙소가 나온다. 역시 4인실인데 아래쪽 동물 이름 숲속의 집과 다른 점은 나무 집이 아니라 벽돌집이라는 것. 산철쭉, 들국화 등 꽃 이름의 네 동이 'ㄱ'자로 배치되어 있다. 숲속의 집은 모두 아이들과 입실할 때, 기분 좋을 이름과 모양이다.

이곳은 바비큐 하기 좋은 곳으로 입소문이 나 있다. 특히, 숲속의 집 테라스에 자리한 아늑한 바비큐 공간은 누가 봐도 탐이 난다. 비가 와도 걱정 없이 아빠가 구워주는 고기를 먹으며 아이들은 수다 꽃을 피운다.

텐트 위로 도토리 비가 내린다

고대산자연휴양림에는 야영장도 있다. 숲속의 집 4인실을 지나 오른편으로 가면 화장실 등 편의시설이 나오고 야영장이 보인다. 휴양관 뒤편 숲속이라고 보면 된다. 야영장으로는 차량 진입이 안 되어 주차하고 산비탈을 올라야 한다. 1~6번 데크 정도까지는 오를 만하지만 이후 뒤쪽 데크까지의 여정은 거의 등산이다. 짐을 옮기려면 매우 힘들다. 우스갯소리로 이곳 야영장을 '고말라야(고대산+히말라야)'라고 부를 정도다. 여기서 캠핑을 하려면 필히 가벼운 등짐을 질 것. 하단 데크는 그래도 편의시설에서 가깝지만 상단 데크는 거리도 멀고 숲이 정말로 깊다. 혼자라면 무서울 정도. 상단 데크를 예약한 자! 틀림없이 자발적 고립을 선택했으리라.

깊은 밤, 텐트를 두드리는 '투둑' 소리. 비가 오는 줄 알았다. 아침에 보니 땅에는 비 온 흔적이 없는데, 어찌 된 일인가? 데크 위에, 텐트 주위에 동글동글 도토리가 가득하다. 밤새 내 숙면을 방해한 범인이 이 녀석들이라니. 울창한 참나무들이 도토리 비를 내려주는 고대산 숲속, 다음 가을에도 찾아오마.

숲속에서 아이들의 웃음소리가 들려온다. 그 소리의 근원을 찾아 진달래동 뒤쪽 숲속 놀이터를 찾아간다. 쭉쭉 뻗은 낙엽송 사이, 예쁜 통나무집이 있는 밧줄 놀이터에 햇살이 내린다. 아이들은 신나게 밧줄을 건너고, 엄마, 아빠는 편안한

참나무에 둘러싸인 캠핑 사이트

편하게 걷는 무장애 산책로

나무 의자에 앉아 관람객 모드. 걷고 싶은 무장애 산책로도 지난다. 아이가 밧줄 놀이를 충분히 즐긴 후, 이 길을 걸어보자.

〉〉〉〉 숲 간략 정보

주소 경기도 연천군 신서면 고대산길 84-79

전화 031-834-2200

숙박 시설 숲속의 집 6인실 7동, 4인실 7동, 산림문화휴양관 1동(6실)

야영 시설 야영 데크 20개

예약 숲나들e www.foresttrip.go.kr(매주 수요일 9시 선착순)

숲 주변 돌아보기

》재인폭포

한탄강 주변은 오래전 화산활동이 있었던 곳이다. 재인폭포는 연천의 대표적 관광지로 제주도처럼 주상절리를 볼 수 있는 곳이다. 평지에서 움푹 내려앉은 커다란 협곡에 생긴 폭포라 더욱 신비롭다. 폭포에 얽힌 '재인'의 슬픈 전설처럼 옥색 물빛이 아름다우면서도 애잔하다.

주소 경기도 연천군 연천읍 고문리 산21

》전곡선사박물관

연천 전곡리에 가면 은빛 타임머신이 연상되는 선사박물관이 자리하고 있다. 구석기 시대로 아이들과 흥미로운 여행을 떠날 수 있는 곳이다. 호모에렉투스, 호모사피엔스 등 구석기인과 그들이 사용한 도구를 한눈에 본다. 미션 투어를 하면 더욱 유익하다. 여권 사진 만들기 체험에서는 고인류의 모습으로 합성된 자신의 사진 제작이 가능하다. 마치 구석기인이 된 듯 박물관을 돌면서, 각 게이트에서 정보를 찾거나 사진을 찍은 후 기록을 남긴다. 마지막에 완성된 구석기인 여권을 자랑스럽게 보이며 여행을 마무리한다.

주소 경기도 연천군 전곡읍 평화로 443번길 2 **전화** 031-830-5600 **홈페이지** jgpm.ggcf.kr

》호로고루

매년 8월이면 통일의 염원을 담은 해바라기로 가득 차는 곳. 연천의 3대 고구려 유적 중 하나인 호로고루다. 호로고루는 고구려의 옛 성으로, 당시 전략적 요충지였을 이곳이 지금은 좋은 나들이 장소가 되었다. 역사에 관심이 있다면 홍보관도 둘러보며 조금 꼼꼼히 보자. 역사에 관심 없는 어린아이도 연 날리며 뛰어놀기 좋으니 발걸음이 아깝진 않다.

주소 경기도 연천군 장남면 장남로 163번길 128

럭셔리한 숲속의 집에 레저 단지까지

철원두루웰숲속문화촌

자연휴양림이 진화하고 있다. 단순히 숲속의 집에서 하룻밤 머무는 '휴양'에서 이제는 치유와 놀이 문화까지 선도하고 있다. 한마디로 '숲속복합문화시설'이랄까? 물 맑고 공기 좋은 철원 평야를 달려 도착한 철원두루웰숲속문화촌이 그런 곳이었다.

경기도 같은 강원도 철원의 공립휴양시설

철원은 행정구역상 강원도이지만 연천 바로 옆, 포천 위라서 경기도 같은 느낌의 강원도다. 수도권에서 접근이 용이하고 길 막힐 일이 덜해서 부담이 적은 나들이 코스다. 그동안은 접경지역의 이미지가 강했던 철원이 요즘은 볼거리, 즐길거리 많은 관광지로 각광 받고 있다. 높은 산으로 둘러싸여 있지만 신기하게도 드넓은 평야가 불쑥 나타나는 지형, 한탄강 줄기 따라 쌓여 있는 화산활동의 흔적들, 사계절 시원한 풍광의 고석정, 삼부연폭포, 직탕폭포 등이 그 자랑스러운 관광자원이다. 철원두루웰숲속문화촌은 갈말읍 지경리에 위치하는데, 거의 철원의 가운데라서 주요 관광지를 돌아보기 좋다. 같은 철원에 있는 복주산자연휴양림보다 더 유리한 자리라고 본다.

철원두루웰숲속문화촌은 2019년 개장한 공립 휴양 시설이다. 이름인 '두루웰'은 철원의 마스코트인 '두루미'와 '웰빙(well-being)'의 합성어이다. 지역관

한탄강 송대소 은하수교

광과 복합 휴양 시설을 접목한 철원군의 노력이 보이는 작명이다. 실제로 이곳에 머물면 숙박비의 일부를 지역 상품권인 '철원사랑상품권'으로 돌려받는다. 철원 내 식당, 시장, 주유소 등에서 사용이 가능해 휴양림 이용객과 지역 상권이 서로 윈윈하는 좋은 시스템이다.

여기 휴양림이야? 고급 펜션이야?

푸른빛이 가득한 철원 평야를 달려 도착한 철원두루웰숲속문화촌. 호수와 분수 물줄기가 시원스럽게 환영해 준다. 관리소에서 체크인하니 철원사랑상품권을 준다. 사실 여느 휴양 시설에 비해 비싼 숙박비에 주저했는데 상품권을 받으니 내 돈인데도 뭔가 수지맞은 듯 기분이 좋다. 받자마자 가고 싶은 철원 맛집부터 검색한다.

이곳은 크게 두 개 영역으로 나뉜다. 관리소를 지나 직진하면 레저 단지(캠핑장, 어드벤처 시설)이고 왼편 언덕으로 오르면 목재문화체험장을 지나 숙박 시설로 간다. 먼저 왼편 경사면을 따라 자리한 트리하우스 네 동이 있다. 아래부터 소나무, 잣나무, 참나무, 벚나무라는 6인실이다. 거실, 방 하나가 딸린 구조이

철원두루웰숲속문화촌 입구

트리하우스 6인실

바비큐 공간

12인실 객실

다. 각 집은 방향이 조금씩 다르지만 앞집이 가로막고 있어서 전망은 그리 좋지 않다. 건물 1층에 주차 공간과 휴식 공간이 마련되어 있고, 옆에 산책로가 있어 숲속 느낌은 좋다. 조금 오르면 커다란 숲속의 집, 명성산과 금학산이라는 이름의 12인실이 나란히 등장한다. 이름은 철원의 산에서 따 왔다. 1층에 방 한 개가 있고 바로 계단을 올라 2층에 거실과 주방, 방 한 개가 더 있는 구조이다. 화장실이 각 층에 있어 대가족이 함께 이용하기 좋은 객실이다.

곧 커다란 주차장과 바비큐장이 나온다. 바비큐장은 숙박 시설에 따라 이용 공간이 지정되어 있다. 각 구역에 바비큐 통, 테이블, 집게, 소화기 등이 비치되어 있고 개수 시설도 있어서 편리하게 이용할 수 있다.

공동 바비큐장을 지나면 길이 갈린다. 직진하면 4인실, 송대소와 학저수지가 자리한다. 4인실 객실의 이름은 철원의 명소를 넣어 부른다. 이 두 객실은 바로 옆이라 주차 등에서 서로 배려가 필요하다. 4인실은 원룸형인데 역시 1층을 띄운 구조라 전망은 좋다. 송대소, 학저수지 뒤로는 12인실 복계산과 대성산이 위치한다. 구조나 모양은 앞의 12인실(명성산, 금학산)과 동일하다. 전망을 중시한다면 앞에 위치한 복계산이 훨씬 좋다. 안타깝게도 뒤에 위치한 대성산은 복계산에 가로막혀 앞집 뷰다.

바비큐장 갈림길에서 왼편으로 오르면 또 다른 4인실, 순담이 나온다. 주차 공간도 넓고 꽤 독립적이다. 옆의 커다란 나무가 멋스럽다. 바비큐장 바로 뒤에 있는 것이 순담의 장점이자 단점이 될 수 있겠다. 순담 객실 뒤편에 매월대란 4인실이 당당히 서 있다. 가장 독립적이고 전망도 좋은 위치이다. 오르막의 끝, 가장 상단에 나머지 4인실이 나온다. 직탕, 삼부연, 고석정이다. 가장 앞에 고석정, 그 뒤에 직탕이 있고 옆에 삼부연이 자리하고 있다. 누가 봐도 확 트인 전망의 고석정이 가장 탐난다. 직탕이 가장 안타까운 입지이다. 뷰는 고석정에 막혀 있고 뒤에 바비큐장, 앞에 분리수거장까지 있다.

이름처럼 숲속문화촌이 되다

철원두루웰숲속문화촌의 숙박 시설은 잘 가꿔진 고급 펜션 단지 같다. 깔끔한 외관, 띄워서 지은 구조로 초입의 6인실과 달리 시원한 전망이 보장되고 여유로움이 느껴진다. 실내도 깨끗하고 고급스럽다. 원룸형인데도 중문이 있어 뭔가 업그레이드된 기분이 든다. 전자레인지, 드라이기, 수건과 호텔 같은 백색 침구에 빵빵한 와이파이! 역시 최상급이라는 생각이 든다. 처음에는 다소 비싼 숙박비에 예약률이 저조했으나 차츰 럭셔리한 분위기와 철원 관광하기에 좋다는 소문이 나며 인기가 높아지고 있다.

매월대 객실에서 하룻밤 보내며 왠지 숲속 호텔에 온 듯한 착각이 든다. 발코니가 좀 좁은 게 흠이지만, 그곳에서 뷰 감상하며 마시는 커피 한 잔은 포기할 수 없는 낭만이다.

목재문화체험장에 가면 각종 목재 체험이 가능하고, 실내 산림욕장도 인상적이다. 일정 체험료를 내면 족욕과 반신욕으로 피로도 풀 수 있다. 아이들은 예쁜

1 4인실 객실. 깔끔한 외관, 시설, 전망으로 인기를 끄는 중
2 어린이 놀이터
3 실내 산림욕장 족욕 시설

놀이터에서 하루 종일 시간을 보낸다. 놀이터 위쪽에 최근 오픈한 오토캠핑장도 있다. 야영 데크가 35㎡ 크기라 보다 편안한 캠핑을 즐길 수 있다. 특히 사이트마다 간이 수도 시설이 있어 요리하고 간단히 씻을 때 유용하다. 더 안쪽으로 가면 숲속 어드벤처 시설이 자리하고 있다. 연령, 체력에 맞게 코스를 선택해서 집라인 등 각종 체험에 도전하면 된다. 숙박 시설뿐 아니라 캠핑장, 놀이터, 어드벤처까지 종합 레저 단지가 완성되었으니 이제 이곳은 정말로 이름처럼 숲속문화촌이 되었다.

〉〉〉〉 숲 간략 정보

주소 강원도 철원군 갈말읍 지경1길 69
전화 033-450-5198
숙박 시설 숲속의 집 14동(12인실 3동, 6인실 4동, 4인실 7동)
야영 시설 야영 데크 18개
예약 숲나들e www.foresttrip.go.kr(매주 수요일 9시 선착순)

숲 주변 돌아보기

》삼부연폭포

철원에는 유명한 폭포가 세 개 있다. 삼부연, 직탕, 매월대. 그 중 삼부연폭포가 철원두루웰숲속문화촌에서 가깝다. 20m 높이의 폭포수가 세 번 꺾여 떨어지는데 그 웅덩이가 가마솥 같다고 삼부연이란다. 철원 8경 중 하나로 조선후기의 화가 정선이 이곳의 모습을 '진경산수화'로 남겼다고 한다. 길가에 있어서 의외로 찾기 쉽다. 잠시 차를 세우고 시원한 풍광을 감상하고 가자.

주소 강원도 철원군 갈말읍 신철원리

》노동당사

노동당사는 1850㎡ 면적에 세워진 지상 3층 콘크리트 건물이다. 1946년에 완공되어 한국전쟁 전까지 북한의 노동당사로 이용되었다. 한 유명 가수의 뮤직비디오에 나와 유명해졌으며 지금도 각종 행사나 음악회 등의 장소로 활용되기도 한다. 철원두루웰숲속문화촌 퇴실 후 아이들과 찾아 전쟁의 아픔, 분단국가의 현실을 되새겨보고 가자.

주소 강원도 철원군 철원읍 관전리 3-2 **전화** 033-450-5558(철원관광정보센터)

》고석정

철원의 대표 관광지, 고석정은 역사가 깊다. 신라 진평왕이 이곳에 정자를 세운 후 이름을 붙였다 한다. 조선시대 의적 임꺽정이 숨어 활동했던 곳으로도 알려져 있다. 한탄강 한가운데 높이 10m나 되는 고석암이란 웅장한 바위가 절경을 빚어낸다. 지금은 힘찬 물살을 가르는 한탄강 래프팅 장소로 유명하며 주차장 옆 아름다운 꽃밭도 인기몰이 중이다.

주소 강원도 철원군 동송읍 태봉로 1825 **전화** 033-450-5559(DMZ평화관광안내센터)

새소리 들으며 족욕하는 힐링 스폿

조령산자연휴양림

새소리가 유일한 배경음악이다. 조용한 숲속 별장에서는 모든 것이 한가롭다. 참나무 그늘 아래, 한동안 넘어가지 않던 인문학 책도 부드럽게 읽힌다. 독서 타임이 끝나면 족욕 타임이다. 따스한 물에 발 담그고 숲멍. 인생 뭐 있나? 이게 낙이지.

선비들 과거 길에 살포시 들어앉은 숲

새들도 넘기 힘든 고개라서 조령이란다. 오래전, 이 험난한 조령을 넘어 영남의 선비들이 청운의 꿈을 안고 한양으로 갔다. 다른 이름은 '새재'. 문경새재라는 대표 명사가 여기서 탄생했다. 제 1관문부터 시작한 문경새재가 3관문을 지나면 괴산 땅이다. 그 괴산 땅을 밟자마자 떡하니 자리한 곳이 바로 조령산이다. 과거길 떠나는 선비의 동선에서도 여기가 휴식을 취하는 장소이다. 선비가 짐보따리를 풀고 쉬어 가듯 긴장을 내려놓고 조령산자연휴양림에서 쉬어 간다.

조령산자연휴양림은 충북 괴산군 연풍면에 위치한 공립 자연휴양림이다. 이름처럼 조령 숲의 역사와 문화, 자연을 동시에 느낄 수 있다. 1995년에 개장한 곳으로 조령의 역사만큼 휴양림 자체도 연륜이 있다. 최근 낙후된 시설을 정비하고 리모델링해서 낡은 티는 많이 사라졌다. 오히려 확 바뀐 세련된 시설로 이제는 아주 각광 받는 인기 휴양림이 되었다.

세련된 모습으로 탈바꿈한 조령산자연휴양림 숙박 시설

역사, 문화가 담긴 숲이 시설 좋은 인기 휴양림으로

최근 조령산자연휴양림의 인기에 큰 몫을 한 것은 바로 테라스 '족욕탕'이 있는 2인실 숲속의 집이다. 사진만 봐도 누구나 탐내지만 아무나 갈 수는 없다. 일단, 평일도 예약이 힘들 정도라 큰 노력이 필요하다. 또 2인실인데 아이도 철저하게 1인으로 치기 때문에 아이를 떼어놓고 가지 않는 이상 3인, 4인 가족에겐 그림의 떡이다. 그래서 더욱이 커플이나 부부, 친구끼리 오붓하게 분위기 내며 즐기기 딱 좋은 곳으로 입소문이 났다.

휴양림 상단의 숲속의 집 2인실이 가장 탐날 만하지만 하단의 다른 휴양 시설도 훌륭하다. 안내소에서 체크인하면 먼저 한 무리의 숙박 시설이 보인다. 가장 앞의 1호 금낭화만 6인실로 최근 지은 모던한 모양이고 나머지 네 동은 전형적인 2층짜리 숲속의 집 모습이다. 2호 은방울꽃부터 5호 양지꽃까지는 4인실인데도 복층이라 실용적이다. 이후 매점이 나오고 아래쪽으로는 9호, 함박꽃이란 커다란 12인실이 서 있다. 휴양림에서는 처음 보는 모던한 외관이다. 북유럽풍

조령산자연휴양림 초입 숲속의 집

독특한 외형의 12인실, 함박꽃나무

이라고 할까? 사각이 아닌 오각형의 2층 건물. 방도 화장실도 위아래에 한 개씩 갖추어 대가족에게 환상적인 숙소가 될 것이다. 9호 옆으로는 백두대간생태교육장, 놀이터 등이 있어 아이들과 오면 하단에 머무는 것도 좋겠다. 위쪽으로 오르면서 다시 숙박 시설이 등장한다. 아직 리모델링 되지 않은 구형 숙소 몇몇이 있다. 이곳도 조만간 리모델링 되지 않을까 한다. 어느덧 또 한 무리의 숙박 단지에 도착한다. 4인실 신축 객실로 11호 소나무, 12호 주목, 13호 잣나무, 14호 전나무, 15호 은행나무, 16호 향나무, 17호 구상나무까지 총 일곱 채가 옹기종기 마을처럼 모여 있다. 외양은 나무랄 데 없이 멋있지만 옆집과 너무 가까운 게 흠이다. 위치에 따라서는 주차와 동선이 살짝 불편할 수도 있으니 서로의 배려가 필요하다.

테라스에서 족욕하는 숲속의 집이라니

구불구불한 길을 오르면 마지막 숙소가 나온다. 요즘 핫한 조령산자연휴양림 2인실. 흐뭇한 녹색 숲 안에 세련된 숲속의 집 다섯 채가 자리하고 있다. 그리고 5분 거리에 문경새재과거길 조령 3관문이 있다. 고로 2인실에서 머물면서 조령 산책은 필수이자 특권이다. 2인실의 유일한 단점이자 장점이라면 차량 진입이 안 된다는 것이다. 아래에 주차하고 짐을 날라야 한다. 하단 좌우에 자리한 오동나무와 생강나무 객실이 그나마 주차장에서 가까워 짐 옮기기에 부담이 덜하다. 그 위로 갈수록 힘들어지지만 호젓한 뷰 점수는 올라간다.

조령산 2인실은 원룸형이다. 침대, 식탁도 있어 두 명이 생활하기에 전혀 불편함이 없다. 객실 안으로 들어서면 두 가지 포인트에서 심쿵한다. 첫 번째는 바로 야외 테라스 공간. 조령산 맑은 공기 마시며 뭐든 야외에서 먹고 싶다. 아침,

1 가장 안쪽에 호젓하게 자리한 2인실
2 2인실 내부. 침대, 식탁, 하늘로 낸 창문이 인상적이다.
3 테라스에서 족욕하고 독서하는 행복한 시간

저녁으로 조용한 시간에는 독서 타임. 이따금 고개 들어 하늘 가득한 참나무 녹색 잔치를 감상한다. 의자에 가만히 앉아 숲멍하는 시간! 그 공간에 울려 퍼지는 새소리. 아, 이래서 조령이구나! 테라스에서의 가장 행복한 시간은 족욕 타임이다. 아담하지만 건강해지는, 가슴 따스해지는 힐링 스폿이다. 이런 집 하나 짓고 싶다는 욕망이 마구 샘솟는다. 조령산 2인실의 두 번째 심쿵 포인트는 하늘을 바라보는 창이다. 침대 위 천장에 비스듬히 자리한 직사각형 창문. 비록 내내 비가 와서 아무것도 보이지는 않았지만 쏟아지는 별을 상상하며 잠들 수 있어서 참 좋았다.

조령산은 잠꾸러기도 산책하게 만드는 재주를 부린다. 비 그친 후, 차분한 아침 산책길. '백두대간 조령' 표지석 주변은 잘 꾸며진 공원 같다. 여력이 있다면

1 문경새재과거길의 3관문
2 2인실에서 3관문 가는 숲길

3관문부터 내려가면서 문경새재를 느껴보자. 길은 평탄해 걷기 좋으나 거리가 만만치 않으니 완주에 자신 없으면 3관문 근처만 산책해도 좋다. 조령산 자연휴양림에서는 전망 좋은 신선봉(967m), 마패봉(927m)으로 등산도 가능하다. 문경새재 트레킹도, 등산도 모두 조령 숲에 머물면 더 유리하다.

》》》 숲 간략 정보

주소 충청북도 괴산군 연풍면 새재로 1700
전화 043-833-7994
숙박 시설 숲속의 집 2인실 5동, 4인실 11동, 6인실 2동, 8인실 3동, 10인실 2동, 12인실 1동, 휴양관 1동(9실), 무궁화관 1동(6실)
예약 숲나들e www.foresttrip.go.kr(매주 수요일 9시 선착순)

숲 주변 돌아보기

》 문경새재·옛길박물관

조령산자연휴양림에서 머문다면 문경새재 트레킹은 필수. 동행하는 노약자가 없다면 문경 1관문 주흘관부터 시작해 3관문까지 여유롭게 걸어보자. 걷기 전, 입구의 옛길박물관에 들러 문경새재의 입지와 역사를 공부하고 가면 유익하다. 새재길은 남녀노소 걷기 편한 흙길이지만 거리가 길기 때문에 체력 안배를 해야 한다. 산불됴심비, 시원한 조곡폭포도 구경하면서 걷다 보면 2관문에 도착한다. 주변에 주막같이 쉬어갈 만한 곳도 있다. 여기서 힘들면 돌아가고 여력이 있다면 3관문까지 힘을 내 올라보자. 도착하면 바로 쉴 수 있는 우리 집, 조령산자연휴양림이 기다리고 있다.

주소 경상북도 문경시 문경읍 새재로 932 **전화** 054-550-8365(옛길박물관)

》 수옥폭포

조령산자연휴양림 바로 아래, 연풍새재 옛길 입구에 수옥폭포가 자리한다. 높이 20m, 3단으로 흐른다. 고려 공민왕이 홍건적을 피해 피신한 곳으로 깎아지른 절벽과 숲으로 둘러싸여 요새 같은 느낌을 주는 곳이다. 휴양림으로 오고 가는 길에 들러 수옥정에서 시원한 폭포도 감상하고 간다.

주소 충청북도 괴산군 연풍면 원풍리 산86-2

운해 가득, 낭만 가득

소백산자연휴양림

깊고 깊은 산 속, 층층이 운해를 뚫고 어디선가 온달 장군이 말을 타고 등장할 것만 같다. 산들이 포근히 감싸주는 마을은 난리를 피해 숨어들어도 아무도 모를 곳이란다. 조선시대 정감록의 십승지가 이제는 휴양림계의 호텔이 되었으니 과연 명당이로다.

강원도처럼 깊고, 경상도만큼 먼 산골

몇 년 전, 더위를 피해 숨어든 소백산자연휴양림은 '휴양'이란 단어에 아주 충실한 곳이었다. 휴양림으로 들어서는 순간, 풍수지리적으로 살기가 없고 아무런 방해 없는 자유로운 형상이라 많은 사람을 살린다는 말에 고개를 끄덕이게 된다. 고구려 온달 장군의 설화가 흐르는 온달산성, 천태종의 본산인 구인사가 자리한 곳. 그 찬란한 기운이 깃든 260ha의 군유림을 활용해 조성한 곳이 바로 소백산자연휴양림이다.

단양군 영춘면은 행정구역상 단양이지만 거의 영월에 가까운, 산 너머에는 영주가 자리하는 위치이다. 충청도 끄트머리, 강원도와 경상도의 경계에 있는 깊은 산골로 산 중턱에 위치해 꼬불거리는 길을 한참 오른다. 산이 깊고 높다는 것을 들어오면서 몸소 느낀다. 더불어 깊은 만큼 호젓하고, 높은 만큼 깨끗할 것을 기대한다. 이른 아침, 출렁이는 산 능선의 파도와 운해를 바라보며 기대가 현실이 되는 행복한 매직을 경험하게 된다.

승마체험장 앞의 풍경

휴양림계의 호텔

소백산자연휴양림의 휴양 시설은 크게 세 곳으로 나뉜다. 자연휴양림뿐 아니라 화전민촌, 정감록명당체험마을이 한 자락에 일정 거리를 두고 모여 있는 형상이다.

관리소 뒤편에 자리한 초가집은 옛날 화전민들의 생활을 느끼도록 만들어진 곳이다. 숙박동은 총 아홉 동인데, 기와집, 너와집, 초가집 등 다양한 형태로 옛날 형식의 목구조에 현대식을 입혔다고 보면 된다. TV, 냉장고는 있지만, 에어컨이 없고 공동 샤워실과 화장실을 이용해야 한다는 불편함이 있다. 시설 안내에서도 불편할 수 있다는 점을 강조하고 있다. 저렴한 숙박비가 장점이니 좋은 계절에는 한옥 체험처럼 재미로 지내볼 만하다.

관리소를 지나 산길을 돌아가면 휴양림 숙박 시설이 등장한다. 먼저, 숲속의 집 열 동이 가운데 푸른 잔디밭을 두고 앞산을 바라보며 앉아 있다. 현대식의 세련된 목조 건물로 4인실 여덟 동, 8인실 두 동이 자리한다. 모두 편백나무로 지어졌다. 4인실 숲속의 집은 사인암, 상선암, 옥순봉, 구담봉, 도담삼봉 등 자랑

정감록명당체험마을에서 바라보는 첩첩산중

화전민촌의 초가집

전망좋은 산림문화휴양관

스러운 단양 8경의 이름을 달고 있다. 50㎡ 크기의 넉넉한 공간, 방 한 개와 다락도 겸비한 구조는 여덟 명이 묵어도 충분할 정도이다. 야외 바비큐 공간도 잘 되어있다. 이래서 휴양림계의 호텔이라는 별칭을 얻었구나 싶다. 한 채씩 번갈아 가며 거실 창 모양을 기다란 직사각형과 작은 네모로 해 단조로움을 피한 센스도 돋보인다.

숲속의 집 전망은 대체로 앞을 바라보고 있어 시원스럽다. 가장 마지막 객실인 도담삼봉만 방향이 달라 나무들이 시야를 가린다. 8인실 두 동은 처음 사인암 객실 왼쪽으로 자리하는데 북벽, 온달산성이라 부른다. 역시 넓고 호텔급 시설을 자랑하지만 8인실만의 진짜 메리트는 가족 모두 둘러앉아 피로를 풀 수 있는 족욕실. 8인실을 예약하고 부모님을 모시고 온다면 족욕실 덕분에 모처럼 흐뭇한 효도를 하게 된다. 숲속의 집을 지나 안쪽으로 가면 산림문화휴양관이 자리하고 있다. 앞에 다목적 구장과 전망대도 있다. 숲속의 집과 다른 것은 공동 바비큐 시설을 이용해야 한다는 것. 하지만 휴양관 객실도 모두 전망은 뛰어나 조금의 불편은 감수할 만하다.

더 깊이 들어가면 마지막으로 정감록명당체험 마을이 나온다. 산속 고급 리조트 분위기이다. 총 열다섯 동의 숙박 시설이 있는데 쌍둥이자리, 궁수자리, 염

소자리, 큰곰자리 등 별자리 이름으로 되어 있다. 숲속의 집보다 더 고급지고 세련된 모습이고 가격도 비싸다. 이곳은 조선시대 대표적 예언서, 정감록에서 언급한 풍수의 명당인 '십승지' 중 한 곳이란다. 첩첩산중 '전쟁의 화가 미치지 않는 곳'이라는 예언이 거짓이 아니라는 걸 느낄 수 있다. 그래서 정감록 체험 마을 숙소에서는 문명과 잠시 떨어져 지내는 경험을 해야 한다. TV가 없고 통신조차 잘 터지지 않는다. 다른 숙소에서는 가능했던 바비큐도 이곳에서는 금지이다. 약간은 답답할 수 있지만 자연 속에서 조용하게 시간을 보내는, 온전한 휴식의 시간이 찾아온다. 아이들이 심심해하면 대신 독서나 보드게임을 하면서 현명하게 시간을 보내자.

첩첩산중 뷰 맛집

소백산자연휴양림은 시설도 좋지만 전망이 으뜸이다. 사계절 언제라도 굽이굽이 물결치는 산의 고급스러운 춤사위를 감상할 수 있다. 숲속의 집, 휴양관, 정감록 마을 어디라도 가능하다. 조금 더 산을 가까이 느끼려면 곳곳의 전망대를 찾으면 된다. 휴양관 앞의 원형 전망대에 올라 360° 회전하며 가슴 시원한

휴양관 앞의 전망대

정감록명당체험 마을의 전망대

풍광에 빠져 본다. 팝콘처럼 터져버린 벚꽃잎도 아이들처럼 신나게 달려온다.

일교차가 큰 어느 날 아침, 소백산은 신선의 세계가 된다. 창밖을 바라보니 운해가 덩실덩실 춤을 춘다. 온달장군과 평강공주의 사랑이 오랜 세월이 흘러 축복처럼 퍼지는 광경이다. 자연이 선사하는 황홀경을 바라보며 깊은 산중에서 위로받는다. 운해가 걷히면 산줄기가 그려내는 그림을 감상하며 한동안 베란다를 서성인다.

소백산자연휴양림이 첩첩산중이라 아이들이 심심하지 않을까 하는 걱정은 기우. 휴양관 뒤 네트 어드벤처에서 신나는 시간을 보낼 수 있다. 또 단양승마장도 있어 승마 체험도 가능하다. 휴양림 안 산책로도 참나무, 소나무가 제공하는 신선한 공기를 마시며 걷기 좋다. 더 욕심 많은 트레킹족이라면 휴양림을 거치는 소백산 자락길 6코스에 도전해 보자.

〉〉〉〉 숲 간략 정보

주소 충청북도 단양군 영춘면 하리방터길 180

전화 043-423-3117

숙박 시설 숲속의 집 10동, 산림문화휴양관 2동(15실), 화전민촌 숙박 9동, 정감록 체험 마을 숙박 15동

예약 숲나들e www.foresttrip.go.kr(매주 수요일 9시 선착순)

》 온달관광지

영춘면을 지나 소백산자연휴양림으로 들어가는 길에 온달관광지를 만난다. 휴양림으로 오며 가며 들러야 하는 필수 코스이다. 온달장군의 혼이 서린 온달산성이 있어서 이곳에 야외 세트장과 전시관, 향토 음식점 등이 자리잡았다. 고구려나 고려 시대 배경의 드라마에서 본 익숙한 풍경을 접할 수 있다. 가장 안쪽에 자리한 온달동굴도 보너스처럼 구경한다.

주소 충청북도 단양군 영춘면 온달로 23 **전화** 043-423-8820

》 구인사

구인사는 대한불교 천태종의 총본산으로 소백산자연휴양림과 5km 거리에 있다. 1945년 원각스님이 소백산 연화봉 아래 칡덩굴로 암자를 지은 것이 사찰의 시작이란다. 계곡에 자리해 가파르다. 힘겹게 오르다 보면 사찰의 규모에 압도된다. 여느 사찰에 비해 화려하고 색다른 분위기로 중국 어딘가에 온 듯한 착각도 든다.

주소 충청북도 단양군 영춘면 구인사길 73 **전화** 043-423-7100

》 도담삼봉

단양팔경을 대표하는 도담삼봉은 북단양나들목을 통과해 소백산자연휴양림으로 향하다 보면 만날 수 있다. 남한강 상류 한가운데 세 개의 바위가 섬을 이루고 있다. 충주댐이 완성되며 일부가 물에 잠겼지만, 전화위복으로 더 낭만적인 풍경이 완성되었다. 가운데 섬의 정자는 정도전이 지었고 자신의 호를 삼봉이라 할 정도로 이곳을 아꼈다고 한다. 근처 산에서 단양팔경 제2경인 석문도 만날 수 있다.

주소 충청북도 단양군 매포읍 삼봉로 644-13

온화한 백제 숨결을 느끼며 잠드는 곳

공주산림휴양마을

백제의 고도, 공주. 경주나 전주에 비해 붐비지 않으면서도 소박하고 기품있는 도시랄까? 그런데도 이상하게 발길이 닿질 않던 공주를 역사에 관심 많은 아이 덕에 찾았다. 역사, 문화, 자연이 숨 쉬는 조화로운 그곳에 여행의 피로를 풀 수 있는 어여쁜 휴식 공간이 있었다.

시설 좋은 공주 여행의 베이스캠프

공주산림휴양마을. 2016년 개장 당시의 이름은 여느 휴양림들처럼 주미산휴양림이었다. 그러다가 숙박 시설뿐 아니라 야영장, 목재문화체험장, 유아숲체험원, 썰매장, 환경성건강센터 등을 갖춘 복합 시설 공간이 되면서 '자연휴양림'을 포함한 시설 전반에 '산림휴양마을'이란 이름을 붙였다. 정말 이름처럼 주미산 자락에 휴양 마을이 형성된 것이다.

공주산림휴양마을은 시내에서 가깝고 무령왕릉, 공산성 등 주요 관광지에서의 접근성이 좋아 공주 여행의 베이스캠프로 인기가 많다. 계룡산국립공원, 메타세쿼이아 길 등 아름다운 자연경관을 즐기기에도 안성맞춤인 위치에 있다. 수도권에서도 자동차로 두 시간 내외. 아이들과 공감대를 형성할 수 있는 역사 속 '백제'가 어떤 모습으로 다가올지 기대를 안고 공주에 입성한다.

주미산 자락의 공주산림휴양마을

푸른 동산 같은 야영장

공원처럼 예쁘게 꾸며진 휴양 마을

입구 관리소는 산림문화휴양관 건물에 같이 입주해 있다. 관리소가 있고 그 뒤로 산림문화휴양관이 그대로 이어진 모습이다. 관리소를 지나 가장 먼저 야영장이 눈에 들어온다. 경사면에 자리한 야영장. 하나의 푸른 동산이지만 주차하고 짐을 경사면을 따라 옮겨야 하는 것이 난제이다. 상단 사이트는 힘이 꽤 든다. 단출한 짐 꾸리기만이 즐거운 캠핑의 지름길. 총 20개 사이트가 있는데, 특이하게 바닥재가 목재와 콘크리트로 나뉜다. 휴양림 야영장에서 목재 데크는 흔히 보는 것이지만 콘크리트 바닥은 조금 낯선 모습이다. 바닥 테두리에는 텐트 스트링을 걸 수 있는 고리도 설치되어 있다. 화장실 등 편의시설은 가장 위에 자리하고 있다. 하단 사이트는 짐 나르기는 수월한 반면 편의시설이 멀고, 반대로 상단 사이트는 편의시설은 가까운 대신에 짐 나르기가 힘들다. 어느 쪽을 선택하든 땀은 좀 흘려야겠다. 시설은 잘 관리되며 깨끗하다. 분홍빛 꽃 잔디들이 오가는 길에 기쁨조가 되어준다. 마치 잘 가꿔진 정원 같다. 단, 댕강 잘린 듯 부자연스러운 나무줄기만이 마이너스 요소이다.

야영장 뒤편으로 세련된 모양의 숙박 시설이 자리하고 있다. 6인실과 10인실로 나뉘는데 주미산, 일락산 등 근처 산 이름을 달고 있다. 501호부터 508호까지 주르르 일렬로 배치되어 있다. 가장 먼저 나오는 508호 팔봉산과 507호 칠봉산은 10인실이다. 대가족이 방문할 경우 효도할 수 있는 시설과 분위기를 제공한다. 다음으로 506호 일락산부터 502호 차령산까지 네 동은 모두 6인실로 땅에서 띄워서 지은 필로티 구조. 아래에 차고가 있다. 502호 차령산 앞에 501호 주미산이 자리하는데 똑같은 6인실이지만 차고지가 없는 구조이다. 필로티 구조는 아니지만 앞에 숲이 있고 놀이터가 있어서 뷰는 더 좋다.

501호 주미산 옆으로 301호 태화산이 자리한다. 6인실이며 구조도 비슷한 300번대 숙소들은 조금 더 오래된 것이라고 한다. 더 안으로 들어서면 푸른 숲, 다목적 광장을 감싸듯 숙박 시설이 둥글게 자리하고 있다. 숲을 기준으로 위쪽

시설 좋은 숲속의 집 10인실

아담한 숲속 도서관

다목적 숲 광장 앞의 300번대 숙박 시설

에 308호 천태산, 307호 무성산과 주차 공간이 있다. 이 숙소들은 10인실이다. 다목적 숲을 끼고 아래에 302호 관불산부터 305호 연미산까지 3채의 집이 있다. 306호 백운산은 숲속에 있어 가장 독립적이다. 가운데 숲속에는 작은 광장도 있고 숲속 도서관도 아담하게 자리하고 있다.

햇살 드는 창가에 백제의 미소가 스며들다

알찬 공주 여행을 마치고 들어선 숲속의 집, 백제의 미소가 절로 지어진다. 통나무집만 생각한 그런 휴양림 숙박 시설이 아니다. 차고지가 따로 있고 필로티처럼 띄워져 있어 외부 시선을 신경 쓸 필요가 없다. 거실 겸 주방에 넓은 2층 다락방. 천정형 시스템 에어컨은 휴양림 숙박 시설에서는 처음 보는 최신 설비다. 가장 마음에 드는 것은 넓은 베란다 공간. 햇살이 잘 드는 창가에 의자를 놓고 앉아 일광욕하기 좋다. 커다란 창밖으로 플라타너스의 넓고 푸른 잎이 손짓

햇살 가득하고 넓은 베란다

한다. 이 베란다는 머무는 사람에 따라 다르게 연출된다. 그림책, 장난감을 놓고 아이들이 앉아서 놀면 따스한 놀이방, 향 좋은 커피나 차 한 잔을 마시면 전망 좋은 카페, 심플하게 책 한 권 들고 앉으면 조용한 도서관이 된다. 베란다 바닥에 난방도 들어와 여기서 한숨 잘까 하는 생각도 든다. 아예 아침 햇살에 여기서 눈을 뜨고도 싶다.

공주산림휴양마을 안에는 목재문화체험장도 있다. 둥근 모양의 건물이 인상적이다. 각종 목공예 체험이 가능하고 족욕도 할 수 있다. 잘 가꿔진 산책로를 따라 모처럼 날씨 좋은 주말, 삼삼오오 나들이 나온 가족들이 많다. 연둣빛이 초록빛으로 전이하는 5월, 쾌적한 숲에서 보내는 행복한 여가 시간. 이름처럼 휴양마을에서는 가능한 꿈이다.

〉〉〉〉 숲 간략 정보

주소 충청남도 공주시 수원지공원길 222
전화 041-855-0855
숙박 시설 숲속의 집 6인실 10동, 10인실 4동, 산림문화휴양관 1동(6실)
야영 시설 20면
예약 숲나들e www.foresttrip.go.kr(매주 수요일 9시 선착순)

숲 주변 돌아보기

》 국립공주박물관

웅진 백제의 역사와 문화를 한눈에 볼 수 있는 곳이 바로 국립공주박물관이다. 아는 만큼 보인다고, 공주에서 가장 먼저 들러두면 도움이 되는 곳이다. 무령왕릉 출토품과 충남 문화재 258만 점 이상을 수집, 보관하고 있다. 특히, 무령왕릉에서 출토된 국보, 진묘수는 공주박물관의 마스코트이다. 무덤을 수호하는 동물이라는 진묘수는 돼지 같기도 하고 소 같기도 한 상상 속 동물 형상을 하고 있다. 꼭 눈에 담고 가자.

주소 충청남도 공주시 관광단지길 34 **전화** 041-850-6300 **홈페이지** gongju.museum.go.kr

》 무령왕릉

배수로 정비 작업 중 우연히 발견되었다는 무령왕릉. 마치 판도라의 상자가 열리듯 백제 문화재가 쏟아져 나왔다. 그 무령왕릉을 비롯한 송산리 고분군이 공주박물관 근처에 있다. 유네스코 세계유산이기도 하니 산책 삼아 돌아보며 백제문화를 느끼고 가면 좋다.

주소 충청남도 공주시 왕릉로 37-2 **전화** 041-856-3151

》 공산성

웅진 백제의 중심 산성. 웅진성으로 불리다가 고려시대 이후 공산성이 되었다. 원래는 토성이었으나 조선 중기에 석성으로 개축되었단다. 정문 격인 금서루로 들어서 성곽 따라 공산정으로 간다. 나부끼는 깃발처럼 힘차게 걷다가 공북루에서 바라보는 금강 풍경이 시원하다. 오전 10시부터 오후 3시까지 매시 정각에 진행되는 수문장 교대식도 볼만하다.

주소 충청남도 공주시 웅진로 280 **전화** 041-856-7700

예당호 뷰 맛집

봉수산자연휴양림

입소문이란 참으로 무섭다. 두메산골 식당도 맛집으로 소문나면 줄 서서 먹듯, 뷰 맛집으로 소문난 휴양림은 문전성시를 이룬다. 예당호가 푸른 빛으로 반짝이고 들녘이 황금빛으로 변신하는 가을. 의좋은 형제의 기운을 받아 봉수산 숲에서 우애를 쌓는다. 멋진 뷰 감상하며 가족애를 쌓는다.

봉수대첩에서 승리하라

비가 오면 여행에 제약이 많다. 이동도 그렇고 전망도 아쉽다. 봉수산자연휴양림으로 떠나기 전에는 특히 일기예보에 민감해진다. 멋진 예당호 전망을 꾸물꾸물한 날씨와 맞바꾸기 싫기 때문. 간절하면 통한다고 두 번째 방문에 쾌청한 날씨와 선명한 예당호 뷰를 선물 받았다.

봉수산자연휴양림이 위치한 충남 예산군 대흥면은 2009년에 슬로시티로 지정되었다. 전통과 자연을 지키며 조금 느린 속도의 삶을 지향하는 곳. 그래서 그런지 봉수산자연휴양림으로 오고 가는 길도, 봉수산자연휴양림도 여유로운 풍경이다. 봉수산(484m)은 그리 높은 산은 아니지만 예당호가 손에 잡힐 듯 가깝기에 이곳에서는 아름다운 풍경이 계속 눈에 들어온다.

집도 전망을 중시하듯 요즘 숙박 시설을 예약해도 전망을 1순위로 두는 사람이 많다. 예당호의 황홀한 전망이 소문나면서 이곳의 숙박 예약은 치열한 전투가 되었다. 봉수산자연휴양림은 예산군 지자체 휴양림으로 매달 1일 9시에 예약이 진행되는데, 피 튀기는 전투에서 승리하기가 점점 힘들어진다. 대기 1순위라도 건지면 다행. 관리가 잘 되며 평일도 빈 객실 찾기가 힘들 정도이다. 특히, 뷰

슬로시티 대흥면의 평화로운 황금 들녘

봉수대첩에서 승리한 후 누리는 행복한 뷰 맛집

명당으로 소문난 나무 시리즈 방은 천운이 있어야만 손에 넣을 수 있는 곳이다. '충청도 인기 휴양림'으로 기사화된 적도 있으니 어느 방이든 예약만 된다면 감지덕지다.

호수 뷰 숲 집이라면 황송, 호수 뷰 아니라도 감사

봉수산자연휴양림은 봉수산 서쪽, 산 중턱에 위치하고 있다. 산을 오르면서 시설이 하나씩 등장한다. 먼저 관리소 건물을 지나면 앞에 대형 주차장이 눈에 들어온다. 주차장에서 빨간색 다리 건너에 수목원과 곤충박물관, 하늘데크길 등이 자리하고 있다. 이곳도 입소문이 나서, 숙박하지 않더라도 나들이로 많이들 찾는다. 입실 전후에 들러야 할 필수 코스이다.

관리소와 수목원, 곤충박물관이 있는 휴양림 초입을 지나 길을 오르면 숙박 시설이 나온다. 먼저 산림문화휴양관이 당당하게 호수를 바라보며 서 있다. 휴양관에서 오른쪽으로 다리를 건너면 물놀이장을 지나 매헌동, 추사동이란 20인실이 나온다. 휴양관에서 왼쪽으로 오르면 빨간색 숲속의 집이 하나씩 등장한다.

먼저 나오는 예당호반, 의좋은형제는 6인실이다. 그 위로 다람쥐, 딱따구리라는 8인실도 나온다. 이곳 숙박 시설은 호수는 보이지 않으나 가족끼리 오붓한 시간을 보내기 좋은 환경이다. 가장 상단의 다람쥐 방은 주차하고 짐을 날라야 한다는 부담이 있지만, 독립성으로 보면 최고의 입지이다.

조금 더 들어가면 전망이 확 트인다. 그리고 가장 먼저 단풍나무, 그 아래 때죽나무, 또 그 아래 떡갈나무 방이 층층이 자리한다. 숲속의 집 6인실로 소위 봉수산의 명당이라는 곳이다. 이 객실은 모두 호수가 보이는데, 뷰의 넓이와 각도는 조금씩 다르다. 상단 단풍나무는 고층 아파트 같은 넓은 뷰, 중간 때죽나무는 안정적인 중층 뷰, 아래 떡갈나무는 낮지만 가까운 뷰에 계절에 따라 일출도 보인다. 놀이터도 가까워 아이 동반 가족은 떡갈나무 객실을 선호한다. 놀이터 위쪽으로는 은방울, 참나리란 8인실과 노루귀, 둥글레라는 5인실이 나란히 자리한다. 이곳 객실은 호수도 부분적으로 보이고 놀이터도 가까워 아이 동반 가족에게 인기가 있다. 뷰 대신 인상적인 외형을 우선시한다면 위쪽의 금오산, 봉수산, 덕숭산, 가야산이란 6인실 숲속의 집이 좋겠다. 지상에서 띄워서 지은 형태인데 복층이라 아이들이 좋아한다. 창밖 소나무 사이사이로 보이는 호수 풍광도 운치 있다.

초록 속에서 빛나는 붉은색 숲속의 집, 예당호반

복층형 6인실, 외형이 독특하다.

안개 걷히며 다가오는 풍광에 넋을 잃었네

아침에 눈을 뜨자마자 커튼부터 열어젖힌다. 산신령이 등장할 듯 자욱한 물안개. 구름 낀 하늘 저 끝으로 붉은 해가 조금씩 모습을 드러낸다. 한동안 호수 앞에서 멍때리기. 가끔 딱따구리 소리만 적막을 깬다. 오랜만에 맑은 정신으로 책장을 넘기다 보니 어느새 안개는 불확실한 미래처럼 사라지고 예당호가 보이기 시작한다. 처음에는 흑백사진 같던 풍경이 컬러로 채워지면서 마을과 호수가 수채화로 다가온다.

봉수산자연휴양림은 바비큐 하기 좋은 곳이다. 각 숙박 시설 앞에 바비큐 통과 데크가 준비되어 있으니 숯, 철망, 먹거리만 챙겨오면 된다. 언제나 이곳의 저녁은 고기 냄새가 진동한다. 더불어 터줏대감, 고양이들도 바빠진다.

봉수산에는 백제의 아픈 흔적인 임존성이 남아 있다. 백제 멸망 직후, 나당 연합군에 저항하며 백제부흥운동을 벌였던 장소이다. 등산로는 단풍나무 객실 바로 위, 소나무 집 옆에서 시작된다. 일단 목표를 봉수산 정상이나 임존성으로 잡

임존성 가는 길에 바라본 그림 같은 예당호 풍경

봉수산수목원의 하늘데크길

지 말고 1.9km 거리인 산불 감시 초소까지만 잡는 것이 좋다. 거리는 짧지만 호락호락한 코스는 아니기 때문. 군데군데 바윗길이라 미끄럽고 위험하니 등산화 착용 역시 필수이다.

숨 차오르는 등산 후 맞이하는 전망대에서의 예당호는 감격스럽다. 겹겹이 녹색 숲 너머로 노란 들판, 알록달록한 마을. 그리고 푸른 새의 날개처럼 펼쳐진 예당호. 역사에 관심 많은 아이와 임존성까지 나서본다. 임존성에 닿는 길도 예당호 푸른 뷰가 내내 따라온다. 처절한 전투가 있었던 장소가 이렇게 아름답다니. 참 아이러니하다.

체크아웃 한 후, 수목원과 곤충박물관도 찾는다. 아이들에게 봉수산자연휴양림은 천국이다. 뷰 좋은 놀이터에 호기심 채울 곤충박물관도 있으니. 하늘데크길 또한 봉수산의 명물로, 걷다 보면 제법 아찔하다. 걷는 동안 소나무와 예산의 상징인 황새 조형물이 눈에 들어온다. 마지막으로 호수를 바라보며 남기는 사진 한 장. 살짝 겁도 나지만 시원한 풍광에 용기를 내 본다.

》》》 숲 간략 정보

주소 충청남도 예산군 대흥면 임존성길 153

전화 041-339-8936

숙박 시설 숲속의 집 5인실 2동, 6인실 9동, 8인실 4동, 16인실 1동, 20인실 2동, 산림문화휴양관 1동(9실)

예약 숲나들e www.foresttrip.go.kr(매달 1일 9시 선착순)

》 예당호 출렁다리

예당호 출렁다리는 봉수산자연휴양림에 숙박한다면 필수 코스이다. 특히, 음악 분수 쇼와 야경은 놓치기 아까운 광경이다. 휴양림에서 출렁다리까지 6km 남짓 거리이니 욕심난다면 밤낮으로 찾아도 좋다. 하늘 높이 솟은 출렁다리는 예산군의 상징인 하얀 황새를 형상화하여 만들었단다. 음악 분수 쇼(평일 14시, 17시, 19시 30분, 20시 30분/주말에는 18시 30분 추가) 시간에 맞추면 시원한 물줄기를 감상하며 음악에 맞춰 신나게 걸을 수 있다.

주소 충청남도 예산군 응봉면 예당관광로 161

》 수덕사

덕숭산 수덕사는 봉수산자연휴양림에서 24km 떨어져 거리는 좀 있지만 예산 여행에서 빼놓을 수 없는 장소이다. 수덕사 대웅전은 국보로 봉정사 극락전, 부석사 무량수전과 더불어 오래된 목조건축물로 꼽는다. 대웅전 앞마당에서 한동안 머물다 간다. 연륜 있는 고목, 대웅전의 위엄에 압도되어 저절로 고개가 숙여진다.

주소 충청남도 예산군 덕산면 수덕사안길 79 **전화** 041-330-7700

》 추사고택

사과밭을 한참 달려 추사고택에 닿는다. 예산군 신암면에 있는 추사 김정희 유적지. 이곳에 추사 묘, 기념관, 고택, 용궁리 백송 등이 모여 있다. 추사고택은 추사의 증조부 월성위 김한신이 지은 대갓집으로 추사가 이곳에서 나고 자랐다고 한다. 곳곳의 현판과 주련(기둥에 써 붙인 문구)에서 추사의 숨결이 느껴진다. 뒤편 담장 아래 수선화, 상사화, 들국화 등 계절마다 달리 피는 꽃을 감상하는 재미도 있다.

주소 충청남도 예산군 신암면 추사고택로 261 **전화** 041-339-8242

학이 춤추듯 소나무가 춤추는 곳

태학산자연휴양림

큰 기대는 없었다. 단순히 독립기념관을 가기 위해 왔을 뿐. 어젯밤 늦은 입실로 숲의 모습은 아침에야 확인한다. 의외다. 신상이니 시설이야 좋은 건 당연하지만 숲도 생각보다 멋스럽다. 학이 춤추는 모양이라 태학산이라는데 이름처럼 소나무가 춤을 추고 있다. 내 마음도 덩달아 춤 춘다.

캠핑장만 있던 휴양림에 운치 있는 숲속의 집

천안삼거리, 호두과자가 생각나는 충남 천안시에 태학산자연휴양림이 있다. 2001년에 개장했는데 원래는 휴양림 내에 캠핑장밖에 없는 곳이었다. 그런 이곳에 2021년 10월, 새로운 숙박 시설이 문을 열었다는 소식이 들려왔다. 평소 휴양림 캠퍼들 사이에서는 도시와 가깝고 시설 좋은 야영장으로 꽤 인기가 많았다. 하지만 천안이라는 입지, 도시라는 이미지, 야영장 데크 간격 등에 영 끌리지 않아 오랫동안 주저하고 있었다. 그런데 숲속의 집 개장 소식에 혹해서 천안 태학산자연휴양림으로 달려갔다.

태학산자연휴양림이 있는 천안 풍세면. 경부고속도로에서 천안논산고속도로를 갈아탈 때 매번 스쳤던 이름이다. 풍세톨게이트. 휴양림은 남풍세나들목에서 불과 8km 남짓한 거리이다. 접근성이 좋고 주변에 산업단지가 있어 식당, 마트도 가깝다. 바로 앞에 천안 핫플레이스인 카페가 자리하고, 매점도 여기 있다. 이렇게 도시스러운 입구 분위기에 과연 숲속 느낌이 날까 하는 의구심을 품고 휴양림으로 들어섰다.

태학산자연휴양림 야영장

최신 시설, 바비큐 가능, 가격까지 착한 휴양림

아침에 산책하며 놀랐다. 어젯밤 어둠을 뚫고 들어왔던 길이 온통 소나무들이 춤추며 격하게 반겨주는 길이었다. 곧은 나무 하나 없이 어쩌면 이렇게 모두 개성껏 구불거리고 있는지 참으로 신기하다. 숲속의 집 사진을 어떻게 찍어도 소나무의 몸짓이 잘려 이상하다. 보기에는 참 멋진데 사진으로는 표현이 안 된다. 아쉽지만 그냥 눈으로 소나무의 라인을 감상하고 몸으로 피톤치드를 느끼고 간다.

태학산자연휴양림 숲속의 집은 모두 열한 동이다. 그 중 8인실이 두 동이고 나머지는 4인실이다. 3단형으로 배치되어 있는데 한 단에 서너 동이 있는 모습이다. 외형은 똑같이 생겼으나 객실마다 주차 공간과 독립성은 조금씩 차이가 난다. 참나리, 괭이밥처럼 주차 공간도 넓고 독립적인 객실이 있는 반면, 매발톱이나 금낭화처럼 간격이 좁고 주차 공간이 애매한 곳도 있다. 가장 하단의 8인

1 숲속의 집 어디든 매력적인 소나무가 호위하고 있다.
2 시설 좋은 숲속의 집
3 바비큐 공간이 매력적인 숲속의 집 테라스

실인 노루귀는 뛰어난 입지를 자랑한다. 독립적인 숲속에 아늑하게 자리하고 주차 공간도 넉넉하다. 게다가 테라스가 아니라 아예 바비큐 공간인 정자가 따로 있으니 탐나지 않을 수 없다.

숲 집으로 들어서면 나무 향기가 가득하다. 4인실인데도 원룸형이 아니고 개별 방이 있는 것이 마음에 든다. 어린이용 욕실화가 있고 수저통에 유아용 포크가 준비되어 어린이 손님을 배려한 모습이다. 진입로에도 계단이 없고 방 문턱도 없어 몸이 불편한 이용자를 신경 쓴 설계가 돋보인다. 특히, 집마다 마련되어 있는 테라스 공간이 매력적이다. 바비큐 통이 준비되어 먹거리와 숯만 준비하면 된다. 천안 도심에서 가깝고 시설까지 이렇게 훌륭한데 가격도 여타 휴양림에 비해 저렴한 편이다. 게다가 2자녀부터 다자녀 할인 혜택을 준다니 파격적인 대우다. 전국의 아이 있는 집이 모두 태학산으로 몰려오고 있다. 당분간은 예약하기 어려울 것으로 예상된다.

소나무 춤사위 보며 마시는 커피 한잔

밤늦게 입실해 바비큐 타임을 날려 버린 것이 아쉬워 아침은 꼭 테라스에서 먹으리라 다짐한다. 하지만 실상은 추워서 안에서 먹게 된다. 커피만은 밖에서 마시리라 각오하지만 이번에는 커피가 없다. 휴양림에서의 유일한 소확행인데 난감하다. 이내 정신을 차리고 휴양림 앞의 카페를 생각해 낸다. 오픈 시간에 맞춰 카페로 달려가 커피를 사 들고 휴양림으로 온다. 그리고 기어이 우리 집, 참나리 테라스에 앉아 푸른 산책로를 바라보며 커피를 마신다. 그리고 버티고 버티다가 꼴찌로 퇴실한다.

숲속의 집 아래 산책로를 따라 유아숲체험원으로 간다. 산책로는 그리 길지

1 유아숲체험원
2 어린이 놀이터
3 암석원으로 이어지는 산책로

않지만 온전히 소나무 숲에 파묻혀 걷기 좋다. 학춤처럼 느껴지는 소나무 춤을 감상하며 걷는 맛이 있다. 참나리방 옆으로도 산책로가 이어진다. 청나래고사리 등 양치식물이 가득하다. 돌과 어우러진 암석원도 나온다. 숲체험원에는 놀이터 뿐 아니라 밧줄 놀이 등 놀이시설과 모래 놀이터도 따로 마련되어 있다.

마지막으로 원래 태학산자연휴양림의 구관인 '캠핑장'을 찾아간다. 입구 매표소에서 오른쪽으로 가면 숲 집 지구이고 왼쪽 차단기를 통과해 오르면 캠핑장으로 간다. 태학산자연휴양림 야영장에는 세 구역이 있다. 흙바닥인 A구역은 전형적인 오토캠핑 사이트로 거실형 텐트는 이쪽으로 가야 한다. 다음으로 계곡 위에 자리한 데크 사이트인 B구역. 숲속이라 그늘은 좋으나 데크가 좀 다닥다닥 위치한 것이 흠이다. 데크가 작고 테두리가 있어 큰 텐트는 설치하기 힘들다. 위치상 가장 안쪽의 C구역은 B구역처럼 데크면서 사이트가 네 개 뿐이라 가장 호젓하다.

1 태학산자연휴양림 오토캠핑 사이트 A구역
2 태학산자연휴양림 데크 사이트 B구역
3 캠퍼를 위해 각 사이트마다 준비된 소화기와 숯 재 수거함

지금껏 태학산자연휴양림은 숙박 시설이 없었으므로 철저하게 캠핑장 위주였다. 그 전통적인 모습은 캠핑장 곳곳에서 찾아볼 수 있다. 각 사이트마다 배전함, 소화기와 숯 재 수거함이 마련되어 있고, 심지어는 화로대 세척장까지 있다. 최근 숲속의 집이 생기면서 관심이 온통 그쪽으로 쏠렸으나 마치 동생 태어났을 때, 원래 있던 첫째를 아끼는 심정으로 캠핑장도 예뻐해 주자.

〉〉〉〉 숲 간략 정보

주소 충청남도 천안시 풍세면 휴양림길 105-2
전화 041-529-5108
숙박 시설 숲속의 집 11동(4인실 9동, 8인실 2동)
야영 시설 33면
예약 숲나들e www.foresttrip.go.kr(매주 수요일 9시 선착순)

숲 주변 돌아보기

》 삼태리 마애여래입상

특이하게도 태학산자연휴양림 안에는 문화재가 있다. 숲속의 집 갈림길에서 450m정도 가면 태학사가 있고 뒷산을 100m정도 오르면 고려시대 불상인 보물, 삼태리 마애여래입상을 만날 수 있다. 퇴실 후 가볍게 올라 부처님께 소원도 빌고 간다.

주소 충청남도 천안시 동남구 풍세면 삼태리 산28-1

》 독립기념관

천안의 대표적 명소는 독립기념관이다. 태학산자연휴양림과는 17km 거리. 규모가 광대하니 일단 시간적 여유와 많이 걸을 각오를 하고 찾자. 상징적인 겨레의 탑을 지나 겨레의 집, 그리고 휘날리는 태극기까지 모든 광경이 애국심을 샘솟게 한다. 왼편 동산에 있는 조선총독부 철거부재 전시 공원부터 간다. 오래전, 경복궁을 가로막고 서있던 일제의 잔재가 철거되어 잠들어 있다. 전시관 1관은 한반도 전체 역사를 훑어보는 곳으로, 시간 여유가 없다면 겨레의 시련이 시작되는 2관부터 관람해도 된다.

주소 충청남도 천안시 동남구 목천읍 독립기념관로 1 **전화** 041-560-0114 **홈페이지** i815.or.kr

》 유관순열사 생가·유적지

독립기념관에서 10km 가면 유관순열사의 생가와 기념관도 있다. 애초에 독립기념관이 천안에 건립된 이유도 유관순열사 덕이 아닐까 한다. 생가가 있는 천안 병천면 아우내장터는 만세운동이 시작된 곳으로 유명하다. 유관순열사 생가 앞에는 낙우송 두 그루가 서 있는데, 마치 유관순열사의 독립 의지처럼 꿋꿋하게 서 있는 듯해 인상적이다.

주소 충청남도 천안시 동남구 병천면 유관순생가길 18-1 **전화** 041-564-1223(유관순열사기념관)

손바닥만 한 집이 뭣이 좋은디?

무 주 향 로 산 자 연 휴 양 림

성인 두 명이 누우면 끝. 손바닥만 한 트리하우스. 그런데 그 작은 집이 뭐가 좋다고 다들 난리인가? 난리가 날 만하다. 작지만 그곳은 백만 불짜리 전망을 품고 있으니. 코딱지만 한 발코니에 앉아 커피를 마셔본 자! 그대는 세상을 다 가졌다.

사진 한 장에 이끌리다

무주향로산자연휴양림을 처음 알게 된 건, SNS의 사진 한 장 덕분이었다. 위태로이 서 있는 작은 트리하우스. 그 집 발코니에서 바라보는 뷰는 온통 숲이다. 무주는 덕유산이 전부인 줄 알았는데 향로산도 있었다. 향로산은 무주읍 오산리에 위치하는데, 무주읍의 북쪽을 감싸고 있는 모습이다. 길이 험하지도 않고 읍내에서 3km로 거리도 가깝다. 무주향로산자연휴양림은 2018년 개장한 공립 휴양림이다. 숙박 시설도 휴양관, 숲속 나무집, 숲속 동굴집, 야영장 등 다양하고 푸드 코트, 야외 수영장, 모노레일 등 부대시설도 두루 갖추어 규모가 꽤 크다.

예쁜 모양의 트리하우스부터 신기한 동굴집까지

체크인을 하고 숙박 시설을 찾아간다. 초록빛, 은하빛 등의 휴양관이 먼저 나온다. 초록빛은 10인실, 20인실의 대형 객실만 있다. 은하빛은 6인실과 세미나실로만 구성된 휴양관이다. 휴양관이라도 물결치듯 출렁거리는 모양의 지붕, 앞에 깔린 꽃 잔디에 단체 숙소 특유의 딱딱함이 완화되는 듯하다.

본격적으로 오르면 가장 먼저 아담한 2인실 숲속의 집, 단풍나무와 주목나무를 만난다. 이 두 곳이 바로 향로산에서 가장 인기가 많은 방이다. 6평으로 공중에 띄워 지은 트리하우스이다. 두 집 마당에는 각각 바비큐 공간, 주차 공간이 확보되어 있다. 바비큐 공간이 가까우니 서로를 배려해 시간차를 두고 식사하는 것이 좋다.

2인실 숲속의 집에서 오른편으로 오르면 네모형, 둥근형의 나무집이 나온다.

은하빌 휴양관

둥근 모양의 트리하우스

2인실 객실, 단풍나무와 주목나무가 나란히 있다.

일곱 채가 옹기종기 모여 있는 모습이 동화 속 마을 같다. 이곳 숲속의 집 역시 트리하우스 구조이다. 먼저 네모형 집은 8평이다. 이름은 감나무, 은행나무, 밤나무, 소나무로 전망 좋은 곳에 일렬로 서 있다. 둥근형은 9평으로 반대편에 일렬로 있다. 느티나무, 참나무, 자작나무란 이름을 갖고 있는데 둥글게 생긴 형태 덕에 파노라마 뷰를 선사한다. 아이들은 둥근 집에 호기심을 보이며 달팽이 계단에 신기해한다. 하지만 달팽이 계단은 보기에는 재밌으나 실제로는 조금 불편하고 위험할 수 있다. 특히 아이들은 주의해야 한다. 이곳 숲 집 역시 주차 공간과 야외 바비큐 공간이 각각 집 앞에 있다.

무주향로산자연휴양림에는 여느 휴양림에서는 보지 못한 독특한 숙박 시설도 있다. 바로 동굴집. 동굴집은 '용담동굴, 해식동굴, 석회동굴, 얼음동굴'이란 이름으로 땅 아래에 자리하고 있다. 벙커형 집이라니, 아이들이 좋아할 만하다. 동굴집 위에는 벤치와 잔디밭도 있어 아이들이 뛰어놀기 좋다. 동굴집 내부는 마치 도미토리형 게스트하우스처럼 2층 침대가 두 개 놓여 있고 공간도 넓다. 적정 숙박 인원은 4인이고 6인까지도 가능하다.

야영장도 있다. 별빛하루란 예쁜 이름에 계단식으로 구성되어 있다. 야영 데크가 35㎡로 엄청 크다. 거실형 텐트가 올라가고도 남을 정도. 데크도 크고 편의시

동화나라를 연상시키는 나무집

벙커형의 동굴집

별별하루야영장

설도 좋은데 여느 휴양림 야영장에 비해 좀 비싼 편이고, 그늘이 부족한 게 흠이다. 양지 바른 곳에 데크가 있어 겨울 캠핑에는 딱 좋겠다 싶다.

작지만 온통 푸른, 행복한 고립

단풍나무라는 이름의 6평짜리 트리하우스. 이게 뭐라고 예약하고는 세상을 다 가진 듯 뿌듯했다. 실제로 와 보니 진짜 작긴 작다. 성인 두 명이 적정 인원. 그 이상은 누울 곳도 없다. 침구, 집기도 2인 기준. 명성 있는 발코니 뷰야 익히 알고 있었지만 의외는 화장실에서 보이는 경치였다. 화장실에서 이런 상큼한 뷰라니. 트리하우스의 특성상 집이 살짝 흔들린다. 특히 바람이 부는 날이나 무게가 많이 나가는 사람이 움직이면 더욱 심하지만, 이쯤은 전망 좋은 곳에서 감수해야 하는 즐거운 고통이다. 의자 하나 놓고 앉으면 더는 갈 곳도 없는, 좁디좁은 발코니 공간. 마치 절벽 끝, 낭떠러지에 앉아 있는 듯하다. 이 순간, 나와 소통하는 것은 겹겹이 푸른 산뿐. 행복한 고립을 오래오래 느끼고 싶다.

향로산 정상까지는 숲 집 옆 산책로로 15분이면 닿는다. 초반 살짝 경사가 있지만 거의 편한 길이다. 누구나 등반 가능한 정상이니 얼마나 고마운가? 이것

1 향로산 정상까지 가는 편한 방법, 모노레일
2 향로산 정상에서 바라본 물돌이 풍경

마저도 힘들다면 모노레일을 이용할 수 있다. 휴양림 안 승강장에서 모노레일을 타고 750m 거리를 가는데 15분 정도 걸린다. 요금은 왕복 5000원. 천천히 운행하지만 경사가 있어서 꽤 스릴도 있다. 승하차장에 도착해 계단을 좀 오르면 바로 전망대고 정상이다. 사진으로 봤던 그 모습이다. 앞섬이란 마을을 감싸는 물돌이 풍경. 평화롭다. 반대편으로는 무주 읍내가 한눈에 내려다보인다. 정상 향로봉(420m)에서는 일출, 일몰을 모두 조망할 수 있단다. 안타깝게도 심술궂은 미세먼지로 인해, 아니 게으름으로 인해 놓쳤지만 부지런한 사람이라면 도전해 볼 만하다.

〉〉〉〉 숲 간략 정보

주소 전라북도 무주군 무주읍 무학로 153-36
전화 063-322-6884
숙박 시설 숲속의 집 9동, 동굴집 4동, 휴양관 2동(초록빛 휴양관 10인실 2실, 20인실 1실/은하빛휴양관 6인실 12실)
야영 시설 야영 데크 21개
예약 숲나들e www.foresttrip.go.kr(매달 1일 9시 선착순)

숲 주변 돌아보기

》 적상산사고지

붉은 치마를 입은 듯 단풍이 아름답다는 적상산. 그곳에는 소중한 문화유산, 조선왕조실록을 보관하던 사고지(史庫址)가 있다. 우리나라 5대 사고지 중 하나로, 실록각에서는 조선왕조실록 편찬 과정을 살펴볼 수 있다. 청나라를 싫어하던 인조 때부터 실록을 황색으로 바꿨다는 재미있는 사실도 듣게 된다.

주소 전라북도 무주군 적상면 산성로 960

》 머루와인동굴

적상산 사고지에서 내려오다 보면 머루와인동굴을 만난다. 해발 800m에 위치한 상부댐과 이어지는 하부댐 간의 터널이 근사한 와인 저장고가 되었다. 터널은 온도차가 적어 와인을 저장하기에 최적의 공간이다. 중간중간 조명이 예쁜 포토 존에서 사진도 남기고 간다. 머루는 포도보다 향이 진해 와인 제조에 적합하며 와인을 좋아하는 사람이 아니라도 가볍게 즐기기 좋다.

주소 전라북도 무주군 적상면 산성로 359 **전화** 063-322-4720

》 반디랜드

청정 무주에는 일명 '개똥벌레'라 불리는 반딧불이가 서식한다. 무주군 설천면 일원 하천에서 많이 서식하는데 1982년에 천연기념물로 지정되었다. 해마다 무주에서는 반딧불이 축제도 열린다. 이런 반딧불이를 비롯한 곤충을 중심으로 박물관, 천문과학관, 통나무집, 청소년 야영장 등을 마련한 곳이 반디랜드이다. 이곳에서 아이들과 곤충이란 테마 하나만으로도 오랜 시간을 보낼 수 있다.

주소 전라북도 무주군 설천면 무설로 1324 **전화** 063-324-1155

산골 오지 봉화는 잊어라!

문수산자연휴양림

솔직히 예약을 망설였다. 봉화라는 지역성, 신생 휴양림이란 불확실성, 다소 비싼 숙박비. 그러다 울진 해변으로 여름휴가 동선이 그려지는 바람에 문수산자연휴양림이 슬그머니 들어갔다. 결과는 선입견 때문에 산골 오지라고 여겼던 봉화에, 문수산자연휴양림에 미안해졌다.

김포 문수산이 아니라 봉화 문수산에 생긴 자연휴양림

경북의 3대 오지라는 BYC. 봉화, 영양, 청송의 첫 글자를 따서 부르는 센스있는 별명이다. 지역의 운명을 도로가 가르는 경우가 많다. 영덕으로 향하는 고속도로가 생기면서 청송은 BYC에서 자신 있게 발을 뺐고, 고속화도로가 뚫리면서 봉화도 BYC 클럽을 탈퇴하려 한다. 이제 봉화는 오지가 아니라고 외치는 즈음, 2020년 여름에 문수산자연휴양림이 문을 열었다. 이름만 듣고 경기도 김포 문수산이라 착각하는 경우가 많지만 동명이산이다. 봉화군 봉성면 문수산 자락에 위치한다. 최근 트렌드를 반영한 리조트 버금가는 반짝이는 시설로 눈길을 사로잡았는데, 이런 근사한 비주얼의 휴양림이 수도권에 있다면, 아니 강원도, 충청도에만 있어도 인기 폭발로 예약이 폭주할 것이다. 비슷한 시기에 개장한 동두천자연휴양림이 그 예이다. 아이러니하게도 시설, 분위기, 가격 등 모든 면에서 비슷한 동두천자연휴양림과 같은 화요일 9시에 예약을 개시하는데, 동두천자연휴양림이 순식간에 마감되는 반면 문수산자연휴양림은 여유롭다. 아직도 봉화라는 지역성이 사람들의 발걸음을 주저하게 하는가 보다.

리조트 같은 휴양림, 봉화에서도 가능한 일

봉화하면 청옥산자연휴양림이 먼저 떠오른다. 청옥산자연휴양림은 행정구역상 봉화이지만 북쪽 끝, 태백에 더 가까워 봉화 여행의 베이스캠프로는 적당치 않다. 반면 새로 생긴 문수산자연휴양림은 봉화의 딱 가운데, 봉성면에 위치하고 있어 봉화의 각종 볼거리를 즐기기 좋다. 가는 길에 다덕약수탕과 식

세련된 모습의 휴양관

당가를 지난다. 천주교 우곡성지 방향으로 들어서면 힘든 구간 없이 휴양림에 도착한다. 길이 험할 것 같다는 '오지' 이미지가 깨지는 첫 번째 순간이다.

문수산자연휴양림은 아담하다. 가운데 정비된 계곡을 따라 길게 자리 잡아 숙박 시설, 야영장 등이 한눈에 들어온다. 뜨거운 햇살 아래 빛나는 숙박 시설을 보며 또 한 번 봉화에 대한 선입견이 깨진다. 여기가 휴양림이야, 리조트야? 동두천자연휴양림에 처음 들어섰을 때와 비슷한 감격이었다.

먼저, 목재 다리 너머에 세련된 느낌의 산림문화휴양관이 서 있다. 이곳은 보통 휴양림에서 본 복도식 단체 숙소 같은 휴양관이 아니다. 다른 곳에선 연립동이라 부르는 정도의 규모와 비주얼이다. 2층에 연립동 형식의 건물이 두 동 있다. 1층에는 6인실(최대 8인 숙박 가능), 2층에는 4인실(최대 6인 숙박 가능)이 있는 구조이다. 객실도 크고 가격도 독립된 숲속의 집보다 비싸다. 조금 더 오르면 숲속의 집, 야영장, 묵상의 집이 한눈에 들어온다.

가장 안쪽의 묵상의 집은 다른 휴양림에서는 볼 수 없었던 이름의 숙박 시설이다. 온 정신을 모아 잠잠히 생각하고 기도한다는 '묵상'. 묵상의 집은 문수산

1 문수산자연휴양림의 고급스러운 객실, 묵상의 집
2 묵상의 집 옆으로 트레킹 코스가 시작된다.
3 크기와 방향이 조금씩 다른 숲속의 집

자연휴양림에서 가장 비싼 객실로 69㎡의 2층 단독 건물이다. 최대 6인까지 숙박을 허용한다. 화장실도 위아래에 하나씩 있고 창이 넓은 2층에서 숲을 바라보는 그윽한 맛도 있어 이름처럼 더 여유롭게, 조용히 보내고 싶은 사람이 머물면 좋겠다.

일반적으로 가족끼리 찾는다면 숲속의 집이 가장 눈에 들어올 것이다. 경사면을 따라 가장 하단부터 구절초, 홍단풍, 금낭화, 원추리, 수선화라는 꽃 이름의 객실이 자리하고 있다. 재미있는 것은 다섯 동이 비슷한 듯하면서도 조금씩 구조와 방향이 다르다는 것. 구절초, 금낭화, 원추리는 47㎡의 객실이고 홍단풍과 수선화는 56㎡의 객실이다. 시설은 모두 뛰어난데 아쉬운 점은 테라스의 방향과 객실 간격이다. 앞집 뷰인 경우가 많고 밖에서 안이 들여다 보일 염려가 있어 블라인드를 내리고 생활해야 한다. 가장 하단 구절초나 가장 상단 수선화가 그나마 독립성 면에서 점수가 높지 않을까 한다.

짐 많으면 최악, 짐 적으면 최고인 자연 속 야영장

산비탈에 자리한 야영장에는 데크가 열두 개 있고, 아래에 화장실, 샤워실, 개수대 등 편의시설이 자리한다. 문제는 산비탈 경사가 상당히 심하다는 것. 휴양림 야영장 중 역대급이다. 이곳은 필히 백패킹 모드로 오거나 짐을 아주 간단하게 꾸려야 한다. 최신 시설이고 데크마다 전기 사용도 가능해 편리하다. 데크도 6×4m 크기로 넉넉한 편이다. 아래 1~3번 데크가 그나마 짐 옮기기 수월하고 위로 갈수록 힘들어진다. 하지만 숲속 느낌은 훨씬 깊어진다. 특히, 9번과 11번 데크는 복층 구조다. 데크 위에서는 낙엽송에 둘러싸인 황홀한 상쾌함을 경험한다.

야영장 앞쪽에 '소통의 장'이란 바비큐 공간이 별도로 마련되어 있다. 취지가 좋고 잘 만들어 놓았지만, 야영객이나 숙박객이 거기까지 먹거리, 도구를 들고 가지 않을 것 같아 좀 안타깝다. 대신 각자 집 테라스에서 즐긴다. 숯불 피우기는

1 문수산자연휴양림 야영장 복층 데크
2 문수산자연휴양림 숲속 야영장. 경사가 심해서 백패킹 모드를 추천한다.

소통의 장

불가능하지만, 가스버너로 얼마든지 캠핑 분위기를 낼 수 있으니 말이다. 여름이니 야외 테라스에서 차가운 커피도 즐겨본다. 리조트급 깨끗한 숙박 시설에서 봉화를 맘껏 누리며 알찬 여름휴가를 보냈다. 이제 소문나서 다음 여름에는 예약이 힘들어질까 봐 살짝 걱정도 된다.

》》》 숲 간략 정보

주소 경상북도 봉화군 봉성면 시거리길 378
전화 054-674-3700
숙박 시설 숲속의 집 5동, 묵상의 집 3동, 산림휴양관 2동(8실)
야영 시설 야영 데크 12개
예약 숲나들e www.foresttrip.go.kr(매주 화요일 9시 선착순)

숲 주변 돌아보기

》봉화정자문화생활관

최근 문을 연 봉화정자문화생활관이 문수산자연휴양림에서 8km 거리에 있다. 자연을 벗 삼아 자리한 누각과 정자, 합쳐서 누정(樓亭)이 봉화 곳곳에 103동 분포한다니, 정자의 고장이라 할 만하다. 이곳에는 전시관뿐 아니라 야외누정, 솔향촌 숙박 시설이 자리한다. 전시실에서 누정의 건축학적 설계와 자연의 조화를 살펴본다. 봉화 대표 누정의 건립 배경과 구조, 현판까지 보며 실제로 여러 곳 찾고 싶다는 생각이 든다.

주소 경상북도 봉화군 봉성면 부랭이길 88 **전화** 054-679-6961

》백두대간수목원

봉화군 춘양면에 자리한 국립백두대간수목원은, 백두대간의 중심에 조성된 아시아 최대 규모의 수목원이다. 백두대간 산림 생태계와 생물의 다양성을 보전하고 복원하는 역할을 한다. 일단 규모가 어마어마해서 시간적 여유를 갖고 찾아야 한다. 사계원, 무궁화원, 돌담정원, 암석원, 단풍식물원 등 각종 테마로 꾸며져 있는데 수목원에 걸맞게 녹색 빛은 맘껏 누리며 걷는다. 수목원 최고 인기 장소는 '호랑이숲'. 멸종위기종 백두산호랑이를 실제로 만나면 눈 맞추며 한참을 관찰하게 된다.

주소 경상북도 봉화군 춘양면 춘양로 1501 **전화** 054-679-1000 **홈페이지** www.bdna.or.kr

》석천정사·계곡

봉화정자문화생활관에서 누정을 살펴본 후 대표적인 봉화 누정 몇 곳을 들르면 바로 현장학습이 된다. 그중 봉화읍 닭실마을의 청암정과 석천정사가 읍내 가까이에 있어 접근성이 좋다. 여름이라면 시원한 계곡이 흐르는 석천정사가 딱이다. 내성천 물길을 따라 좁은 농로를 들어가면 소나무 터널 너머, 계곡 건너편에 팔작지붕의 아름다운 정자가 자리한다. 아름다운 동양화 한 폭 속으로 들어가 오래 감상하고 간다.

주소 경상북도 봉화군 봉화읍 충재길 25-36

Theme 3

바다 곁에서 즐기는 숲

소나무 숲 저 너머 역동적인 동해

양양 송이밸리자연휴양림

구탄봉에서 마주하는 파노라마! 빽빽한 소나무 숲 저 너머로 푸른 파도가 넘실댄다. 잔잔하게 남대천이 흐른다. 위풍당당한 설악산 대청봉이 인사한다. 과연 도선국사가 아홉 번 탄식할 만한 광경이다. 시설 좋고 이런 풍광도 품고 있으니 양양송이밸리자연휴양림의 인기는 날로 높아질 수 밖에 없도다.

양양고속도로 타고 숲~

몇 년 전 결혼기념일, 가족여행 갈 휴양림을 찾다가 이름을 보고 웃었다. '송이밸리'라는 귀여운 이름. 무슨 무슨 산 휴양림이 보통인데 '송이밸리'라니, 양양 지역 특산물을 강조한 이름이 흥미롭다. 예상대로 양양군이 가을 송이축제 등 행사를 염두에 두고 오픈한 휴양림이었다. 당시 새로운 휴양림이었고 매번 산속 통나무집 휴양림만 다니던 우리 가족에게는 완전 리조트였다.

그런 추억이 깃든 양양송이밸리자연휴양림이 이제는 인기 만점 휴양림이 되어 예약 경쟁이 치열한 곳이 되었다. 이곳이 급부상한 가장 큰 요인은 2017년 개통한 서울양양고속도로가 아닐까 한다. 이제 '양양'은 더는 구불구불 한계령 넘어오는 두메산골이 아니다. 고속도로를 달려 서울에서 두 시간 반이면 양양에 닿는다. 볼거리, 즐길거리가 많은 양양은 고속도로 덕에 인기 관광지로 급부상했다. 서핑으로 핫한 해변 따라 먹거리도 풍부하다. 이런 양양을 즐기기 위한 베이스캠프가 필요하고 거기에 양양송이밸리자연휴양림이 딱이다. 양양 읍내에서도 가깝다.

송이산 인근 솔숲에 자리한 양양송이밸리자연휴양림

휴양림 자체도 즐길거리가 많다. 하늘나르기, 송이생태관, 목재문화체험장, 백두대간생태관 등이 있어 휴양림 내에서도 가족들과 충분히 즐거운 시간을 보낼 수 있다. 이렇게 뛰어난 접근성, 풍부한 관광요소, 자체적인 즐길거리까지 삼박자가 갖춰지니 가족 여행의 베이스캠프로 인기를 끌 수 밖에 없는 법.

송이와 함께하는 시설 좋은 휴양림

가을 송이 맛보러 양양으로 향한다. 역시 입구부터 송이 마스코트가 반겨준다. 올라가다 보면 오른편에 주차장과 하늘나르기 사무소로 가는 갈림길이 나온다. 직진하면 관리사무소가 나타난다. 체크인을 하고 숙소를 안내받는다. 길바닥에 핑크색 표식을 따라가면 휴양관, 파란색은 숲속의 집이 나온다. 길 찾기 어려운 사람들을 위한 센스가 돋보인다.

먼저 리조트 풍의 산림문화휴양관이 등장한다. 2층 건물이지만 측면 계단을 따라 세 개 객실이 층층이 이어진 독특한 구조이다. 이 객실은 계단형이라 층간 소음도 없고 독립적이다. 휴양관 2층과 계단층 객실은 복층이라 공간 활용이 여유롭다. 휴양관은 외부에 바비큐장이 따로 있다. 이름도 양양의 대표선수 이름을 따서 송이바비큐장, 연어바비큐장이다.

관리소 앞에서 파란색을 따라 휴양관 뒤편으로 가면 숲속의 집 여덟 동이 나온다. 옹기종기 자리한 숲속의 집에는 반달곰, 여우, 너구리, 꽃사슴, 산토끼 등의 친숙한 동물 이름이 붙어 있다. 하단의 꽃사슴과 노루는 6인실 객실이고 나머지는 4인 가족에 알맞은 규모이다. 객실 앞에는 자그마한 테이블 공간이 마련되어 야외 바비큐나 식사, 티 타임을 갖기 좋다. 휴양림 내에서 소나무가 자주 눈에 띈다. 야외에서 향긋한 솔향과 커피 향의 조화를 느껴본다. 소나무가 주종

1 12인실이 있는 대형 숙박동
2 소나무 숲에 예쁘게 자리한 숲속의 집
3 리조트풍의 산림문화휴양관

이지만 작고 예쁜 마가목 등 다양한 나무를 보는 재미도 있다.

야영장은 리포밸리에서 운영을 맡고 있는 사설 시설이다. 휴양림과 같은 공간을 공유하기는 하지만 입구도, 이용 방법도 모두 다른 별개의 시설로 운영된다.

즐거운 비명이 끊이지 않는 숲

양양송이밸리자연휴양림에는 숙박 시설 이외에 부대시설이 많다. 악천후에 외출이 녹록지 않을 경우, 휴양림 내에서도 충분히 시간을 보낼 수 있다. 먼저, 송이밸리라는 이름에 걸맞게 송이생태관이 있다. 양양 송이의 특징을 알아보고 아로마 DIY 체험, 꽃차 소믈리에 체험 등을 하며 가족과 즐거운 시간을 보낼 수 있다. 또 백두대간 생태교육장에서는 백두대간의 생태, 지리 및 문화를 살펴본다. 그 바로 옆에 있던 목재문화체험장은 최근 화재로 소실되고 말았다. 나무에 대해 배우고 각종 목공예품 체험도 즐기는 좋은 공간이었는데 참으로 안타깝다. 하루 빨리 재건되어 우리 품으로 돌아오길 바라 본다.

양양송이밸리자연휴양림에서는 하늘나르기라는 집라인 체험도 가능하다. 송이생태관 앞 야외 놀이터 뒤쪽에 있는 숲속기차를 타고 이륙장까지 가면 된다. 집라인을 이용하지 않고 기차만 탈 수도 있는데, 유아들은 이 기차만으로도 충분히 즐거워한다. 하늘나르기는 580m를 이름처럼 엎드려 활강한다. 초등학생 이상이라면 충분히 즐길 수 있다. 휴양림 안에서 비명인지 고함인지 모를 소리가 계속 들려온다. 누군가는 무서워서 소리 지르고 누군가는 신나서 소리 지른다. 휴양림 한가운데를 가로지르는 집라인의 모습에 괜히 보는 사람까지 흥분된다.

잠시 비명 소리에 들뜬 마음을 가라앉히고 산으로 간다. 구탄봉! 양양송이밸리자연휴양림에서 하룻밤을 보낸 후 꼭 가야 할 곳이다. 통일신라 시대의 승려, 도선국사가 명당을 찾다가 아홉 번 올라 아홉 번 탄식했다 하여 구탄봉이라고 한다. 휴양림에서 구탄봉으로 가는 길은 세 가지. 숲속기차 승차장 위 계단, 백두대간생태교육장 옆, 캠핑장 옆에서 구탄봉으로의 여정이 시작된다. 거리는 약 500m로 어디로 가든 비슷하다. 그래도 추천하자면 백두대간 생태교육장 코스가 가장 짧아서 좋다. 15분가량 힘차게 오르면 이내 광활한 한 편의 파노라마와 마주한다. 왼편으로 위풍당당한 설악이 손짓하고 가운데로 활기찬 양양 시내와

송이생태관

휴양림에 울려 퍼지는 비명의 정체, 하늘나르기.

설악부터 동해까지 파노라마가
펼쳐지는 구탄봉 전망대

구탄봉 전망대에서 바라본 소나무 숲 너머 풍경

남대천이 보인다. 내가 서 있는 울창한 소나무 숲 너머로 파란 동해가 넘실댄다. 아침 일찍 부지런히 움직여 이곳에서 일출을 맞이했다면 더욱 감격스러웠겠지만, 비가 그친 후 깔끔해진 이 풍경만 봐도 충분히 아름답고 감격스럽다. 아, 도선국사의 마음에 100% 공감한다.

〉〉〉〉 숲 간략 정보

주소 강원도 양양군 양양읍 고노동길 98-50
전화 033-670-2644
숙박 시설 숲속의 집 8동, 산림문화휴양관 1동(14실), 대형 숙박동 1동(2실)
예약 숲나들e www.foresttrip.go.kr(매주 수요일 9시 선착순)

숲 주변 돌아보기

》 오산리선사유적박물관

양양송이밸리자연휴양림에서 10분 거리에 오산리선사유적박물관이 있다. 대표적인 신석기 유적지로 주변 선사유적의 원형을 재현, 정비하고 전시하기 위해 건립되었다. 신석기인의 생활 모습이 실물 크기의 디오라마 모형으로 재현되어 이해를 돕는다. 아이들과 둘러보면 교육적이고 흥미로운 시간을 보낼 수 있다. 특히, 오산리 신석기 유적이 교과서에 실린 부분을 스크랩해서 보여주어 아이들이 반가워한다.

주소 강원도 양양군 손양면 학포길 33 **전화** 033-670-2442

》 물치해변

서핑 천국이 된 양양의 해변. 죽도해변과 물치해변이 대표적인데, 그중 송이등대로 유명한 물치해변이 송이밸리자연휴양림에서 가깝다. 빨간 송이, 하얀 송이 등대를 배경 삼아 서핑을 즐기는 사람들. 거센 바람이 불어도 즐거워 보인다. 역동적인 서핑 장면을 구경한 후에는 바로 옆 물치항에서 해산물을 구매해 휴양림으로 가도 좋다. 해산물 구이는 휴양림에서 저녁으로 제격.

주소 강원도 양양군 강현면 물치리

》 하조대

해변도 보고 명소도 찾으면 일석이조. 동해안을 따라 내려가면 조선 개국공신 하륜과 조준이 말년을 보냈다는 하조대가 있다. 양양팔경 중 하나로 기암괴석과 바위 섬들, 그 주변의 송림이 조화를 이룬다. 백사장이 1.5km 넘게 이어지는 해변도 일품이다. 최근 스카이워크 전망대가 생겨 높은 곳에서 광활한 해변을 한눈에 즐길 수 있다.

주소 강원도 양양군 현북면 하륜길 54

캠퍼들의 파라다이스

연곡해변솔향기캠핑장

강릉 그 숲은 '마법'을 부리는 게 틀림없다. 누구나 한번 들어서면 헤어나오기 힘들다. 일단, 솔향으로 후각부터 자극한다. 비주얼 좋은 소나무 선수만 골라서 단체로 춤판을 벌이니 그 유연성과 독창성은 아이돌 공연 저리 가라다. 철썩철썩 들려오는 파도의 떼창으로 머무는 내내 귀가 호강한다. 이렇게 오감을 흔드니 안 넘어갈 수 있을까? 홀딱 반해버릴 수밖에.

Coleman

나의 최애 캠핑장? 아니 모든 캠퍼들의 최애 캠핑장!

요즘 가장 좋아하는 것에 '최애'란 단어를 붙인다. 누군가 나에게 '최애' 캠핑장을 묻는다면 고민 없이 '연곡해변솔향기캠핑장'을 외친다. 그런데 대한민국 캠퍼 중에 나와 이심전심인 사람이 무진장 많다. '한 번도 안 가본 사람은 있어도 한 번만 가본 사람은 없다'는 문구는 이곳에 딱 어울리는 표현 아닐까? 예약이 하늘의 별따기라는 것이 그 증거. 아예 평일에 휴가 내고 연곡해변으로 달려가는 사람도 꽤 많은 지경이니 말이다. 예약이 워낙 어렵기 때문에 조금 한가한 겨울만 공략하는 게 내가 연곡을 만나는 팁이다. 2016년 여름 개장 후, 매해 겨울에만 두세 번씩 연곡으로 달려갔다. 어느덧 바람이 차고, 다시 연곡 해변의 마법 속으로 들어갈 시간이 다가온다.

강릉 북부 연곡해변 솔숲에 자리한 '연곡해변솔향기캠핑장'은 강릉시에서 운영하는 국민여가캠핑장이다. 사실 2016년 여름에 오픈했으니 역사는 그리 길지

나의 최애 캠핑장, 연곡해변솔향기캠핑장

않다. 사람으로 치자면 이제 만 다섯 살인 이곳은 동해안 1등급 캠핑장으로 금세 입소문을 탔고 캠퍼들 사이에서 로망의 장소가 되었다. 매일 오전 10시에 다음 달 같은 날 예약을 오픈하는 방식인데, 이게 웬만한 손재주가 아니라면 꿈도 꿀 수 없다. 주말 예약을 위해 아예 목요일부터 3박을 잡고 1박을 희생하는 경우도 많다는 소문이 있으니, 가히 그 인기를 알만하다. 손이 빠르지 못하면 수시로 예약 사이트를 들락거리며 취소분을 구하는 수밖에 없다.

사계절 낭만을 담은 동해안 1등급 캠핑장

북강릉나들목을 나와 5분이면 연곡해변에 도착한다. 바로 북쪽 주문진에는 주문진항이 있어 해산물 구매하기 좋고 식당도 즐비하다. 영진해변 쪽에는 근사한 카페도 많다. 먹고 놀기에 부족함이 없는 입지이다. 캠핑장 입구에는 편의점도 있어 간단한 물품은 이곳에서 해결할 수 있다.

관리소에서 입실 절차를 마치면 차단기가 열리며 연곡해변솔향기캠핑장으로 들어선다. 캠핑장은 가운데 주 출입로를 기준으로 크게 좌우로 나뉜다. 오른쪽으로 큼직한 소나무가 빼곡한 곳이 A구역, C구역이다. 왼쪽에 조금 낮은 소나무들이 반기는 곳은 B구역이다. B구역 앞으로 고정식 카라반 사이트인 D구역과 자동차캠핑 존인 E구역이 있다.

가장 먼저 예약이 차는 곳은 A구역이다. 거실형 텐트도 거뜬한 초대형 데크가 낭만적인 솔숲에 여유롭게 자리하고 있으니 인기가 많은 건 당연하다. A구역 바깥쪽, 길가로 노지 사이트인 C구역이 있다. 이곳은 데크 바닥은 아니지만 푹신한 솔잎이 매트가 되어준다. B구역은 소나무도 작지만 데크도 작다. 크기가 3.5×5m로 돔형 텐트는 문제가 없지만 거실형 텐트는 좀 애매할 수 있다. 그 밖에

1 카라반 캠핑을 즐길 수 있는 D구역
2 작은 데크가 있는 B구역, 바람에 대비해 팩을 단단히 한다.
3 연곡해변에서 맞이하는 스노우 캠핑

바닷가 쪽으로는 자동차캠핑 존과 카라반 존도 있어 다양한 형태의 캠핑이 가능하다.

연곡솔향기 캠핑장은 사계절, 365일 운영된다. 폭설, 강풍 등 기상 악화로 폐쇄될 수는 있으나 기본적으로 언제든 문을 연다. 겨울에도 눈 속에서 낭만적인 캠핑이 가능하다. 전기 사용은 기본이고 온수 샤워장, 취사장이 있어 겨울에도 비교적 편안한 캠핑을 즐길 수 있다. 하지만 모든 것이 완벽한 이곳에도 단점이 있었으니. 그것은 바로 솔숲에 차량 진입이 안 되어 짐을 직접 옮겨야 한다는 것. 단점이라기보단 솔숲을 더 온전하게 느끼기 위한 약간의 불편함이라 생각하면 좋지 않을까? 다른 단점은 인간의 힘으로는 어쩔 수 없는 거센 '바람'의 심술이다. 바닷가 캠핑장이 모두 그러하듯 연곡해변에도 항상 강풍의 위험이 존재한다. 해안은 항시 육지보다 바람이 세므로 텐트 설치 시 팩을 단단히 해서 기본적으로 바람에 대비해야 한다. 파도가 높을 때는 해안가 접근도 자제할 것. 전망 좋은 바닷가 솔숲에서 캠핑하는 호사를 누리는 대신 이 정도 단점은 감수해야 한다.

바다와 솔숲, 일출, 덤으로 딸기까지

캠핑장 안내서에 이렇게 쓰여 있다. "깨끗한 백사장을 가진 해수욕장, 시원한 솔숲, 동해의 멋진 일출이 있는 이곳에서 사랑과 행복 가득한 추억을 만드세요." 연곡해변 솔향기캠핑장을 잘 표현한 홍보 문구이다. 이름도 참 잘 지었다. 정말 이름처럼 이곳에 들어서면 울창한 소나무 숲에 매료된다. 세상 만물이 무채색인 겨울, 소나무가 발산하는 푸른 빛으로 유독 빛나는 곳. 상큼한 솔 향기가 코끝을 감싸는 곳이 바로 연곡해변이다. 가만히 앉아서 소나무의 고운 자태를 감상하기만 해도 흐뭇하다. 솔잎들이 만든 빽빽한 지붕 아래, 아늑한 우리집. 거친 나무줄기가 문지기처럼 든든하게 호위하니 안심이 된다. 여기는 천국이 아닐까? 펑펑 눈까지 내려 하얘진 솔숲은 아이들의 놀이동산이 된다.

보통 해변 쪽 사이트가 인기가 많지만 사실 여기서는 어디든 명당이다. 해변에 바짝 접한 사이트가 아니더라도 어디든 푸른 바다가 눈에 들어오고 철썩철썩 파도의 ASMR이 들려온다. 바다를 바라보면 누구나 감성이 샘솟는다. 특히, 겨

푸르고 온화한 연곡해변

울 바다는 쓸쓸할 것 같지만 의외로 청량감이 넘친다. 다소 건조한 일상에 촉촉한 위로를 전해준다.

아이들에게 바다는 놀이터. 망치, 팩 등 캠핑 장비는 훌륭한 모래놀이 도구가 된다. 철썩거리는 파도는 아이의 운동 신경도 자극한다. 파도와의 달리기 시합은 신발을 흠뻑 적시고서야 끝이 난다. 이곳은 낚시꾼들에게도 좋은 포인트가 된다. 캠핑과 낚시를 동시에 즐길 수 있으니 일석이조. 여기서 하룻밤 머물면 일출은 보너스이다. 계절에 따라 위치는 조금씩 바뀌지만 대부분 텐트에서 나와 해변으로 조금만 이동하면 어디서든 일출을 감상할 수 있다. 겨울에는 해 뜨는 시각도 늦어서 웬만한 잠꾸러기가 아니라면 도전해 볼 만하다.

겨울에 연곡해변 솔향기캠핑장을 찾는다면 '딸기'를 기억하자. 캠핑장으로 들어가려면 필수로 딸기 농장 비닐하우스를 거쳐야 한다. 달콤한 유혹을 지나치기가 쉽지 않다. 연곡딸기는 강릉의 유명한 딸기이다. 가격대는 좀 높은 편이지만 일명 '설탕딸기'라는 별칭처럼 극강의 단맛을 선사한다. 겨울에만 연곡을 찾는 이유는 성수기에 예약이 어렵기 때문이기도 하지만 솔직히 이 딸기가 큰 몫을 하지 않을까 한다.

》》》 숲 간략 정보

주소 강원도 강릉시 연곡면 해안로 1282-2

전화 033-662-2900

야영 시설 대형 데크(A존) 61면, 일반 데크(B존) 41면, 노지(C존) 25면, 정박형 카라반(D존) 9면, 자동차캠핑장(E존) 10면

예약 camping.gtdc.or.kr(매일 오전 10시에 한 달 후 예약 오픈)

숲 주변 돌아보기

》 소돌아들바위공원

캠핑장에서 주문진해변으로 가는 길에 소돌아들바위공원이 있다. 걷기 좋은 산책로 따라 오래 전 지각변동으로 생긴 괴이한 바위들을 보며 걸으면 금세 전망대에 닿는다. 그곳에서 시원한 주문진해변을 한눈에 담을 수 있다.

주소 강원도 강릉시 주문진읍 주문리 791-47

》 선교장

연못 풍광이 일품인 선교장. 옛날에 배를 타고 건넜다는 선교장은 전형적인 사대부 저택이다. 겨울이라 연꽃은 없지만 운치는 여전하다. 러시아식 건물인 열화당도 인상적이다. 사실 선교장 경내도 볼 만하지만 진짜 볼거리는 뒤뜰의 소나무 숲이다. 꼭 산책하며 소나무 기운을 느껴보자.

주소 강원도 강릉시 운정길 63 **전화** 033-648-5303

》 허균·허난설헌기념공원

강릉에서 초당순두부를 맛본다면 그 초당마을의 자그마한 공원을 주목하자. 바로 허난설헌 생가와 기념관이다. 조선의 천재 남매, 허균과 허난설헌의 자취를 느껴보고 아름다운 솔숲도 거닐어 본다.

주소 강원도 강릉시 난설헌로 193번길 1-29 **전화** 033-640-4798

기품있는 안면송 품에서

안면도자연휴양림

안면(安眠)이란 이름처럼 쉬기 좋은 곳. 그곳에는 사계절 푸른 안면송이 기다리고 있다. 그 숲 안에 격조 있는 휴식시간이 찾아온다. 쭉 쭉 뻗은 소나무들의 각 잡힌 춤선을 바라보며 걷는다. '서두를 필요 없잖아' 소나무에 걸린 문구처럼 숲에서의 시계는 느리게 갔으면 좋겠다.

왕실 소나무, 안면송의 보금자리

당일 나들이 장소, 서해안 여행지 하면 가장 먼저 떠오르는 곳, 태안! 그중에서도 안면도는 더욱 인기 만점인 장소이다. 사실 안면도는 섬과 육지의 운명을 반복한 역사가 있다. 원래는 태안반도 끝에 있는 육지였는데, 조선 인조 때 물자 수송을 위해 판목 운하를 만드는 바람에 '섬'이 되었다가 300년 후, 다리가 놓이면서 다시 육지가 되었다. 그리고 2021년 12월, 보령 해저터널 개통으로 이제 태안반도 한 바퀴가 육지와 논스톱으로 통하게 되었으니 기념비적인 일이다. 이를 통해 태안반도, 안면도로 향하는 발길은 더욱 늘어나고 있다.

섬과 육지의 운명을 넘나들던 안면도에는 잘 지켜진 명품 숲이 있다. 수령 100년이 넘는 소나무가 381ha에 걸쳐 자라는 국내 최대 천연림이다. 이 나무는 '안면송'이란 고유명까지 있는 귀한 소나무로 고려시대부터 국가의 특별관리를 받은 왕실 나무다. 안타깝게도 일제 강점기에는 송진 채취 등의 아픔을 겪었지

안면송 보금자리에 자리한 안면도자연휴양림

만 이후 다시 '소나무 유전자원보호림'으로 지정되어 관리되고 있다.

이런 기품 있는 소나무 군락지에 1992년 안면도자연휴양림이 문을 열었다. 기대처럼 안면도자연휴양림으로 가는 길은 온통 소나무 천지이다. 시원스러운 소나무 숲 향기에 취할 무렵, 휴양림 입구에 도착한다.

꿈꾸던 소나무 숲에서의 하룻밤

안면도자연휴양림은 명품 소나무 숲 덕분에 사계절 인기가 많은 곳이다. 그냥 산책만 해도 좋은데 그 안에서 숙박한다면 그야말로 금상첨화. 월 추첨으로 예약을 진행하니 행운이 없으면 안면송 품에서의 하룻밤은 불가능하다. 가장 마지막 달에 드디어 '당첨'되어 당당하게 안면도자연휴양림으로 간다.

입구 주차장에서 숙박동 이정표를 따라 500m정도 들어가면 먼저 '화목'이란 이름의 통나무집 다섯 채가 반겨준다. 직진하면 '대화'란 이름의 숲속의 집 세 채가 또 나온다. 다음으로 왼편에는 인상적인 황토방도 보인다. 소나무 숲의 황토방은 토속적이면서도 왠지 운치 있다. 길을 따라 계속 가면 '행복'이란 숲 집

소나무 숲의 운치 있는 한옥동

안면도자연휴양림의 다양한 숙박 시설

이 세 채 나오고 잔디광장을 지나면 '만남'동 1~3호가 정겹게 자리한다. 마지막으로 가장 안쪽에 한옥 세 채가 우아하게 자리한다.

숲속의 집은 모두 열여덟 동인데 4인실, 5인실이 주를 이루고 황토방과 한옥 2호가 8인실이다. 화목동으로 가기 전, 길을 달리하며 산림 휴양관과 놀이터, 축구장도 있다. 한옥동이 가장 인기가 많지만 사실 어디든 당첨만 된다면 고마운 일이 아닐까? 휴양림 역사만큼 시설이나 비품은 좀 오래된 느낌이 있지만 솔숲에서의 낭만적인 하룻밤은 이런 단점을 상쇄시키고도 남는다.

소나무와 워킹, 아기자기 등산, 연말 분위기 수목원까지

안면송 품에서 잠든 어느 초겨울 아침. 창밖으로 마주하는 이런 비현실적인 풍경은 무엇인가? 겨울인데도 삭막하지 않고 푸른 숲. 기럭지가 우월한 소나무들의 칼군무. 쌀쌀한 기온에 눈발이 날린다. 아이들은 진눈깨비에도 신이

소나무 숲 사이를 걷기 좋은 데크로드

산책로 곳곳에서 만나는 예쁜 글귀

소나무 허리 높이를 걷는 스카이워크

나서 부드러운 솔잎 쿠션을 밟으며 뛰어논다. 가을과 겨울이 공존하는 솔숲에는 사람과 자연이 교감하는 장면이 가득하다.

안면도자연휴양림에는 소나무만 있는 것은 아니다. 주인공은 소나무지만 감나무, 동백나무, 목련나무 등이 조연 역할을 톡톡히 하고 있다. 게다가 키 작은 남천, 맥문동 등이 작은 포인트가 되어준다. '명품 숲 느끼기'는 숙박동 앞에서도 가능하지만 더 깊게, 넓게 즐기기 위해서는 산책로를 걸어봐야 한다. 휴양림 입구에서 시작되는 375m 길이의 무장애 나눔길과 스카이워크는 필수 코스이다. 휴양림에 숙박하지 않더라도 산책만을 위해 이곳을 찾는 방문객도 많다. 두 길 모두 데크로드로 되어 있어서 누구나 걷기 편하다. 소나무 허리 높이의 스카이워크를 걸으니 소나무와 더 가까워진 느낌이 든다. 곳곳에 예쁜 글귀와 포토 포인트도 있다. 사진 찍으며 가족, 친구, 연인의 행복감은 두 배가 된다. 스카이워크가 끝나면 산림전시관과 마주친다. 목재의 생산과 활용뿐 아니라 안면송의 가치도 살펴볼 수 있어서 유익하다.

산책으로 부족하다면 등산을 해도 좋다. 안면도자연휴양림에 이어진 산은 동네 뒷산 수준이라 등산에 부담이 없다. 해안의 봉우리답게 모시조개봉, 바지락봉, 새조개봉이란 귀여운 이름이 붙어 있다. 등산로에서는 소나무뿐 아니라 동백나무, 대나무도 만나고 날씨가 좋은 날은 탕건봉에서 서해안도 조망할 수 있다.

모시조개봉 가는 길에 만난 싱그러운 동백숲

겨울의 안면도수목원

안면도자연휴양림과 2002년 세계꽃박람회를 위해 조성된 안면도수목원은 한 몸이다. 도로를 사이에 두고 휴양림과 수목원이 나뉘어 있는데 휴양림에 숙박하면 별도의 주차료와 입장료 없이 수목원도 세트처럼 즐길 수 있다. 겨울 수목원이라 별 기대 없이 찾았는데 의외로 상록원에는 녹색 빛이 가득하다. 호랑가시나무의 빨강 열매가 곳곳에서 빛나고 있어 제법 연말, 크리스마스 분위기가 난다. 수묵화처럼 기품 있는 한국의 정원도 볼 만하다.

》》》 숲 간략 정보

주소 충청남도 태안군 안면읍 안면대로 3195-6
전화 041-674-5019
숙박 시설 숲속의 집 18동, 산림문화휴양관 1동(4실)
예약 숲나들e www.foresttrip.go.kr(매달 1~4일 추첨 신청, 5일 당첨 발표)

숲 주변 돌아보기

》 꽃지해수욕장

안면도자연휴양림에서 5분 거리에 위치한 꽃지해수욕장. 일몰이 유명한데, 특히 겨울에는 붉은 태양이 할미바위, 할아비바위 사이로 떨어져 더욱 아름다운 풍경을 연출한다. 해변을 따라 걷고 싶다면 태안해안국립공원 해변길 중 5코스를 추천한다. 백사장항부터 꽃지해수욕장까지 거리는 12km. 전체 구간을 걷기 힘들다면 일부 탐방로만 걸어도 해안 정취와 솔숲을 느끼기 충분하다.

주소 충청남도 태안군 안면읍 해안관광로 45-10(기지포탐방센터)

》 안면암

안면도에는 역사는 짧지만 아름다운 경관 덕에 널리 알려진 사찰이 있다. 바로 안면암이다. 이곳은 금산사의 말사로 지명스님을 따르던 신도들이 1998년 지은 아담한 사찰이다. 특히 법당 2층에서 바라보는 천수만의 풍경이 일품이다. 앞에 여우섬까지 물이 빠지면 부교를 건너 다녀올 수 있다.

주소 충청남도 태안군 안면읍 여수해길 198-160

해안 생태 여행의 베이스캠프

태안해안국립공원 학암포야영장

온 세상이 고요한 겨울. 숲은 멀리서 보면 조용하지만 파고들면 속닥속닥 움직이고 있다. 그 속에 시나브로 생명이 움트는 중이다. 겨울 바다는 겉보기엔 거칠지만 속은 의외로 평화롭다. 채비를 단단히 하고 살아있는 '자연'을 느끼러 한적한 태안 곰솔 숲으로 나서본다.

한산한 북부 태안에서 편리한 오토캠핑

안면도를 중심으로 한 남부 태안에 비해 북부 태안은 대체로 한산하다. 굽이굽이 해변 길도 위쪽보단 아래쪽 코스가 유명해서 트레킹족도, 캠핑족도 태안 남부로만 몰리는 경향이 있다.

길게 뻗은 태안 해안을 따라 캠핑 장소는 무수히 많다. 그중 국립공원 야영장도 두 곳 있는데 바로 몽산포야영장과 학암포야영장이다. 동계에는 학암포야영장만 운영되며 편의시설 면에서도 앞선다. 학암포는 태안의 가장 북쪽에 위치한 해변으로, 태안해변길 1코스가 시작되는 지점에 위치한다. 바다와 숲, 모두 즐기기 좋은 곳이다.

태안해안국립공원 학암포야영장은 잘 정비된 자동차 야영장으로 사계절 오토캠핑을 즐길 수 있는 곳이다. 구획이 잘 정비되어 있고 바로 옆에 주차가 가능해 사이트 구축도 수월하다. 동계에는 시설 일부만 개방되지만 부족함이 없고,

조용히 걷기 좋은 태안해변길

잘 정비된 학암포야영장 사이트

전기와 온수 사용도 가능하다. 전기자동차 충전소, 무인 식품 냉장고도 설치되어 있다. 캠핑장 바로 옆은 번화하다. 식당, 편의점, 상가들이 있어 편리하다.

학암포야영장에는 느티나무와 벚나무가 유난히 많다. 각 사이트 옆을 문지기처럼 지키고 있어 든든하다. 야영장은 전체 100동 규모로, 오른편으로 일반 사이트(자동차 야영장), 왼편으로 폴딩 트레일러·카라반 전용 사이트를 설치해 다양한 캠핑 수요를 고려했다. 사이트 크기나 간격은 조금씩 다르나 전반적으로 깔끔한 분위기이다.

숙명 같은 해안 생태여행

학암포야영장에서는 생태 여행을 떠나야 할 의무가 있다. 사실 이곳은 2007년 서해안 기름유출 사고 후 침체된 지역 경제를 살리기 위한 방안으로 문을 열었다. 주변에 신두리 해안사구, 두웅습지, 천리포수목원, 만리포해변 등이 있어 동식물 생태 관찰을 하기에 더없이 좋은 조건을 갖추고 있다.

야영장에서 하룻밤을 보낸 후, 길을 나서본다. 바로 코앞에서 태안해변길 1코스 바라길이 시작된다. '바라'는 바다의 고어인 '아라'에서 유래된 명칭이란다. 이름처럼 시원한 바다를 배경삼아 걷기 좋은 길이다. 먼저 만나는 것은 바다가 아니라 '숲'이다. 의외로 포근한 곰솔 숲에 기분이 들뜬다. 내륙 깊은 산 속에서 만나는 소나무와는 다른, 소박하지만 꿋꿋한 의지가 느껴진다. 나무 사이로 빛이 내리면 따스한 생명력이 파고들며 마음이 훈훈해진다. 걸으며 동식물에 대한 설명도 꼼꼼히 읽으면 유익하다. 곰솔 숲이 끝나면 해안 습지가 등장한다. 고요하지만 습지는 살아 숨 쉬는 공간이다.

자연관찰로가 끝나면 해변과 마주한다. 학암포야영장 근처에는 두 곳의 해변이 있다. 야영장 서쪽 해변을 편의상 A해변이라 부르고 야영장 북쪽, 학암포항

1 시원스러운 학암포 B해변
2 보석 같은 곰솔 숲
3 자연관찰로 해안 습지

쪽을 B해변이라 한다. 보통 야영객들은 가까운 B해변에서 많은 시간을 보낸다. 사실은 화력발전소가 배경인 B해변보다 학바위가 있는 A해변이 더 운치 있다. 학암포의 유래가 된 학바위가 자칫 밋밋한 해변 풍광에 포인트가 된다. 바라길은 해변을 거쳐 해안 절벽을 따라 구례포, 먼동, 신두리까지 이어진다. 아이들과 함께라면 곰솔 숲, 자연관찰로, 학암포해변까지가 딱 알맞은 코스이다.

〉〉〉〉 숲 간략 정보

주소 충청남도 태안군 원북면 옥파로 1152-37
전화 041-674-3224
야영 시설 자동차 일반 영지 84동, 폴딩·트레일러 전용 8동, 카라반 전용 8동
예약 reservation.knps.or.kr 국립공원 예약시스템

숲 주변 돌아보기

》신두리해안사구

학암포야영장부터 바라길을 걷는다면 그 종점은 신두리해안사구이다. 천연기념물 제431호로 우리나라 최대 해안사구이다. 길이 약 3.4km, 폭은 최대 1.3km에 이른다. 모래언덕이 바닷바람을 막아 농경지를 보호하고 지하수 저장고 역할까지 해서 동식물의 중요한 서식지가 되었다고 한다. 생태계를 지켜주는 보호막 역할을 한 고마운 모래다.

주소 충청남도 태안군 원북면 신두리 산 263-1

》신두리해안사구센터

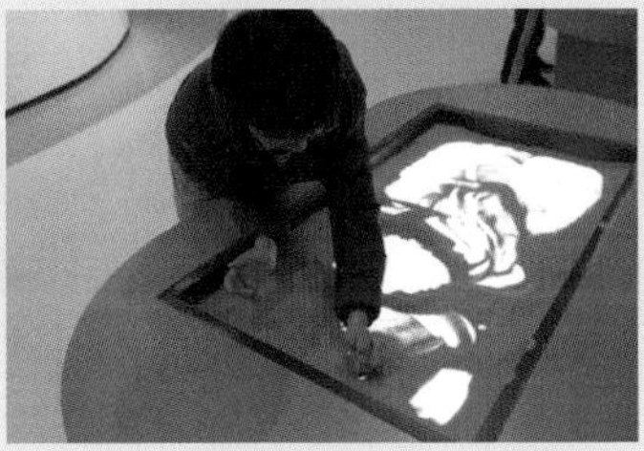

신두리해안사구를 찾는다면 입구의 신두리해안사구센터도 함께 찾아보자. 해안사구의 형성과정, 사구에 서식하는 동식물을 각종 자료와 영상을 통해 만나볼 수 있다. 모래 놀이터, 샌드 아트 등 모래와 친숙해지는 공간도 마련되어 있다.

주소 충청남도 태안군 원북면 신두해변길 201-54 **전화** 041-672-0499

》두웅습지

신두리해안사구와 두웅습지는 불과 1.7km거리. 같이 봐야 할 생태 교육장의 짝꿍이다. 두웅습지는 신두리해안사구로 인해 형성된 습지로 200여 종의 식물과 10여 종의 양서류, 30여 종의 곤충이 서식하고 있다. 이 중에는 멸종 위기의 맹꽁이, 금개구리와 천연기념물 황조롱이도 있다. 자연생태 보존을 위해 환경부가 습지보호지역으로 관리하며 '람사르 습지'에도 등록되었다.

주소 충청남도 태안군 원북면 신두해변길 291-30

해변도 솔숲도 으뜸일세

변산반도국립공원 고사포야영장

조개 덕에 고사포해변과 숲을 알았다. 물 빠진 드넓은 해변은 운동장. 모두 손놀림이 바쁘다. 펄을 쓱쓱 파면 쏙쏙 하얀 얼굴을 내미는 조개들. 허리 아픈 줄도 모르는 즐거운 노동을 하다가 잠시 고개를 든다. 어느새 붉은 단풍 든 해변! 이제 조개는 뒷전. 넋을 잃고 바라본다.

동계 캠핑도 가능한
1등급 해변 캠핑장

2019년, 고사포해변 솔숲을 정비하여 국립공원 야영장이 문을 열었다. 오래전, 조개 캐러 왔던 그 해변이 이렇게 깔끔하게 변신했다니. 소식을 듣자마자 예약부터 한다. 동계 캠핑이 가능한 곳이 많지 않으니 예약이 더욱 치열하다. 전기, 온수 사용하며 포근한 텐트 안에서 바다를 바라보며 캠핑을 즐긴다.

고사포야영장은 자동차 야영장이다. 하지만 차를 바로 옆에 둘 수는 없다. 주차장에 주차하고 짐수레를 이용해 각 사이트까지 짐을 옮겨야 한다. 평지라 그리 부담이 크진 않다. 총 69동의 영지가 있다. 대부분이 마사토 영지인데, 단 두 곳만 데크로 된 무장애 영지이다. 야영장은 가운데 메인 도로를 중심으로 크게 '가'구역과 '나'구역으로 나뉜다. 안쪽이 '가'구역이고 해변 쪽이 '나'구역이다. 당연히 '나'구역이 더 인기가 많다.

야영장 중앙에 화장실 등 편의시설이 모여 있다. 면적이 넓어 안내소 옆과 안쪽 끝에 화장실이 두 개 더 있다. 메인 편의시설동 앞에는 무인 로컬푸드 매장과

거실형 텐트로 동계 캠핑을 즐길 수 있는 고사포야영장

아이들의 집합 장소, 흔들그네

흔들그네도 있다. 캠핑장 아이들의 집합 장소이기도 하다. 그네 옆에는 '느린 우체통'도 있다. 아이와 함께 편지를 써서 남기면 잊을 만할 때 도착해 의외의 선물이 된다.

안쪽 '가'구역 영지는 바다와 거리가 있지만 솔숲 아래 캠핑 분위기를 느끼기에 부족함이 없다. 편의시설동과 해변 사이 솔밭에 '나'구역 영지가 아늑하게 자리한다. '나'1~5번, '나'19~22번은 입구와 옆의 사설 민박, 식당에 접해 있어 조금 불편할 수 있다. 담장으로 경계가 있지만 성수기에는 야영객과 민박객이 섞여 혼잡이 예상된다.

고사포야영장의 명당은 텐트에 앉아서 선셋을 즐길 수 있는 해변가 '나'구역이다. 특히, 바다에 바로 접해 있는 '나'9~14번은 평일에도 빈자리가 없을 정도이다. 소나무 사이사이로 푸른 바다가 눈에 들어오고 잔잔한 파도 소리가 귓가에 맴도는 캠핑 스폿! 저녁 먹고 가만히 앉아서 즐기는 환상적인 일몰은 말해 뭐할까?

해루질하다
일몰과 마주하다

고사포야영장의 송림은 해변을 따라 펼쳐져 있다. 해송 특유의 구불구불한 곡선이 그 사이에 자리한 텐트를 빛나게 한다. 햇빛은 차단해 주고 바람은 통과시켜 쾌적한 캠핑이 가능하다.

송림 안쪽에 최근 '바람채'란 예쁜 이름의 솔막도 개장했다. 텐트가 없을 때 이용하면 좋겠다. 바람채 모습을 보면 텐트가 있어도 욕심이 난다. 조금 더 편하게 고사포 솔숲과 바다를 즐기고 싶거나 부모님 모시고 오고 싶다면 단단히 욕심내 보자.

드넓은 고사포해변 백사장

바람채에서 텐트 없이도 캠핑을 즐길 수 있다.

고사포해변은 2km가 넘는 백사장과 완만한 경사, 맑은 물로 해수욕 시즌에는 일등 피서지이다. 해변은 약간의 펄과 단단한 모래가 섞여 있다. 여느 해변처럼 쑥쑥 빠지는 펄이 아니라 아이들과 조개 캐기에도 안전하다. 물때가 되면 어디선가 사람들이 몰려든다. 포인트 찾을 때까지가 힘들지 일단 찾았다 하면 금은보화처럼 조개가 막 쏟아진다. 더 멀리 나가다 보면 어느새 하섬이 코앞으로 다가온다. 저녁 6시. 벌써 고사포 해변은 수줍게 물들어 있다. 잠시 해루질을 중단하고 휴대폰을 꺼내 든다. 찍고 또 찍어도 질리지 않을 노을이니 오랫동안 감상한다.

》》》 숲 간략 정보

주소 전라북도 부안군 변산면 운산리 441-11
전화 063-582-7835
야영시설 69동 영지(무장애 데크 2개, 마사토 67개)
예약 reservation.knps.or.kr 국립공원 예약시스템

숲 주변 돌아보기

》 청자박물관

부안 유천리에는 대표적인 청자 가마터가 있다. 아름다운 비색을 뽐내며 서 있는 청자박물관도 있다. 박물관은 전시동과 체험동, 야외공원으로 나뉘는데 전시동부터 보면서 야외까지 즐기면 좋다. 청자 제작과정을 살펴보고 직접 만지고 느껴보는 체험까지 할 수 있어 유익하다.

주소 전라북도 부안군 보안면 청자로 1493 **전화** 063-580-3964 **홈페이지** www.buan.go.kr/buancela/index.buan

》 내변산 직소폭포

초봄 변산반도에는 봄을 알리는 변산바람꽃이 피어난다. 그 변산바람꽃도 만날 겸 직소폭포 산책길에 나서본다. 우선 내변산탐방센터를 찾아가면 된다. 초입에 변산바람꽃 개방 자생지가 있다. 대숲길을 지나 시원한 직소폭포까지 다녀온다. 직소폭포도 좋지만 중간에 직소보 전망대에서 바라본 내변산 반영은 두고두고 기억에 남는다.

주소 전라북도 부안군 변산면 실상길 52 **전화** 063-584-7808

》 채석강

변산 하면 가장 먼저 생각나는 곳이 채석강이다. 천연기념물 제28호로 바닷물에 침식되어 퇴적된 절벽이다. '수만 권의 책을 쌓았다'는 이름처럼 세월이 겹겹이 쌓여 있다. 하루 두 번 간조 때를 기준으로 두 시간 전후가 둘러보기 좋다.

주소 전라북도 부안군 변산면 격포리

별을 닮은 섬, 휴양림 스타(star)가 되다

신시도자연휴양림

군산에 스타가 탄생했다. 그 스타는 2021년 봄에 태어나, 승승장구 하는 중이다. 오랫동안 왕좌를 지켜온 변산자연휴양림을 제치고 당당히 성수기 추첨제 경쟁률 순위에서 1위를 달성한 신시도자연휴양림이 그 주인공이다. 누가 스타 아니랄까, 땅도 건물도 별 모양이다. 이곳에서 하룻밤 묵어가는 당신은 예약의 달인, 아니 별인이다.

고군산군도, 또 하나의 명소

2021년 3월, 새만금의 도시 군산에 마흔세 번째 국립 휴양림이 문을 열었다. 크고 작은 24개 섬이 옹기종기 모여 있는 '고군산군도'의 가장 큰 섬, 신시도에 등장한 자연휴양림. 해안선을 따라 자리한 100% 오션 뷰의 숙박 시설이라니, 그 데뷔부터 관심을 끌었다. 오픈 때부터 예약 경쟁이 치열했고 지금도 그 열기는 식지 않고 있다.

'해, 달 그리고 별'이란 콘셉트로 지어진 신시도자연휴양림을 하늘에서 내려다 보면 신기하게도 별을 닮았다. 그래서 커뮤니티센터도 별을 형상화한 건물이다. 센터 앞 포토 존도, 그 앞 전망대도 모두 별 모양이다. 밋밋한 네모 건물이 아니라 독특하고 참신하다. 신시도 월영봉과 대각산 전망대에서 고군산군도와 새만금방조제가 한눈에 들어온다. 이제 그 아름다운 풍경 속에 신시도자연휴양림도 한몫하게 되었다.

개장 때부터 이어진 예약 열기는 추첨제 경쟁률에서 여실히 드러난다. 그동안 왕좌에 있던 변산자연휴양림을 밀어내고 1위가 된 후, 평일도 공실이 없을 정도

해, 달, 별 콘셉트로 꾸며진 신시도자연휴양림

로 예약률 1위의 자리를 지키고 있다.

어디서든 오션 뷰

안내센터 뒤로 가서 해안선을 따라 이동한다. 숙박 시설이 모두 바다를 바라보고 앉아 있다. 숲속의 집 총 28동, 산림문화휴양관 두 동(28실)이 있는데 바다가 보이는 정도는 조금씩 다르나 모두 오션 뷰이다. 숲속의 집은 신시도 해안에 서식하는 '게'를 형상화한 디자인이란다. 바다 위의 배를 더 닮은 듯도 하다. 일방통행로를 따라가면 첫 번째 객실인 해오름달 1호, 2호가 나온다. 이곳에서는 어느 객실을 선택해도 바다가 보이지만 이 두 개의 객실에서만큼은 바다가 안 보인다. 엄밀히 말하면 안 보이는 게 아니라 바닷물이 거의 들어오지 않는 끄트머리라 오션 뷰로 느껴지지 않는다. 다음 객실인 시샘달 1호, 2호부터는 방향이 틀어져 조금씩 바다가 보이기 시작한다. 객실 배치는 별 모양의 해안선을 따

1 최고 인기 객실, 견우직녀달
2 2층 높이의 필로티 객실
3 해안선 따라 배치된 숲속의 집

라 해오름달, 시샘달, 누리달, 타오름달, 매듭달 등 달 이름을 한 객실이 자리한다. 베란다 오션 뷰는 앞의 나무에 따라 개방감이 조금씩 차이가 난다. 특히, 견우직녀달 객실은 방해 요소가 없는 뻥 뚫린 뷰라 가장 인기가 많다.

달 이름 객실들이 해안선에 붙어 있는 것에 비해, 길 건너 2층 높이에 자리한 객실도 있다. 이 객실은 관리도, 무녀도, 대장도, 선유도라는 고군산군도의 섬 이름을 달고 있다. 달 이름 객실과 비교해 바다와 거리감은 있으나 앞의 객실 사이사이에 배치되어 바다를 보는 데에는 문제가 없다.

모서리를 세 번 돌면 별 모양의 커뮤니티센터가 등장한다. 그 안에 단출한 카페와 도서관, 운동 시설, 특산물판매장 등이 있다. 커뮤니티센터 뒤의 해안 광장에서는 고군산군도를 파노라마로 마주할 수 있다. 커뮤니티센터를 지나 나오는 가온, 누리, 다온, 라온이라는 예쁜 이름의 객실은 5인실로 장애인 우선 예약 객실이다. 그리고 등장하는 우주선 닮은 신기한 모양의 건물이 산림문화휴양관이다. 상현달이란 휴양관이 먼저 나오고 야외무대를 지나 하현달이란 휴양관이 나온다. 반달을 형상화한 휴양관은 입구에서 보면 우주선처럼 둥글고 바닷가에서 보면 뚫린 모양이라 재미있다. 특히, 1층 객실에는 복층 구조의 5인실이 있는데 아이 있는 가족이 좋아한다. 또 휴양관은 숲속의 집보다 베란다가 넓어 단독 숲속의 집보다 휴양관을 선호하는 사람도 생겼다.

별 모양의 커뮤니티센터

반달을 형상화한 휴양관

고군산군도를 파노라마로 보는 해안 광장

이곳의 객실은 대다수가 원룸형 4인실이다. 화장실 밖에 세면대가 따로 있어 편리하다. 최근에 지어진 휴양림답게 인테리어나 조명도 세련되었다. 아쉬운 것은 좁은 베란다. 이곳의 최대 매력인 '오션 뷰'를 누리기에는 조금 미흡해 보인다. 바다에 직면해 작게 설계한 사정이 있었을 것으로 짐작되지만 못내 아쉬운 것은 어쩔 수가 없다. 그래도 머무는 내내 창밖만 바라보게 된다. 주방에서도 오션 뷰를 누리며 즐겁게 설거지한다. 밤에는 쏟아지는 별 비를 맞고 낮에는 뱃고동 울리며 조업 나가는 배들을 격려한다. 아침에는 끼룩대는 갈매기 노랫소리를 들으며 커피를 마신다. 날씨에 따라, 시간에 따라 변신하는 카멜레온 같은 24시간이다.

베란다에서 붉은 황홀경

신시도자연휴양림에서는 어디서든 멋진 일몰을 만날 수 있다. 오션 뷰 객실에서 저녁 먹다가 고개를 들면 어디서든 붉은 바다와 마주한다. 온몸으로 일몰을 맞고 싶으면 태양 전망대에 올라보자. 휴양관 하현달 옆으로 오른다. 가는 길에는 귀여운 꽃도 피어 있다. 타오르는 태양처럼 전망대도 강렬하다. 붉은 태양과 전망대를 수놓은 붉은 빛 그리고 등대까지, 차분히 하루를 정리하기 좋

1 신시도자연휴양림의 낭만적인 일몰
2 전기자전거로 신시도를 한 바퀴 도는 가족

다. 뒤를 돌아보니 휴양관 하현달 위에 진짜 하현달이 쌍둥이처럼 빛나고 있다.

신시도자연휴양림은 쾌적한 휴양공간을 만들기 위해 배기가스 배출을 최소화한 '친환경 휴양림'으로 조성되었다. 전기차 충전소는 물론이고 주차 공간 위에 태양광 발전판도 있다. 또 전기자전거를 대여해 가족 모두 즐겁고 안전하게 신시도를 돌아볼 수 있다.

산책로에 어려운 코스는 없다. 원형 전망대는 관리소 옆, 커뮤니티센터 앞, 휴양관 앞 주차장 등 어디서든 접근이 가능하다. 올라서면 너른 바다와 커뮤니티센터의 별 모양 지붕이 선명하게 눈에 들어온다. 방향을 바꾸면 대각산 전망대까지 올려다 보인다.

〉〉〉〉 숲 간략 정보

주소 전라북도 군산시 옥도면 신시도길 271
전화 063-464-5580
숙박 시설 숲속의 집 26동(4인실 22동, 5인실 4동), 산림문화휴양관 2동(26실)
예약 숲나들e www.foresttrip.go.kr(주말, 여름 성수기 추첨/그 외 기간은 수요일 9시부터 선착순)

》선유도해수욕장

신시도에서 고군산대교, 선유대교를 건너면 신선이 노닐던 해변 선유도를 만날 수 있다. 해변에서 바라보는 망주봉이 이국적인 풍경을 그려낸다. 해변을 가로지르는 집라인은 선유도의 신나는 체험 거리. 새처럼 날아오르는 색다른 경험을 해 보자.

주소 전라북도 군산시 옥도면 선유도리

》군산근대역사박물관

아이들과 신시도자연휴양림을 간다면 장미동에 위치한 군산근대역사박물관부터 들러보자. 군산의 지역사, 특히 식민 수탈의 중심지였던 아픈 역사를 되새겨 볼 수 있다. 1층에는 해양물류박물관과 어린이박물관이 있다. 2층은 독립영웅관, 3층은 근대생활관으로 구성되어 있다.

주소 전라북도 군산시 해망로 240 **전화** 063-454-7870

》군산근대화거리

군산근대역사박물관 주변으로 근대화거리가 조성되어 있다. 주변은 군산세관, 조선은행을 비롯한 근대 건축물의 전시장이다. 쌀 수탈을 위해 사용되던 창고가 다목적 공연장으로, 1930년대 건설된 무역회사 건물이 커피집으로 변신했다. 길 건너에는 영화 '8월의 크리스마스' 촬영지인 초원사진관이 그대로 남아 있어 인증샷도 남기고 간다.

주소 전라북도 군산시 구영2길 12-1

바다 향을 품은 난대림

완도자연휴양림

슬슬 겨울 준비에 들어가는 11월. 나뭇잎의 엽록소가 파괴되며 단풍이란 이름으로 미화될 즈음에도 초록빛이 가득한 곳이 있다. 제주도에서나 볼 수 있다 생각했던 반짝이는 난대림 천국. 녹색 숲에 따스한 바다향이 배인 그 섬은 웃음 짓는 완도(莞島)란다.

섬들이 올록볼록 떠 있는 다도해

장거리 여행의 피로가 웃음으로 바뀌는 섬

우선 완도행을 위해선 큰 결심이 필요하다. 수도권뿐 아니라 전국 어디에서 출발해도 만만치 않은 거리이다. 국토의 종착점일 것 같은 땅끝 해남을 지나서도 또 완도대교를 넘어간다. 그래도 장거리 운전을 감수하며 그 멀고 먼 섬으로 달려가는 원동력이 있으니, 바로 푸른 바다와 올록볼록한 섬의 귀여운 하모니, 풍부한 먹거리, 건강하게 빛나는 녹색 숲이다.

작은 섬이 송송 떠 있는 다도해. 이제 다리가 놓여 섬 아닌 섬이 꽤 많다. 완도읍이 있는 본섬도 그렇고 명사십리 해변이 있는 신지도, 장보고대교 건너 고금도도 그렇다. 배를 타지 않고 섬으로 가는 일은 두근거림은 덜하지만 참 편리한 방법이다. 미역, 전복 등이 자라는 청정 남해를 즐기는 섬 여행을 계획해 보자.

완도여객선 터미널에서 슬로시티 청산도까지 뱃길로 50여 분, 3대 전통정원 중 하나인 세연정이 있는 보길도 역시 노화도를 거쳐 금방 닿는다. 섬 여행으로 지친 몸을 이끌고 마지막은 난대 숲에서 하룻밤을 보내는 환상적인 계획도 세운다.

바다가 보이는 난대 숲의 휴양림

2018년, 완도 상왕산 중턱 바다가 내려다보이는 곳에 완도 자연휴양림이 문을 열었다. 장보고 정신이 숨 쉬는 청해진 앞바다에서 멋진 봉우리가 두 개 보인다. 산 중턱까지는 녹색 빛 난대림이고 산꼭대기는 바위와 단풍으로 물들어 있는 신기한 상왕산이다. 휴양림은 상왕산 중턱에 자리해 꽤 오래 꼬불거리는 산길을 올라야 한다. 가능하면 해가 떠 있을 때 입실하는 것이 좋다.

완도자연휴양림은 참 아담하다. 숙박 시설은 숲속의 집 열 동이 전부다. 산림문화휴양관도 야영장도 없다. 숲속의 집도 복층형인 10인실이 두 동, 가족이 이

한눈에 들어오는 아담한 완도자연휴양림

바다를 바라보는 숲속의 집 10인실

숲속의 집 5인실

다정큼나무 앞의 전망대

용하기 좋은 5인실 여덟 동이 있다. 숲속의 집은 모두 동백나무, 생달나무, 후박나무 등 난대림 대표 수종의 이름을 달고 있다. 관리소를 지나자마자 동백나무, 붉가시나무란 이름의 10인실 두 동이 바다를 향해 서 있다. 신기하게도 건물 앞에 바위들이 포진하고 있는데 이곳은 모험심 강한 아이들의 놀이 무대가 된다.

붉가시나무 동을 지나 후박나무, 참식나무, 굴거리나무 세 동이 나란히 나온다. 위로 오르면 주차 공간과 나머지 5인실 숲속의 집이 포진해 있다. 앞에 다정큼나무, 황칠나무, 가장 안쪽에 생달나무 방이 있다. 그리고 마지막으로 가장 윗단에 완도호랑가시나무, 구실잣밤나무 방이 자리한다. 10인실은 모두 오션 뷰이고 5인실 중에서는 호랑가시나무, 다정큼나무, 굴거리나무 방에서 바다가 보인다. 이 중에서도 다정큼나무가 가장 시원하게 바다가 보여 인기가 많다. 나머지 방은 숲속 뷰라 바다를 보려면 밖으로 나와야 한다. 다정큼나무 방 앞에 전망대가 있는데 바다를 보려는 사람들이 이곳에 모인다. 다정큼나무 방의 유일한 단점은 전망대에 모인 사람들로 조금 시끄러울 수 있다는 것이다.

방 안에서 맞이하는 일출

완도자연휴양림에서는 고금도와 신지도 사이의 푸른 바다가 내려다보인다. 고금도와 신지도를 연결하는 다리, 장보고대교가 선명하게 눈에 담긴다. 6주 전, 손 떨어가며 예약한 다정큼나무 방. 들어서는 순간, 장거리 운전의 피곤함과 날씨 때문에 조급해진 마음이 한순간에 사라진다. 그야말로 오션 뷰! 이렇게 방 안에서 편하게 누리다니. 밥 먹으면서도 바라본다. 문을 열고 나가면 전망 좋은 카페 테라스가 부럽지 않다. 게다가 맑은 날은 일출이 그대로 눈에 들어온다. 앉아서, 아니 누워서도 볼 수 있는 다도해의 아름다운 일출. 첫날은 깜깜이 안개로 일출은 실패했다. 하지만 연박의 행운으로 다음날은 오메가 일출은 아니지만 구름 사이로 밀당하듯 해맞이를 했다. 황홀한 풍경 속에 나지막하게 소원도 빌어본다.

다정큼나무 베란다에서 맞이하는 일출

1 숲속 놀이터
2 녹색 가득한 난대림 산책

난대림의 성지, 완도자연휴양림에 머물면 사계절 녹색 숲을 만끽할 수 있다. 붉가시나무, 참식나무, 다정큼나무 등은 이젠 꽤 친숙해진 이름들. 합다리나무, 곰의말채나무 등 생소한 이름도 보고 나무도 꼼꼼히 살펴본다. 삼나무 숲속 놀이터. 제주스럽다. 아니 완도스럽다. 난대 숲은 반짝반짝 빛난다. 유난히 두껍고 넓은 녹색 잎사귀를 자꾸 만져보고 싶다. 휴양림을 한 바퀴 도는 난대 숲 산책로에는 매트가 깔려서 누구나 걷기 좋다. 어디선가 살살 불어오는 바람. 그 바람은 숲속에 바다의 향기를 실어 나른다. 뭔가 상큼하면서도 짭조름한 진녹색이 마냥 좋다. 여력이 있다면 상왕봉 등산에 도전해보자. 코스마다 차이는 있지만 대략 40~50분 땀을 흘리면 상왕봉에 닿는다. 숙소 앞에서 바라보던 바다와는 또 다른 가슴 시원한 파노라마를 느끼며 완도 여행을 마무리한다.

〉〉〉〉 숲 간략 정보

주소 전라남도 완도군 완도읍 대야일구1길 115
전화 061-550-3570
숙박 시설 숲속의 집 10인실 2동, 숲속의 집 5인실 8동
예약 숲나들e www.foresttrip.go.kr(매주 수요일 9시 선착순)

숲 주변 돌아보기

》청해진유적지·장보고기념관

장좌리 마을에는 1200여 년 전, 해상왕 장보고의 기상이 어린 청해진유적이 자리한다. 완도자연휴양림 입구에 위치해 여기 머문다면 필수 코스. 그 옛날 바다를 호령한 장보고의 생애와 각종 유물을 장보고기념관에서 살펴볼 수 있다. 장보고체험실에서 활쏘기도 하며 즐거운 시간을 보낸다.

주소 전라남도 완도군 완도읍 청해진로 1455 **전화** 061-550-6930

》구계등

다도해해상국립공원 안에 위치한 정도리 구계등은 바다 정취와 숲을 동시에 느낄 수 있는 곳이다. 명승 제3호로, 크고 작은 돌이 층층이 모여 아홉 개의 계단을 이룬 듯해 구계등이란다. 무장애 탐방로 따라 파도와 돌이 만드는 하모니를 들으며 편하게 걷는다. 푸르고 울창한 방풍림도 걸어보자. 동백나무, 참식나무, 새우나무 등 상록수와 단풍나무가 어우러진 우아한 숲이 아주 일품이다.

주소 전라남도 완도군 완도읍 정도리 152

》완도수목원

한국에 하나뿐인 난대수목원인, 완도수목원이 완도자연휴양림 옆에 있다. 정확하게는 산 너머에 있다. 휴양림 숙박객은 무료 입장이 가능하니 꼭 숙박 영수증을 챙겨 다녀오자. 2050㎡의 면적에 호랑가시나무, 황칠나무, 동백나무 등 다양한 난대성 나무와 식물 770여 종이 자생하고 있다. 수목원 수변 데크 길도 가을 여운을 느끼며 걷기 좋다.

주소 전라남도 완도군 군외면 초평1길 156 **전화** 061-550-3500

해안 리조트형 휴양림의 원조

변산자연휴양림

파격이었다. 산속이 아닌 바닷가에 휴양림이라니. 개장 당시만 해도 최초였다. 통나무집이 아닌 리조트형 휴양림. 수려한 변산반도에 오션 뷰의 변산자연휴양림이 개장한다는 소식을 듣고 가만히 있을 수가 없었다. 숲속 휴양림만 다니다가 바다를 바라보며 럭셔리한 분위기를 만끽하니 정말로 호텔, 리조트가 부럽지 않다. 이후 변산자연휴양림은 해변 리조트형 휴양림의 선구자가 되었다.

국내 최초의 해안 리조트형 휴양림

2015년 변산반도에 국립 자연휴양림이 문을 열었다. 숲과 바다를 동시에 느낄 수 있는 입지를 내세우며 새로운 가치의 산림 휴양 서비스를 지향하겠다 했다. 변산자연휴양림은 변산면과 진서면의 경계에 있는 쌍계재 주변에 위치한다. 30호 국도와 인접하고 서해안고속도로 줄포나들목에서 20분 이내에 닿을 정도로 접근성이 좋다. 부안은 변산해변, 채석강, 내소사, 염전, 갯벌 등 관광 인프라가 풍부하고 변산반도국립공원의 천혜의 자연경관을 두루 즐길 수 있어 사계절 인기를 끄는 곳이다. 이런 부안을 돌아보기에 딱 좋은 위치에 자리하고 있으니 며칠 머물며 두루두루 변산반도를 느끼고 싶어진다.

개장 초기에는 산림문화휴양관 두 동 밖에 없었다. 이후 트리하우스 형태의 숲속의 집이 문을 열었고 또 몇 년 후 리조트 풍의 연립동이 추가되었다. 그중에서도 산림문화휴양관의 외관이 리조트 분위기를 주도한다. 바다를 향해 자리한

리조트 같은 산림문화휴양관

지중해풍의 2층 건물이 눈에 확 들어온다. A동, B동이 나란히 서 있는 휴양관에는 5인실이 주를 이루고 7인실과 9인실도 몇 개 있다. 객실에서는 모두 바다가 눈에 들어오는데 이왕이면 2층 객실이 더 시원스럽다.

숲속의 집은 독립성 면에서 휴양관보다 인기가 있는 건 당연지사. 변산자연휴양림 숲속의 집은 국립 휴양림 추첨 경쟁률 순위에 매번 상위에 랭크되며 뉴스에도 등장했을 정도다. 열 동의 트리하우스가 휴양림 가장 높은 곳에 위치한다. 군산항, 비응항, 신시도항, 격포항 등 전라북도에 위치한 항구 이름의 5인실 네 동이 먼저 나온다. 이름이 항구라서 그런지 외관에서 배가 연상된다. 이곳은 짐을 옮기고 주차 공간으로 차를 이동해야 한다. 다음으로 역시 항구 이름을 단 고사포항, 궁항, 모항, 곰소항 5인실 숲속의 집이 등장하는데 이곳은 차를 옆에 둘 수 있어 편의성 면에서 유리하다. 아쉬운 것은 바다 정면 조망은 아니라는 것. 측면으로 바다가 살짝 보이고 정면으로는 휴양림 전경이 한눈에 들어온다. 트리하우스 5인실은 별도의 방이 없는 원룸형 구조이고, 곰소항 옆에 위치한 구시포항은 8인실이다. 조금 더 오르면 방향을 조금 틀어 자리한 위도항이 있다. 이곳도 8인실인데 바로 이 위도항 객실이 매번 성수기 추첨에서 1등을 차지하는 주인공이다. 시원스러운 오션 뷰. 꿈의 객실이다.

변산자연휴양림 최고 명당이라는 위도항 객실

지중해 풍의 연립동

숲속의 집으로 가기 전 산비탈에 가장 최근에 개장한 연립동 다섯 동이 자리한다. 연립동도 휴양관처럼 지중해풍 분위기이다. 주변에 작은 꽃밭이 가꿔져 전원주택 같은 느낌도 준다. 5인실인데 독립된 방이 있고 널찍하다. 방 이름도 우럭, 낙지, 바지락, 주꾸미 등 친숙한 해산물 이름이라 참 정겹다. 가장 위의 바지락과 가오리, 주꾸미와 망둥어는 장애인 우선 예약 객실로 문턱이 없고 침대, 전동 블라인드, 비상벨 등이 있다. 연립동은 바다를 향하고 있어 날씨가 좋으면 바다가 잘 보인다.

변산자연휴양림의 산림문화휴양관, 트리하우스(숲속의 집), 연립동을 모두 경험해 보니 오션 뷰를 중시한다면 숲속의 집 위도항이 1순위이다. 위도항 예약이 힘들다면 휴양관이나 연립동이 2순위이다. 독립성이 최우선이라면 위치에 상관없이 숲속의 집을 예약하는 것이 좋다. 개인적으로 구조는 원룸형인 트리하우스보다 방이 따로 있는 연립동이 마음에 들었다.

행운에 누리는 오션 뷰

변산자연휴양림 숲속의 집에 당첨되다니. 이게 꿈인가 생시인가? 비록 경쟁률이 가장 높은 '위도항'은 아니지만 한 해를 마무리하며 이곳에 머물 수 있다는 것만으로도 엄청난 행운이었다. 해루질 좋아하는 친정 엄마와 함께했는데 아쉽게도 변산자연휴양림 내 갯벌은 안전상 문제로 해산물 채취는 금지이다. 대신 근처 모항 체험장이나 고사포해변으로 가면 화수분처럼 나오는 조개를 캐며 즐거운 시간을 보낼 수 있다.

휴양관 앞에는 수영장과 어린이 잔디 마당이 있다. 아이들은 여름에는 신나게 수영하고 그 외 계절에는 잔디 마당에서 뛰어논다. 휴양관 앞의 데크를 따라 바

전망대 주변 습지관찰원과 해변

다로 나가면 바다를 가까이서 느낄 수 있는 전망대가 있다. 전망대 주변에는 습지관찰원이 조성되어 있어 갈대, 해당화, 갯잔디 등 해안 식물을 관찰하며 걷기 좋다. 바다를 향한 포토 존에서 가족사진도 남기고 간다. 변산자연휴양림 앞바다는 시시각각 변신한다. 밀물 때라면 시원스러운 바다 풍광을 선사하고 썰물 때라면 검고 투박한 갯벌로 쓸쓸함을 그려낸다. 머무는 내내 두 얼굴의 바다를 감상하는 맛이 있다.

일몰도 감상할 수 있다. 오션 뷰의 방에서도 좋지만 완벽한 일몰을 보러 위도항 객실 바로 위에 위치한 또 다른 전망대로 간다. 맑은 날에는 건너편 고창 앞바다까지 훤히 보인다. 당첨 운은 있었지만 날씨 운은 없었는지, 찾을 때마다 미세먼지로 뿌연 바다만 마주해 정말 아쉬웠다.

이곳의 산책로는 숲의 깊은 맛은 부족하지만 산허리를 따라 가족과 걷기 좋다. 매트가 깔린 길도 있고 흙길도 있다. 돌이 많고 미끄러우니 편한 신발을 신는 게 좋다. 변산마실길도 변산자연휴양림을 지난다. 변산마실길 여덟 개 구간 중,

변산자연휴양림 산책로

숲속 쉼터

6코스 중간지점이 휴양림이다. 길고 조금 힘든 코스이니 트레킹족만 욕심내 보자. 그 외 가족은 휴양림 안에서만 즐겨도 충분하다. 휴양관 옆, 숲속 쉼터에서는 아이들이 미니 집라인을 타며 신나는 시간을 보낸다. 아이들이 뛰노는 모습과 바다를 동시에 보며 쉼터에 앉아 여유를 느끼는 시간. 운 좋은 하루가 더 길었으면 좋겠다.

〉〉〉〉 숲 간략 정보

주소 전라북도 부안군 변산면 변산로 3768
전화 063-581-9977
숙박 시설 숲속의 집 10동(5인실 8동, 8인실 2동), 산림문화휴양관 2동(23실), 연립동 5동(10실)
예약 숲나들e www.foresttrip.go.kr(주말, 여름 성수기 추첨/그 외 기간은 수요일 9시부터 선착순)

숲 주변 돌아보기

》내소사

전나무 숲길이 유명한 사찰 내소사가 변산자연휴양림에서 11km 거리에 있다. 일주문부터 천왕문까지 푸른 전나무 숲 터널을 상쾌한 발걸음으로 통과한다. 전나무 숲이 끝나면 벚나무 터널이 기다리고 있다. 벚나무와 함께 은행나무와 느티나무가 있어 봄이라면 분홍길이고 가을이라면 노란 길이 펼쳐진다. 내소사 대웅전으로 가는 길, 'ㄱ'자로 굽은 소나무도 인상적이다. 대웅전의 꽃무늬 창살에서 느껴지는 담백함에 미소가 지어진다.

주소 전라북도 부안군 진서면 내소사로 243 **전화** 063-583-7281

》곰소염전

부안 진서리에 위치한 곰소염전은 천일염 생산지이다. 변산자연휴양림에서 젓갈정식을 맛보러 향한다면 가는 길에 자연스럽게 지나친다. 보통 3월에서 10월까지 소금이 생산된다. 곰소만은 입지 조건상 미네랄이 풍부하단다. 한국의 우유니 사막이라고 할 정도로 이국적인 풍광이 펼쳐지니 사진도 한 장 남겨 보자.

주소 전라북도 부안군 진서면 곰소리

》부안누에타운

부안에는 곤충과학관과 탐험관, 체험관, 수변학습장 등 누에를 모티브로 한 종합 타운이 있다. 세계의 다양한 누에나방 60여 종을 전시하는데, 100만 배 확대 가능한 현미경으로 누에나방의 자세한 모습을 살펴볼 수도 있어 아이들이 신기해한다.

주소 전라북도 부안군 변산면 참뽕로 434-20 **전화** 063-580-4082

첫사랑, 편백 숲

남해편백자연휴양림

첫 단추를 잘 끼워야 한다. 우리 가족에게 휴양림이란 이런 곳이란 걸 알려준 남해편백자연휴양림. 첫 경험이 강렬했으니 이렇게 오랜 휴양림 생활이 이어지지 않았을까? 매번 텐트 생활만 하던 초보 캠퍼에게 상쾌한 편백 숲 통나무집은 그야말로 '궁전'이었다. 초록 비가 내리는 편백 숲과 통나무집 처마 밑에서 빗소리를 들으며 다짐했다. 이제부터 숲만 찾아다니기로.

1 금산에서 바라본 아름다운 한려해상국립공원
2 전 국민의 여행 로망, 남해

편백 숲, 바다에 대한 로망을 품은 여행지

경상남도 남해는 지리적으로는 수도권에서 멀지만 휴가를 내서 여행을 간다면 누구나 가고 싶어하는 곳이다. 남해는 크고 작은 섬이 모인 집합체로 주변이 온통 따스한 민트 빛이다. 남해대교와 삼천포대교 주변, 금산 등이 모두 한려해상국립공원으로 아름다운 풍경이 보장되는 곳이다. 대부분 크게 인식하지 못하지만 사실 남해는 섬이다. 하동 쪽에서 남해대교 또는 사천에서 창선·삼천포대교를 건너 들어간다. 그래서 남해군도 보물'섬'이라 홍보한다.

전 국민이 여행 로망을 품은 대상, 남해에는 상큼함이 가득한 숲이 있다. 바로 이름부터 '편백'이 당당하게 들어가는 남해편백자연휴양림이다. 편백나무는 추위에 약한 난대성 수목이라 제주도를 비롯한 남부 일부에서만 자란다. 그 귀한 편백 숲이 남해군 삼동면 금산 자락에 자리하고 있는 것. 1960년대부터 조림(造林)된 편백나무와 삼나무 숲에 1998년 국립 자연휴양림이 개장했으니 그 숲의 역사도 오래되었고 켜켜이 명성도 쌓였다. 현재는 변산자연휴양림이나 신시도자연휴양림 등의 해안형 휴양림이 여름 성수기 추첨에서 높은 경쟁률을 자랑하지만, 원래 성수기 추첨의 전통 강자는 '남해편백자연휴양림'이었다. 최근 하동 편백자연휴양림과 사천케이블카자연휴양림이 개장하면서 '편백 숲'이란 특수성이 조금 흐려지기도 했지만 그래도 '구관이 명관'이라고 그 명성은 어디 가지 않았다.

편백 숲에 자리한 다양한 시설들

남해편백자연휴양림이 자리한 내산마을에는 내산 저수지가 운치를 더한다. 각종 곡식이 익어가는 들판을 지나면 휴양림 입구가 나온다. 먼저, 매표소를 지나면 큰 주차장과 특산물 판매장이 눈에 띈다. 이곳을 기준으로 휴양림은 크게 오른쪽 숙박 지구와 왼편 숙박, 야영장 지구로 나눌 수 있다.

남해편백자연휴양림은 다른 휴양림에 비해 유난히 4인실이 많은 곳이다. 가족 단위가 많이 찾기 때문일 것이다. 오른쪽 숙박 지구에는 4인실 숲속의 집 20동이 쭉 자리한다. 도로보다 한 단 위에 있어서 장애인 우선 예약 객실 몇 채를 제외하고는 계단을 올라야 한다. 가장 먼저 나오는 떼섬부터 가장 안쪽의 대초

숲속의 집은 대부분 길에서 한 단 위에 자리한다.

장애인 우선 예약 객실인 12호 팔섬

도까지, 모두 주변 섬 이름으로 되어 있다. 9호 미조도 숲속의 집을 지나면 두 갈래 길로 나뉜다. 하단 숲에 나란히 있는 10호 소치도, 11호 형제도, 12호 팥섬은 장애인 우선 객실이라 완만한 데크길로 진입로가 조성되어 있다. 상단의 13호 소초도부터 17호 추도까지는 계단을 올라 자리한다. 18호 곡두섬, 19호 장구도, 20호 대초도는 더 안쪽에 배치되어 있는데 특히 20호는 길에서 보이지 않을 정도로 안쪽 깊숙한 곳에 있다. 가장 독립적인 대신에 짐 옮기기는 가장 먼 곳이라 하겠다.

다시 입구로 돌아와 이번에는 왼편으로 간다. 먼저 야영장이 나온다. 20개의 데크가 편백 숲 안에 아늑하게 자리한다. 최근 편의시설동이 새로 지어지고 전기 사용도 가능해져 편의성이 업그레이드 되었다. 편백 향을 가까이서 느낄 수 있는 훌륭한 캠핑지이다.

야영장 앞에는 최근 연립동에서 숲속의 집으로 변신한 객실 네 동이 자리한다. 비자, 굴피, 유자, 후박이란 남쪽에서 친근한 나무 이름으로 주황색 지붕의 하얀 집이라 남해독일마을이 연상된다. 계단 오르기 싫고 깨끗한 숙박 시설을 선호한다면 이 신상 4인실 객실을 추천한다. 왼편으로 더 들어가면 산림문화휴양관이 나오고 또 한참 들어가면 마치 비밀의 집처럼 '시아도'라는 10인실 숲속의 집이 등장한다. 여기서는 귀한 대형 객실이다. 갈림길에서 오른쪽으로 가면

새로 생긴 지중해 풍 숲속의 집

가장 안쪽의 숲속의 집, 시아도

너른 주차장과 야외무대, 산림복합체험센터가 나온다. 푸른 잔디밭, 곳곳에 재활용품으로 만든 깡통 로봇 등 조형물이 인상적이다. 산림복합체험센터에서는 목공예 체험, 명상 테라피, VR 체험 등이 가능하다.

남해편백은
첫사랑 같은 추억을 남기고

10여 년 전, 고성 캠핑장에 왔다가 우연히 들른 남해편백자연휴양림. 그 땐 그저 캠핑하기에 비가 너무 많이 와서 지인의 의견을 따라 취소분을 잡아 오게 되었다. 아늑한 숲속의 집에 들어서자 아이가 만세를 불렀다. "텐트보다 좋아요!" 텐트 생활만 했던 아이에게도 별천지였으리라. 거리가 부담스러워 자주 갈 수는 없지만 그 후로도 첫사랑 같은 그 느낌을 잊지 못해 세 번을 더 달려갔다. 그 사이 만세 부르던 다섯 살 꼬마는 고등학생이 되었지만 그 숲, 그 정취, 그 감정은 변함없이 거기에 있었다. 단, 시설도 나이가 들었으니 개보수를 하지 않는 이상 낡은 감이 있을 수 밖에 없다. 다행히 숲속 야영장의 편의시설은 개선되었다. 또 그 앞에 지중해풍의 새 숲속의 집이 생겼으니 낡은 시설이 꺼려지는 사람은 이곳으로 예약하면 된다. 야영장 옆에 아담한 계곡이 있다. 한여름 더위를 식히기엔 다소 부족해 휴가철에는 모두 근처 상주해수욕장 등으로 향한다.

편백 숲은 계절을 타지 않고 푸르다. 그 덕에 다소 삭막한 3월이라도 푸른 캠핑이 가능해 좋다. 보통 이곳에 머물면 낮에는 관광으로 시간을 보낸다. 금산 보리암, 상주해수욕장, 독일마을, 가천다랭이마을, 설리스카이워크 등 주변에 관광 자원이 풍부하니 휴양림에만 있을 수가 없다. 일정을 마치고 피곤한 몸으로 그윽한 편백 숲 속 우리 집으로 들어갈 때, 참 행복하다. 텐트 안으로 솔솔 스며드는 편백 향, 숲 위에 쏟아지는 별들. 누구라도 첫사랑과 조우하듯 두근거릴 순

편백 숲의 아기자기한 조형물

간이다.

남해편백자연휴양림에는 당연히 편백나무가 가득하다. 하지만 삼나무도 못지않다. 제주도에서나 본다고 여겼던 삼나무가 휴양림 곳곳에서 남녘의 분위기를 자아내고 있다. 숙소 앞 작은 숲에는 조형물이기는 하지만 사슴, 토끼, 다람쥐 등이 살고 있다. 밤에도 쓸쓸하지 않게 아기자기한 불빛을 반짝이며 밤 산책을 유도한다. 휴양림 내 산책로만 걸어도 편백 숲이 충분히 느껴진다. 숙소에서 바다가 보이지는 않지만 조금 더 높이 오르면 전망대에서는 바다도 볼 수 있다. 왼편 가장 끝 숲속의 집, 대초도를 지나 약 1.1km면 전망대에 닿는다. 아침 산책 겸 많이들 다녀온다. 안개가 짙은 날은 시야가 답답하니 좀 아쉬울 뿐이다.

〉〉〉〉 숲 간략 정보

주소 경상남도 남해군 삼동면 금암로 658

전화 055-867-7881

숙박 시설 숲속의 집 26동(4인실 24동, 10인실 2동), 산림문화휴양관 1동(13실)

야영 시설 야영 데크 20개

예약 숲나들e www.foresttrip.go.kr(주말, 여름 성수기 추첨/그 외 기간은 수요일 9시부터 선착순 예약)

숲 주변 돌아보기

》금산·보리암

남해편백자연휴양림에 머물면 그 뿌리라 할 수 있는 금산에는 꼭 올라야 한다. 편백자연휴양림에서 산 너머에 위치하지만 바로 가는 길이 없어 24km가량을 빙 돌아가야 한다. 아침 일찍 서둘러 비교적 위쪽에 위치한 복곡주차장까지 가면 탐방이 훨씬 유리하다. 전설을 담은 38경의 기암괴석, 이성계가 수도한 후 왕이 되어 비단 금(錦)자를 썼다는 금산은 의외로 정상에 쉽게 닿을 수 있다. 남해 라인을 감상하며 금산산장에서 먹는 사발면 한 그릇엔 낭만이 듬뿍 담겨 있다. 마지막으로 보리암 해수관음상 앞에서 소원 빌고 가는 것도 잊지 말자.

주소 경상남도 남해군 상주면 보리암로 665 **전화** 055-862-6115

》가천다랭이마을

척박한 땅이 어느 순간, 남해 대표 관광지가 되었다. 바로 아찔한 산비탈 끝에 논도, 밭도, 집도 모두 바다를 향하고 있는 다랭이마을이다. 원래 이름은 가천마을인데 다랭이논이 하도 유명해 아예 가천다랭이마을이 되었다. 3월 말~4월 초의 다랭이마을은 층층이 유채꽃으로 채워져 노란빛이 가득하다. 논 사이사이에 산책로와 전망대가 잘 조성되어 봄날 연인, 가족끼리 산책하기 좋다.

주소 경상남도 남해군 남면 남면로 679번길 21

》바람흔적미술관

남해편백자연휴양림 가는 길에 내산 저수지를 배경으로 아담한 미술관 하나를 만난다. 바람흔적미술관. 휴양림과는 1.5km 거리니 들르기 좋다. 이곳의 상징인 바람개비가 입구에서 반겨준다. 미술관 옥상에 올라 본 풍광은 아직 푸름은 부족해도 제법 시원스럽다. 그림도 감상하고 잠시 여유로운 사색 시간을 갖기 좋다.

주소 경상남도 남해군 삼동면 금암로 519-4

바다 보러 갔다가 숲에 빠져 온다

사천케이블카자연휴양림

단지 생소한 이름 하나에 이끌려 삼천포로 빠진다. 휴양림에 케이블카가 있단 말인가? 청량한 남해 바다 위를 날아가는 케이블카. 그 유람 끝에 오른 각산 전망대, 그 아래에 숨어 있었다. 리조트같이 반짝이는 휴양림이!

편백 숲 야영장

편백 숲에 둘러싸인 어린이 놀이터

앞에 펼쳐진다. 화장실, 샤워실 등 편의시설이 있는 캠핑센터 옆에 주차장이 있다. 모든 차는 이곳에 댄다. 그리고 캠핑 장비는 숲 속 데크까지 옮겨야 한다. 하지만 부담되는 거리는 아니다. 길도 매트가 깔려서 이동이 수월하다. 캠핑센터를 기준으로 상단과 하단 야영장으로 나뉘는데, 상단에 다섯 개의 데크, 하단에 열 개의 데크가 있다. 상단 11~15번 데크는 캠핑센터 바로 옆에 계단식으로 자리한다. 데크 사이즈가 좀 작지만(16㎡) 놀이터, 편의시설이 가까워 아이 동반 가족은 이곳을 선호한다. 하단 데크 열 개는 편백 숲에 폭 안겨 있다. 몇몇 데크(1·2·5·8·9번)는 5×6m 크기로 거실형 텐트 설치가 가능하다. 어디가 명당인지는 사람마다 다를 것이나 편백 숲 어디든 예약만 된다면 그곳이 명당 아닐까?

백만 불짜리 편백 숲 산책로

촉촉한 아침이 밝았다. 편백 숲에 빛 한줄기가 내리고 나는 커피 한 잔을 내린다. 편백나무가 주는 피톤치드도 한 스푼 넣는다. 쓴 커피도 달아진다. 향

쭉쭉 뻗은 편백나무 숲

긋한 커피 향 맡으며 숲멍 타임. 이 먼 숲까지 찾아온 보람이 느껴지는 순간이다.

아침 산책은 보약. 사실 신생 휴양림이라 좋은 시설만 기대하고 왔더니, 시설도 시설이지만 숲이 기대 이상이다. 야영장 편백 숲도 훌륭하지만 특히 산책로가 백만 불짜리이다. 매트가 깔려 누구나 편하게 누리는 숲길. 정돈되고 부드러운 느낌이다. 아이가 뛰어가며 마음껏 소리 질러도 그냥 둘 수 있는, 안전한 산책길이 참 좋다. 걷다가 그루터기에 앉아 잠시 쉬어 간다. 마음속 깊은 곳의 구김살도 편백나무처럼 쭉쭉 펴지면 좋겠다. 내 안의 위선도 나무껍질처럼 쭉쭉 벗겨지면 좋겠다.

휴양림 안에서 바다는 안 보인다. 하지만 실망할 필요는 없다. 등산로를 따라 40여 분 오르면 각산전망대에 닿는데 그곳에서 바다가 보인다. 등산은 평소 운동 부족이라면 조금 힘든 정도의 수준이다. 그래도 전망대에 서면 흘린 땀을 한

각산전망대에서 파노라마로 펼쳐지는 남해 풍경

방에 보상받는다. 땀 흘리기 싫으면 돈을 쓰면 된다. 사천바다케이블카를 타는 것. 어차피 도착은 같은 각산전망대이다. 북쪽을 바라보면 휴양림 숙박 시설이 장난감처럼 보인다. 남쪽으로 몸을 돌리면 삼천포 앞바다, 다리 건너 남해까지 파노라마로 다가온다.

〉〉〉〉 숲 간략 정보

주소 경상남도 사천시 실안길 242-45
전화 055-835-9524
숙박 시설 숲속의 집 16동(4인실 원룸형 11동, 8인실 투룸형 5동), 휴양관 12인실 복층형 6동
야영 시설 야영 데크 15개(16㎡ 10개, 30㎡ 5개)
예약 숲나들e www.foresttrip.go.kr

숲 주변 돌아보기

》 사천바다케이블카

사천케이블카자연휴양림과 사천바다케이블카는 한 세트이다. 케이블카를 타려면 대방 정류장을 찾아가야 한다. 대방 정류장에서 출발한 케이블카는 새처럼 바다 위를 비행한다. 바다에 떠 있는 섬, 어선, 아치형 다리를 바라보며 남해의 정취에 빠져 있으면 어느새 케이블카는 초양 정류장에 들렀다 산으로 향한다. 각산 정류장에서 계단 길을 오르면 각산전망대. 드디어 바라던 남해 풍광과 마주한다.

주소 경상남도 사천시 사천대로 18 **전화** 055-831-7300 **홈페이지** scfmc.or.kr/cablecar

》 신수도

각산전망대에서 바라보면 사천 앞바다가 한눈에 보인다. 그 위에 몽실몽실 떠 있는 섬 중에서도 유난히 큰 섬, 그 섬이 신수도이다. 삼천포항에서 뱃길로 딱 10분 거리다. 둘레길 따라 섬을 한 바퀴 돌 수 있다. 걷다가 만나는 몽돌해수욕장, 바다 깊이 박힌 죽방렴이 인상적이다.

주소 경상남도 사천시 신수서길 1-46 **전화** 055-835-1023

Theme 4

산 좋고 물 좋은 숲

진짜 유명한 휴양림

유명산자연휴양림

캠핑 초창기에는 유명산에서 살았다. 정확하게 말하면 유명산 자락의 캠핑장에 매주 들락거렸다. 계곡 따라 캠핑장도 좋았지만 그때 가장 궁금한 장소는 '유명산자연휴양림'이었다. 군계일학처럼 고고하게 빛나는 숲! 사설 캠핑장에서 캠핑하며 휴양림을 기웃거리던 어느 날, 드디어 야영 데크 하나 잡아서 유명산자연휴양림에 입성했다. 그것이 휴양림 중독의 시작이었다.

수도권 제1의 쉼터

유명산자연휴양림은 이름처럼 정말 '유명한' 휴양림이다. 휴양림의 '휴'자도 모르는 사람도 알 정도이다. 일단 1989년에 개장해 그 역사가 대관령 자연휴양림과 더불어 깊다. 인구가 집중된 수도권에서 1시간~1시간 반이면 닿을 수 있을 정도로 접근성도 뛰어나다. 규모나 시설 면에서도 압도적이다. 게다가 8ha 규모의 자생식물원과 최근에 생긴 산림복합체험센터까지. 유명해질 수밖에 없는 운명이다.

수도권 휴양림 예약이 대체로 어렵지만 이곳은 특히 난이도가 높다. 매해 성수기 추첨 경쟁률을 공개할 때, 유명산자연휴양림은 빠지지 않고 상위권에 등장한다. 숙박 시설, 야영 시설이 광범위하니 일종의 전략이 필요하겠다. 당첨 가능성이 희박하면 선착순에서 금요일을 노린다. 유명산자연휴양림은 가까우니 퇴근 후 가는 것도 괜찮은 선택이다. SNS에서 '유명산 퇴근박, 유명산 불금'이 단골 제목이 된 이유일 것이다.

거대한 숲에 다양한 시설이 가득

설악나들목을 빠져나온 뒤, 골프장, 전원주택, 캠핑장, 식당을 스쳐간다. 15분 후 유명산자연휴양림 입구에 도착한다. 성수기에는 이 입구 자체가 마비될 정도로 계곡 주변이 붐빈다. 일단 입구의 안내센터에 가서 입실 절차를 밟는다. 그 후 드넓은 주차장과 마주한다. 주차장 바로 앞, 빽빽한 잣나무 숲에 자리한 곳이 1야영장이다. 1야영장은 동계에도 운영되기 때문에, 유일하게 사계절 내내 알록달록한 텐트 풍경을 감상할 수 있는 곳이다.

1 눈 내린 유명산 1야영장
2 오붓한 숲속의 집
3 운치있는 잣나무 숲의 1야영장

주차장에 주차하고 짐을 옮기는데 난이도는 낮은 편이다. 주차장에서 볼 때 오른편 가장 끝에 화장실 등 편의시설이 있고 옆 숲속으로 40개의 야영 데크가 듬성듬성 배열되어 있다. 끝까지 가면 자생식물원 울타리를 접한다. 화장실 쪽에 101번 데크가 있고 식물원 쪽에 140번 데크가 있는 모양새이다. 대체로 편의시설 우선이라면 앞 번호 데크, 등산객들 시선에서 자유롭고 싶다면 뒷번호 데크를 선호한다. 데크 배열은 규칙이 없어 간격이 넓은 경우도 있고 좀 바짝 붙은 경우도 있다. 크기도 11㎡, 13㎡ 두 가지이니 텐트 크기를 고려해 선택해야 한다.

나무 사이사이로 들어오는 고마운 빛, 잣잎 쿠션의 푹신한 바닥. 오랜만에 만난 아이들 웃음꽃에 데크 주변은 훈훈하다. 다음 날 아침, 텐트 문을 연 아이들이 환호성을 지른다. 온통 하얀 세상이다. 유명산은 아이들에게 깜짝 선물을 선사한다.

2야영장은 사방댐과 주차장, 운동장 사이에 위치한다. 역시 자연스럽게 숲속 여기저기에 데크가 자리한다. 이곳은 여름 물놀이 시즌 명당이다. 게다가 사방댐 옆, 길가에는 매점 겸 식당도 있다. 놀다가 먹다가, 텐트로 돌아가 쉬는 것 모두 가능한 위치이다.

식당을 지나자마자 길이 갈린다. 오른쪽으로 가면 휴양관 등 숙박 시설, 왼쪽으로 가면 등산로이다. 차를 타고 계속 오른다. 먼저 캠핑카 야영장이 나오고 곧 전통적인 모양의 제1산림문화휴양관이 눈에 들어온다. 그리고 조금 뒤 굉장히 현대적인 모습의 제2산림문화휴양관이 등장한다. 2관은 2018년 여름에 문을 열었는데 층고가 높고 세련된 모습이라 인기가 많다.

휴양관을 지나 또 한참을 들어간다. 깊은 산속이라는 느낌이 차곡차곡 쌓일 무렵, 산속 오두막 같은 숲속의 집을 만난다. '꾀꼬리, 산까치, 비둘기, 종달새 등' 친숙한 새 이름의 집이 옹기종기 자리한다. 자동차로 들어왔지만 마치 깊은 산속 오지에 요양 온 듯 다들 조용하게 숲을 즐기고 있다. 첫 번째 숲속의 집 무리에서 계곡 너머로 가면 또 다른 숙박 시설군이 자리한다. 이번에는 '오소리, 너구리, 반달곰' 등 정겨운 동물 이름이다. 특히, 가장 안쪽의 '산토끼' 동과 '고라니' 동은 아주 독립적이다. 오직 숲에만 갇혀 지내기 딱 좋다. 계곡가의 작은 숲속의 집은 이름이 아예 '오두막'이다. 두 채라 그냥 오두막A, 오두막B로 불린다. 국립 휴양림 브로슈어에 등장하는 세모 지붕의 숲속의 집이 바로 이 오두막이다. 도시 생활에 지친 날, 찾아들기 좋은 그런 다정스러운 분위기이다.

거대한 자생식물원은 유명산자연휴양림의 자랑이다. 암석원, 무궁화동산, 습지식물원, 잔디광장 등 다양한 식물이 계절마다 색다른 숲속 전시장으로 안내한다. 2018년 문을 연 산림복합체험센터도 식물원 입구에 자리한다. 국가기관 최초의 산림 복합 체험장으로 산림문화와 디지털 과학기술이 접목된 체험 시설

산림복합체험센터

디지털 기술을 이용한 다양한 체험 시설

이다. 미디어 파사드로 유명산의 동식물을 만난다. 자전거 타고 휴양림을 만나보는 시간, 패러글라이딩 탄 듯 가상현실로 유명산을 돌아보는 시간이 모두 신기하다. 숙박객이 아니더라도 자생식물원과 산림복합체험센터, 입구 밧줄 놀이터 등은 이용할 수 있어 입구는 언제나 활기차다.

사박사박 걷는 행복한 데크로드

유명산(862m)은 가평 설악면과 양평 옥천면 사이에 있는 산이다. 옛날 산 정상에서 말을 길렀다고 해 '마유산'이라 불리기도 했다. 용문산과 이웃하고 약 5km가 넘는 계곡을 간직해 계곡 산행의 묘미를 느낄 수 있다. 여름이 오면 시원한 계곡을 찾아 산행족, 캠핑족, 나들이족이 모두 유명산의 시원한 계곡물로 더위를 식히며 쉬어간다. 특히, 휴양림 안의 정비된 사방댐은 훌륭한 물놀이 장소가 된다. 한바탕 울창한 숲속 수영장이 들썩거려야 삼복더위가 지나가는 법이다.

가족과 숲을 느끼며 가볍게 걷기 좋은 데크로드가 두 개나 있어 산책하기에도 좋다. 유명산 등산로 입구에서 캠핑카 야영장으로 가는 중에 '하이브리드 길'

1 훌륭한 물놀이장이 되는 사방댐
2 산책길에 만나는 친구들

이 등장한다. 이 데크로드는 국내 두 대기업이 공동으로 조성한 것으로 총 길이가 535m이다. 등산로 입구부터 숲속의 집 앞까지 이어진다. 또 다른 데크로드는 1야영장 뒤에서 자생식물원까지 약 400m 이어진다.

안개가 낀 조용한 아침, 늦가을의 쓸쓸함을 느끼며 사박사박 걷는다. 데크로드 위에는 낙엽송 빗살 잎이 가득하다. 반가운 친구도 만난다. 데크 위를 지나가는 청솔모. 인사할 겨를도 없이 빠르게 퇴장해버려 아이들은 아쉬워한다. 숲속을 보니 귀여운 사슴, 곰도 나와서 인사를 한다. 산책에 숫자는 중요하지 않다. 혼자면 호젓해서 좋고, 둘이면 다정해서 좋다. 삼대가 나선 산책길, 할아버지는 손주 감기 걸릴까 자꾸 아이의 옷매무새를 점검한다. 산책은 점점 느려지지만 괜찮다. 천천히 가도 충분히 아름다운 인생길이다.

〉〉〉〉 숲 간략 정보

주소 경기도 가평군 설악면 유명산길 79-53
전화 031-589-5487
숙박 시설 숲속의 집 15동, 연립동 3동(9실), 산림문화휴양관 3동(30실)
야영 시설 야영 데크 83개소, 캠핑카야영장 19개소
예약 숲나들e www.foresttrip.go.kr(주말, 여름 성수기 추첨/그 외 기간은 수요일 9시부터 선착순 예약)

숲 주변 돌아보기

》가평양떼목장

설악나들목에서 유명산자연휴양림으로 향하는 길에 눈에 띄는 건물과 초지를 만난다. 가평양떼목장이다. 연인, 아이가 있는 가족들 사이에서 요즘 핫플레이스이다. 귀여운 양들과 만나고 푸른 목장도 즐긴다. 통창으로 보이는 시원한 전망과 함께 차 한잔 마시기 좋은 카페도 있다.

주소 경기도 가평군 설악면 유명로 1209 **전화** 031-585-1155

》중미산천문대

유명산자연휴양림은 행정구역상 가평이지만 고개만 넘으면 바로 양평 중미산과 마주한다. 자동차로 10분이면 중미산천문대까지 갈 수 있다. 중미산천문대는 해발 420m에 위치하며 주변에 빛 공해가 없어 수도권에서는 가장 별을 보기 좋은 곳이다. 맑은 날 밤, 별 관찰 프로그램을 예약하고 별자리 여행을 떠나보자.

주소 경기도 양평군 옥천면 중미산로 1268 **전화** 0507-1325-9523

》황순원문학촌소나기마을

중미산천문대를 지나 12km 더 가면 황순원문학촌소나기마을이 나타난다. 황순원의 소설 '소나기'의 배경 마을을 고스란히 재현해 놓았다. 한 시간에 한 번씩 인공 비가 내린다. 비가 쏟아지면 소설 속 소년 소녀처럼 볏짚으로 만든 집으로 들어가 비를 피해 본다. 문학관에서는 작가의 인생과 작품 세계를 살피며 오랜만에 학창 시절 문학소녀로 돌아간 듯 즐거운 시간을 보낸다.

주소 경기도 양평군 서종면 소나기마을길 24 **전화** 031-773-2299

당첨! 잣나무 숲의 하룻밤

축령산자연휴양림

첫 백패킹의 추억이 서린 잣나무 숲. 10년 전, 준비 없이 왔다가 데크에서 오돌오돌 떨었던 축령산의 밤. 이후 예약제, 또 추첨제로 바뀌면서 이곳은 가까이하기엔 너무 먼 휴양림이 되어 버렸다. 어느 가을, 당첨자 발표날, 아무 기대 없이 문자를 훑어보다가 깜짝 놀란다. 축령산자연휴양림 월 추첨에 당첨되셨습니다!

지성이면 감천!

축령산은 가평군 상면과 남양주시 수동면에 걸쳐 있다. 그중 남서쪽, 남양주에 축령산자연휴양림이 자리한다. 서울 및 수도권에서 대략 한 시간이면 닿을 수 있다. 게다가 도시 근처 휴양림 대부분이 시설 위주의 공원 같은 분위기인 반면 축령산자연휴양림은 도시와 가까운데도 깊은 숲의 느낌이 매력적인 곳이다. 접근성이 뛰어나고 자연환경까지 좋으니 인기가 많을 수밖에 없다.

축령산자연휴양림은 캠퍼들에겐 추억이 있는 곳이다. 과거 선착순 예약이 이루어지던 시절, 당일 취소분 자리를 얻기 위해 축령산에 찾아가 줄을 서곤 했다. 성공하면 당당하게 데크에 입성하는 것이고 실패하면 집으로 돌아가는 것이었다. 지금은 전면 예약 시스템으로 이런 일은 볼 수 없는 풍경이 되었다. 게다가 축령산자연휴양림은 현재 추첨제를 실시하는 휴양림이다. 매달 1일부터 4일까지 다음 달의 숙박, 야영 신청을 받는데, 숙박 시설뿐 아니라 조그만 야영 데크 한 자리도 경쟁이 치열하다.

시설 좋고 숲까지 뛰어난 근교 휴양림

행운의 여신에게 감사하며 축령산자연휴양림에 입성한다. 축령산은 울창한 잣나무 숲이 유명하다. 예전에는 그 잣나무 숲속에 야영장과 숲속의 집이 함께 있었으나, 야영장이 정비되며 숲속의 집은 철거되고 계곡을 따라 경사면에 신축 숙박 시설이 자리하게 되었다. 가장 위쪽에 산림휴양관이 서 있고 아래로 내려오면서 계단식으로 숲속의 집이 하나씩 등장한다. 예전 숲속의 집에 비해 솔직히 숲에 안긴 맛은 덜하다. 하지만 시설이 좋아졌고 조금만 옆으로 가면 울창한 숲, 계곡이 있으니 서운해하지 않아도 된다.

양지바른 언덕을 따라 들어앉은 숲속의 집 중 가장 상단에 대나무와 잣나무동이 있다. 이곳은 8인실로 다락방도 있어 인기가 많다. 그 한단 아래에 참새, 비둘기, 까치 등의 새 이름 숲속의 집이 있다. 그리고 가장 마지막 단에 동백과 백합이 자리한다. 비둘기는 10인실, 까치는 8인실이고 이 두 집은 화장실이 두 개라 대가족이 이용하기 좋다. 나머지 숲속의 집은 6인실이다. 모두 테라스에 넓고 독립적인 바비큐 공간을 갖추고 있다. 이런 계곡 바라보며 즐기는 저녁 식사가 인기몰이에 한몫했다.

캠핑족에게 축령산 잣나무 숲에서의 하룻밤은 로망이다. 그 꿈의 야영장은 최근 정비되며 데크 수가 줄었고 경쟁은 더욱 치열해졌다. 매표소에서 오른쪽으로 오르면 주차장이 나오고 왼편 숲속에 야영장이 자리한다. 가장 아래 화장실이 있고 뒤로 야영 데크가 잣나무 숲속에 포진하고 있다. 아래쪽이 1구역, 위쪽이 2구역, 그리고 조금 더 깊은 곳에 3구역 야영장이 있다. 그림 같은 숲속이지만

1 계곡가에 자리한 숲속의 집
2 시설 좋은 숲속의 집
3 잣나무 숲에 폭 안긴 축령산자연휴양림 야영 데크

경사가 꽤 심해서 짐을 옮기려면 고역이다. 따라서 이곳은 오래전부터 백패킹 모드로 등짐을 지고 오르는 곳으로 유명하다. 또 옆으로 등산로가 있어 아침부터 등산객들의 시선을 즐길 줄 알아야 한다. 등산의 유혹이 항시 따라 오는 곳이기도 하다. 3구역에서 조금 더 길을 따라 들어가면 주차 공간이 나오고 화장실 등 편의시설이 하나 더 있다. 이곳 앞에 야영장 4구역이 있다. 4구역에는 데크가 단 여섯 개뿐. 편의시설과 가깝고 여유로워 가장 인기가 많다. 4구역을 지나서도 등산로가 있는데, 이곳은 주로 하산하는 코스라 오후에 등산객들과 눈이 자주 마주친다.

잣나무 숲속에 그림 같은 집을 짓다

고작 16㎡ 데크의 작은 공간이 엄청난 행복을 선사한다. 사이트마다 걸려 있는 빗자루로 데크 위 잣잎도 깔끔하게 쓸어 내고 집을 짓는다. 즐거운 콧노래가 절로 나온다. 이런 푸른 숲속에 단 세 개 데크만 예약 가능한데 그중 하나

당첨된 야영 데크에서 남부러울 것 없는 캠핑을 즐긴다.

휴양림을 한 바퀴 도는 산내음
둘레길 산책로

에서 하룻밤을 보낸다니 세상 누구도 부럽지 않은 순간이다. 축령산자연휴양림의 야영장은 전기 사용이 안 되어서 동절기에는 폐쇄된다. 그러니 지금이 실질적으로 축령 숲 캠핑을 누릴 수 있는 마지막 주말이다.

잣나무 숲속에서는 책도 술술 읽히고 글도 술술 써진다. 잠깐의 낮잠도 꿀잠이다. 무리한 산행은 금물. 오후에는 가볍게 휴양림을 한 바퀴 도는 산책이 좋겠다. 산내음둘레길이란 예쁜 이름으로 정비되어 있다. 곳곳에 쉬어갈 의자가 기다린다. 그 옆에 의자 위를 청소할 수 있는 빗자루가 준비되어 있다. 이용객을 배려한 휴양림의 센스에 감동한다. 추석이 낼모레인데 아직 축령 숲 산책로에는 산수국이 한창이다. 보랏빛, 하얀빛 모두 아름답고 애잔하다. 즐겁게 산책하다 보니 어느덧 잣 향기가 진해지며 야영장에 도착한다. 하룻밤 우리집이 녹색 숲속에서 빛난다.

축령산자연휴양림에서는 축령산(886m)과 서리산(832m)을 등반할 수 있다. 보통 휴양림 야영장 1구역으로 올라서 하트 모양으로 서리산까지 종주하는 코스를 이용한다. 서리산까지 가지 않고 가운데 골짜기에서 하산하면 다시 휴양림으로 내려온다. 축령산과 붙어 있는 서리산에는 철쭉 군락지가 있어 봄에는 연

축령산 계곡

겨울에는 얼음 분수로 변하는 물놀이장

분홍 꽃 대궐이 펼쳐진다. 축령산의 숲을 이루는 주종 잣나무는 고산지대에서 잘 자라는 나무로 시원스럽게 쭉쭉 뻗은 모습이 인상적이다. 그 잣나무 숲도 일품이지만 가운데 흐르는 계곡이 으뜸이다. 울창한 숲속으로 시원하게 내려와 마지막엔 사방댐으로 정비한 물놀이장으로 모인다. 여름에는 최고의 피서지이고 겨울에는 그 물줄기가 환상적인 얼음 분수가 된다.

〉〉〉〉 숲 간략 정보

주소 경기도 남양주시 수동면 축령산로 299
전화 031-592-0681
숙박 시설 숲속의 집 7동, 산림문화휴양관 1동(18실)
야영 시설 30개
예약 숲나들e www.foresttrip.go.kr(매달 1~4일 추첨 신청, 5일 당첨 발표)

숲 주변 돌아보기

》 물맑음수목원

축령산자연휴양림으로 가는 길에 들를 만한 곳이 물맑음수목원이다. 아름나모라는 이름의 목재문화체험장 출입구는 나무속으로 들어가는 모습을 형상화했다. 향긋한 나무 냄새를 맡으며 나무 생태를 살펴보고 다양한 목재 교구로 악기, 블록 등을 체험할 수 있다. 야외 놀이터는 그네, 줄타기, 암벽타기 등이 아이들의 마음을 사로잡는다. 특히, 정약용 선생의 소서팔사(消暑八事, 더위를 이기는 여덟 가지 방법)를 몸소 체험할 수 있어 흥미롭다.

주소 경기도 남양주시 수동면 지둔리 307번길 47-4 **전화** 031- 590-4076

》 경기도잣향기푸른숲

축령산을 공유한 가평과 남양주. 남양주 쪽에 축령산자연휴양림이 있다면 가평 쪽에 있는 것이 바로 경기도잣향기푸른숲이다. 하나의 품에 두 개의 잣나무 숲이니 축령산자연휴양림과 경기도잣향기푸른숲은 닮은 꼴이다. 휴양림 쪽보다 조금 더 울창하니 집에 가는 길에는 가평 쪽 축령백림을 즐기고 가도 좋겠다. 무장애 숲길만 걸어도 이름처럼 잣 향기를 흠뻑 마실 수 있다.

주소 경기도 가평군 상면 축령로 289-146 **전화** 031-8008-6769

사계절 추억의 연결고리

집다리골자연휴양림

그 숲과 계곡은 남녀의 애틋한 사랑을 이어주듯 추억과 나를 이어주는 매개체. 처음에는 아이와 얼기설기 잇고, 다음에는 부모님과 좀 더 짜임새 있게 연결하고 마지막에는 동료와 꽉 묶어 버렸다. 이제는 누가 봐도 견고한 추억으로 집다리골에 연결되었다.

시원한 집다리골 계곡

청춘남녀의 사랑이 자연과 이어진 곳

집다리골자연휴양림은 춘천시 사북면 화악산 기슭에 자리한다. 1994년에 개장한 제법 역사 깊은 곳으로 강원도청에서 관리하는 공립 휴양림이다. 춘천이라지만 시내와는 꽤 멀고, 춘천의 낭만적인 이미지와는 달리 찾아가는 길도, 휴양림 자체도 다소 거친 맛이 있다. 해발 1468m의 화악산, 그 웅봉에서 흘러내리는 맑은 계곡과 원시적인 숲 사이에 자리한 만큼 집다리골자연휴양림은 사계절 자연미가 철철 넘친다.

집다리골이란 이름은 친근감을 안겨 준다. 권위적인 무슨 무슨 산 자연휴양림보다 시골스러운 어감이 좋다. 옛날옛적 계곡을 사이에 둔 청춘남녀가 간절히 소망하여 서로 볏짚으로 다리를 엮어 사랑을 이뤘단다. 그래서 생긴 이름, 집다리골! 정겨운 이름엔 이런 애틋한 사연이 있었다.

집다리골을 처음 알게 된 것은 12년 전. 매번 집다리골자연휴양림만 가는 지인이 있었다. 도대체 얼마나 좋길래 매번 그곳만 가냐고 단순 검증 차원에서 따라나섰다. 계곡 따라 데크 위에 빨간 텐트, 파란 텐트를 치고 잠이 들었다. 아침에 바라본 풍경은 이승이 아니었다. 천상낙원. 빨간 단풍 비를 맞으며 지인의 혜안에 감탄했다.

여름 집다리골은 명불허전

여름에 시원한 계곡을 추천해달라는 주변 사람에게는 언제나 집다리골자연휴양림이란 카드를 내미는데 대개는 만족한다. 단 1% 만족 못하는 이유는 대부분 길이 좋지 않고 접근성이 떨어지는 것, 외져서 주변에 뭐가 없다는 것 때문이다. 예전 1970년대에는 휴양림 부지에 공업용 활석을 캐던 광산이 있었단다. 대부분 국유림이지만 사유림이 좀 남아 있다. 그래서 가는 길은 펜션 등 각종 시설이 섞여 있어 좀 난잡한 분위기이다.

이곳은 숙박객뿐 아니라 평소 등산객, 나들이객이 많이 찾는 곳이다. 입구에

모던한 외형의 숲속의 집, 4인실

독립적인 입지의 6인실, 참빗살

커다란 주차장을 보면 알 수 있다. 주차장을 지나 오르면서 숙박 시설이 하나씩 등장한다. 먼저 오른편에 모던한 모습의 숲속의 집이 나타난다. 층층나무, 누리장, 마가목 등 나무 이름으로 된 숲속의 집. 더 오르면 아그배, 생강, 쪽동백, 복자기 등 조금 더 아담한 숲속의 집이 나란히 등장한다. 숲속의 집은 모양이 각양각색이라 아이들이 입실할 때 상당히 좋아한다. 세련된 외형에 플러스 점수를 준다. 건물 밖에 테이블이 있어 가족끼리 야외 식사를 즐기기 좋다. 누리장에 묵어보니 숲속의 집 내부는 다락방이 있으나 다른 휴양림 6인실에 비해 다소 작은 감이 있다. 동화 나라 분위기의 숲속의 집을 지나 오르면 호젓한 계곡을 앞에 두고 홀로 자리한 참빗살이란 숲속의 집이 눈에 들어온다. 6인실인데 역시 앞의 숲속의 집과는 다른 모양이다. 프라이빗한 계곡을 두고 있으니 여름에는 정말 명당이겠다 싶다.

계속 오르면 휴양림의 메인이라 할 수 있는 주차장과 휴양관, 정비된 너른 계곡과 출렁다리가 나온다. 계곡 따라 다리가 세 개나 있다. 가장 위에는 보라색 철제다리. 바닥이 뚫려 있어 은근히 무섭다. 중간에 철제 다리가 하나 더 있고 가장 하단에 목재 다리가 자리한다. 다리 앞에는 집다리골의 유래가 쓰여 있다. 청춘

옛날 청춘남녀를 이어준 출렁다리는 이제 튼튼한 나무다리가 되었다.

인상적인 보라색 다리

남녀의 사랑처럼 콸콸 힘차게 흐르는 계곡물. 이곳에서 신나게 물놀이 했던 기억. 처음 찾았던 때는 밧줄로 만든 출렁다리가 있었던 것 같다. 그 출렁거림을 즐기며 아이와 다리를 건너 산책하고 즐거워했지.

황홀한 집다리골의 만추

집다리골자연휴양림은 계곡의 명성 덕에 여름 일등 피서지에 이름을 올렸지만, 가을 단풍도 어디 못지 않을 만큼 아름다운 곳이다. 단풍나무가 계곡 곳곳에 포진하고 있는데 그 진면목은 가을에야 빛을 발한다. 황벽나무, 쪽동백나무, 외래 수종의 참나무도 많이 눈에 띈다. 처음 찾았던 12년 전, 홀딱 반하게 만든 그 집다리골의 만추 풍경은 아직도 가슴 속에 황홀함으로 남아 있다. 데크

평상 데크에서 당일 피크닉이 가능하다.

위에 누워 아이와 쏟아지던 별을 보던 추억. 바스락거리는 낙엽 밟으며 산책하다가 잠시 눈을 감고 숲의 숨결을 느꼈던 장면. 모두 참 아름다웠던 가을날로 기억 속에 저장되어 있다.

최근 없어진, 아니 없어진 게 아니라 정확히 말하면 숙박이 불가능해진 집다리골자연휴양림 야영장에 두고두고 아쉬움이 남는다. 계곡을 바로 옆에서 느끼며 놀고 먹고 잠들었는데 그 행복한 들살이를 이제 할 수 없다니. 불행 중 다행인 것은 야영 데크가 아예 없어진 것은 아니라는 것. 야영객을 받던 그 데크는 이제는 평상 데크로 당일 이용만 가능하다. 매년 5월에서 10월까지만 운영된다. 대부분 데크에 그늘막을 올리고 계곡에서 시간을 보내다 잠시 올라와 쉬고 다시 계곡으로 향하기를 반복한다. 이것이 슬기로운 집다리골에서의 여름나기다.

》》》 숲 간략 정보

주소 강원도 춘천시 사북면 화악지암1길 130
전화 033-243-8920
이용 시간 당일 이용 09:00~19:00
숙박 시설 숲속의 집 15동 (4인실 4동, 6인실 4동, 10인실 7동), 휴양관 1동(4실), 평상 데크 33개
예약 숲나들e www.foresttrip.go.kr(매달 1일 9시 선착순)

숲 주변 돌아보기

》춘천물레길

호반의 도시, 춘천은 이름만 들어도 설레는 곳이다. '물레길'은 나무 카누 타고 그 호반 위를 구석구석 누비는 활동이다. 물레길 사무국을 찾아가 안전교육을 받고 카누에 탑승한다. 처음에는 생각보다 균형 잡기가 쉽지 않다. 몇 번 노를 저어보면서 차차 익숙해진다. 가족, 친구와 서로 페이스를 맞추며 앞으로 나아간다. 어느 정도 안정감을 찾으면 그제서야 주변 풍경이 눈에 들어오며 잔잔한 의암호와 붕어섬에 인사를 건넨다.

주소 강원도 춘천시 스포츠타운길 113-1 **전화** 033-242-8463 **홈페이지** www.mullegil.org

》애니메이션박물관

의암호를 따라 드라이브를 즐기다 보면 아이들의 천국, 애니메이션박물관이 보인다. 애니메이션 특화도시를 지향하는 춘천의 명소이다. 전시관에서 애니메이션의 기원, 역사, 제작 원리 등을 살펴본다. 보는 내내 아이에겐 흥미롭고 부모에게는 어릴 적 추억 여행이 된다. 옆에 토이 로봇관도 있다. 통합 관람권을 사서 두 곳 다 둘러보면 좋다. 특히, 토이 로봇관에서 진행되는 로봇 댄스 공연은 볼만하니 공연 시간에 맞춰 꼭 관람하자.

주소 강원도 춘천시 서면 박사로 854 **전화** 033-245-6470 **홈페이지** www.gica.or.kr/Ani

추억이 흐르는 원시 숲

용대자연휴양림

그 숲에 층층이 추억이 쌓였다. 오랫동안 용대자연휴양림의 역사와 함께 동고동락 했으니 정(情)이 들었다. 고생고생하며 캠핑했던 4야영장이 사라지고 반짝이는 숲속의 집과 연립동이 화려하게 등장하는 걸 지켜봤다. 하지만 변한 건 건물뿐, 울창한 원시림과 더위가 덤빌 수 없는 시원한 계곡은 변함이 없다.

동해야, 설악아, 반갑다!

태백산맥 북쪽, 진부령 해발 600m에 위치한 용대자연휴양림은 우리나라 최북단 휴양림이다. 매봉산(1271m), 칠정봉(1172m)에서 내려오는 크고 작은 계곡이 모여 휴양림에 닿는다. 그 맑고 시원한 기운을 품은 천연림과 인공림이 조화를 이룬 숲이 휴양림 전체를 감싸고 있다. 해발고도가 높고 시원해 여름 휴가철에 특히 인기가 많은 휴양림이다. 미시령 터널이 뚫리면서 속초나 고성 바다가 바로 코앞으로 다가왔다. 푸른 바다를 만끽하며 속초에서 먹고 놀다가 위풍당당한 설악의 울산바위를 바라보며 휴양림에 입성한다. 백담사가 있는 내설악이든 신흥사, 울산바위가 있는 외설악이든 용대자연휴양림에서는 골라서 갈 수 있다. 설악과 동해를 모두 품에 안고 즐길 수 있으니 동해안 최고의 베이스캠프로 사랑받는 건 당연지사. "또 용대야?"라고 아이가 투덜대지만 이런 입지가 따로 없으니 또 안 갈 수가 없다. 10년 넘는 기간 동안 친정 식구, 시댁

원시림과 시원한 계곡 덕에 최고의 휴가지로 각인된 용대자연휴양림

식구, 친구 모두 용대 숲을 경험하게 했다. 그들도 "용대 가자!"면 으레 시원한 동해 바다, 설악산 구경할 겸 신나서 따라나선다.

연꽃잎 펼치듯 등장하는 숲, 숙박 시설, 야영장

황태의 고장, 인제 용대리에 들어선다. 아주 익숙한 길이지만 그래도 사계절 느낌이 달라서 좋다. 눈이 시원해지는 매바위 인공폭포가 보이면 거의 다 온 것이다. 인공폭포에서 진부령 방향으로 들어서면 꼬불거리는 길이 시작되기도 전에 용대자연휴양림에 닿는다. 매표소 앞 왼편으로 커다란 탱크가 인상적이다. 이곳이 바로 1996년 강릉 무장공비 침투 사건 때, 마지막 전투를 치른 곳이란다. 그 당시 꽤 큰 사회적 이슈였는데 아주 먼 옛날처럼 느껴진다. 이를 기억하고자 전적비와 안보 기념관도 세워졌다. 아이들과 탱크 앞에서 사진도 찍고 분단국가의 현실을 되새기고 간다.

용대자연휴양림이 자리한 마을을 연화동이라 부른다. 그래서 그런지 연꽃잎 펼쳐지듯 뭔가가 하나씩 등장한다. 먼저 나타나는 것은 아직도 남아 있는 연화마을의 민박, 펜션이다. 처음 이곳을 찾으면 이것을 휴양림 숙박 시설로 착각하기 쉽다. 곰두리산장을 지나 왼쪽 언덕에 2018년 문을 연 숲속의 집이 자리한다. 까치박달이라는 12인실을 제외하고는 모두 4인실이다. 고광나무, 덜꿩나무, 백당나무 등 다소 생소한 나무 이름이 붙어 있다. 별도로 방이 있고 4인실 치고는 꽤 크다. 야영장이 폐쇄되는 겨울에는 주로 이 숲속의 집을 이용해 이곳을 찾았다. 대가족이 찾는다면 선택의 여지 없이 까치박달을 노려야 한다.

숲속의 집을 지나 더 들어가면 왼쪽 언덕에 산림문화휴양관이 등장한다. 용대자연휴양림에서 가장 오래된 숙박 시설인데 4인실, 5인실로 구성되어 있다. 내

1 숲속의 집 4인실
2 대가족이 머물기 좋은 유일한 12인실, 까치박달

부는 리모델링 해 사용에 불편함은 없다. 가족 단위는 숲속의 집을, 산행을 계획한 사람은 주로 휴양관을 선호한다. 휴양관 앞 계단을 내려가면 야영장이고 차단기를 지나 안쪽으로 들어가면 2020년 선보인 연립동이 자리한다. 특히, 머루, 다래, 앵두란 이름의 연립동은 장애인 우선 예약 객실이다. 입구는 물론 방까지 모두 턱이 없고 화장실, 주방도 휠체어가 이동하기 편하게 되어 있다. 연립동은 예전 5야영장과 4야영장 주차장이 있던 자리에 조성된 것인데 너무 깊은 곳이라 종종 통신이 두절되었던 곳이다. 그래서 지금도 연립동을 예약하면 TV 수신이나 통신 난청 구역임을 감안해야 한다고 안내받는다. 그 대신 깊은 숲속에서 돈독한 가족애를 쌓을 수 있는 좋은 기회라고 여긴다.

처음 용대자연휴양림을 찾았던 10년 전에는 일곱 곳의 야영장이 있었다. 지금은 모두 없어지고 휴양관 앞에 단 하나의 야영장만 남아 있다. 예전의 3야영장인데, 열일곱 개였던 야영 데크마저 줄어 이제 단 열 개의 데크만 남아 있다. 매해 찾던 용대 숲에서의 캠핑이 점점 어려워지고 있으니 안타깝다. 희소가치가 높아진 만큼 예약만 성공한다면 더욱 쾌적한 캠핑이 가능하다.

용대자연휴양림에서의 추억 앨범

장소는 추억에 따라 평가받는다. 그런 면에서 용대자연휴양림은 우리에게 어떤 의미일까? 10년 동안 해마다 두 번 이상 방문했고 그곳에서 추억을 쌓았으니 동'거(居)'동락이란 단어가 딱 맞을 것이다. 첫 만남은 최악이었다. 2012년 여름, 폭우 속에 통신도 안 터지는 4야영장에서 시부모님까지 동반한 접대 캠핑. 그런데 신기한 것은 그렇게 고생고생을 하고도 또 찾았다는 것이다. 그것도 바로 얼마 후에. 아예 친정 식구 모두를 대동하고 야영장, 휴양관까지 잡아서 추석 내내 머물렀다. 그후 해마다 봄, 여름, 가을에는 야영장을 접수했다. 이곳을 베이스캠프로 설악산 백담사, 고성 소똥령, 건봉사, 화진포 등 주변 곳곳을 누볐다. 매번 예약했던 307번 데크는 앞에 여유 공간이 있어 캠핑하기 딱 좋았다. 여름에는 더운 데 돌아다닐 필요가 없다. 그냥 텐트 앞에 시원한 계곡이 에어컨이다. 울창한 나무들이 감싸 주니 더위는 들어올 틈이 없다.

1 용대자연휴양림 야영장
2 남 부럽지 않은 휴가
3 이보다 더 시원한 곳은 없다.

1

2

3

1 야영장에 찾아온 다람쥐
2 용대자연휴양림 야영장 가을 풍경

가을의 이곳은 또 얼마나 아름다운지. 야영장 잣나무가 다람쥐를 불러 모은다. 아침에 눈을 뜨고 텐트 문을 열면 열심히 잣 수집 중인 다람쥐와 자연스레 눈이 마주친다. 그 다람쥐를 잡겠다고 잠자리채 들고 다니는 개구쟁이 녀석들. 잠시 텐트를 비우고 근처 설악 여행도 다녀온다. 돌아오면 복작복작한 설악보다 아늑한 야영장 단풍이 더 예쁘다고 느낀다.

눈이 그리워도 이곳을 찾았다. 아니 처음엔 눈이 없었지만 꼭 하룻밤 머물면 다음날 아침엔 눈을 마주하게 된다. 휴양관 밖으로 보이는 하얀 숲. 주목나무, 가문비나무가 더욱 운치 있는 겨울 분위기를 연출한다. 연립동 밖으로 보이는 양치식물 가득한 뒤뜰에 쌓인 하얀 눈. 아이는 그냥 하얀 숲에서 뒹굴며 좋아한다. 이러니 또 용대자연휴양림을 찾을 수 밖에 없지 않은가?

》》》 숲 간략 정보

주소 강원도 인제군 북면 연화동길 7
전화 033-462-5031
숙박 시설 숲속의 집 5동(4인실 4동, 12인실 1동), 연립동 3동(7실), 산림문화휴양관 1동(14실)
야영 시설 야영 데크 10개
예약 숲나들e www.foresttrip.go.kr(주말, 여름 성수기 추첨/그 외 기간은 수요일 9시 선착순)

숲 주변 돌아보기

》 백담사

용대자연휴양림이 있는 용대리에는 내설악 백담사가 있다. 백담사까지는 보통 버스로 이동하니 버스 대기시간을 감안해 여유 있게 움직이는 게 좋다. 오고 가는 길에 계곡의 옥색 물빛에 반한다. 백담사 계곡에 정성껏 쌓아 올린 돌탑이 장관을 이룬다. 설악을 좀 더 느끼고 싶다면 옥빛 따라 수렴동 계곡을 걸어도 좋다. 영시암 정도까지는 아주 편한 길이다.

주소 강원도 인제군 북면 백담로 746 **전화** 033-462-6969

》 국립산악박물관

속초로 향하다 보면 미시령 터널을 지나자마자 설악산 아래 인상적인 건물을 만난다. 국립산악박물관이다. 한국 산악 문화와 역사를 한눈에 살펴보고 체험도 할 수 있는 곳이다. 에베레스트를 밟은 한국인들의 도전 정신에 감탄도 하게 된다. 2층에 있는 산악교실, 암벽체험실은 사전 예약제로 운영된다. 아이와 동행한다면 예약해서 꼭 체험해 보자.

주소 강원도 속초시 미시령로 3045 **전화** 033-638-4459

》 하늬라벤더팜

용대자연휴양림을 초여름에 찾았다면 꼭 들러야 할 곳이 있다. 바로 진부령 너머 고성에 위치한 하늬라벤더팜이다. 휴양림에서 25km 거리로 해마다 6월이면 보랏빛 물결이 넘실대는 곳이다. 나들이객, 사진 출사족이 각자 나름의 방법으로 라벤더의 향연을 즐긴다. 예쁜 사진도 중요하지만 더위를 식히고 인증샷도 남길 보라색 아이스크림은 필수. 라벤더밭 옆의 하늘거리는 호밀밭, 강렬한 양귀비 꽃밭도 인상적이다. 라벤더와는 또 다른 분위기가 연출된다.

주소 강원도 고성군 간성읍 꽃대마을길 175 **전화** 033-681-0005

휴양림계의 BTS

방태산자연휴양림

해마다 절절 끓는 삼복 더위를 피해 찾는 깊은 숲이 있다. 에어컨은 커녕 선풍기도 필요 없는 숲. 계곡에 발 담그는 순간 느껴지는 오싹함! 온몸이 냉장고 속에 들어앉은 기분이 든다. 역시 휴양림 계의 최고 아이돌, BTS(방태산)는 명불허전.

첩첩산중 오지가 인기 휴양림으로

방태산자연휴양림 하면 '원시적'이란 단어가 가장 먼저 떠오른다. 내린천 상류로 천혜의 청정 자연을 간직하고 있다. 방태산(1443m)은 백두대간에 인접해 봉우리가 높고 전망이 탁월하다. 이런 환경 덕에 평소 숙박, 야영객뿐 아니라 등산객에게도 인기 많은 휴양림으로 자리매김했다.

방태산자연휴양림은 서울양양고속도로가 생긴 후, 접근성이 월등히 좋아진 곳 중 하나이다. 이전의 방태산 가는 길은 그야말로 첩첩산중, 꼬불꼬불 멀미를 유발하는 길이었다. 그도 그럴 것이 방태산이 위치한 인제 남부권은 소위 '3둔 4가리'라 불리는 곳으로 《정감록》에 난리를 피해 숨어 있기 좋은 입지라 했단다. 한 마디로 '오지'였다. 그 오지가 이제는 일부러 달려가게 만드는 매력적인 곳이 되었다.

원시 느낌 가득한 방태산자연휴양림

원시 숲속의 선택받은 하룻밤

방태산자연휴양림은 깊고 광대한 자연환경에 비해 숙박 시설은 의외로 단출하다. 그 넓은 휴양림에 통틀어 숲속의 집 한 동, 휴양관 한 동이 전부다. 유일한 숲속의 집인 '멧돼지'는 12인실이다. 방이 무려 네 개나 있다. 멧돼지 옆에는 대형 주차장이 있고 조금 더 오르면 산림문화휴양관이 나온다. 방태산자연휴양림 안내 사진에서 많이 본 2층짜리 건물이다. 5인실, 6인실 위주로 총 아홉 개의 방이 있다. 숲속의 집은 한 가족이 사용하기에는 너무 크기 때문에 보통 두서너 명이 온다면 선택의 여지 없이 휴양관을 예약한다. 휴양관 앞에는 마당바위가 있어 계곡을 즐기기 좋다.

이곳에는 계곡 물소리를 배경음악 삼아 낮잠 즐기기 좋은 야영장이 있다. 야영장과 데크 개수는 줄었지만 여전히 방태산 야영장은 캠핑족, 등산객이 머물고 싶어하는 장소이다. 이제는 전기 사용도 가능하고 화장실, 샤워실 등 편의시설도 정비되었다. 자연미뿐 아니라 편리성도 갖춘 곳으로 업그레이드 된 것. 보통 휴양림 야영장은 주차하고 짐을 좀 옮겨야 하는데 이곳 야영장은 가까운 곳에 차를 둘 수 있다. 이런 점도 인기에 한몫한다.

해마다 여름에 조우하는 방태 숲인데도 매번 설렌다. 시원한 계곡 바람이 입

방태산자연휴양림의 유일한 숲속의 집, 멧돼지

바로 앞에 마당바위계곡이 있는 휴양관

1 편리성도 갖춘 방태산자연휴양림 야영장
2 사계절 아름다운 이단폭포

장객을 맞아준다. BTS 숲, 계곡에 오신 것을 환영합니다! 아이돌 본 것처럼 마냥 행복하다.

방태산자연휴양림의 상징이자 유명 사진 출사지인 이단폭포와 인사한다. 그동안 수량이 풍부해 시원한 모습, 너무 과해서 괴물처럼 무서운 모습, 가물어서 야윈 모습 등 다양한 이단폭포를 만나왔는데 오늘은 딱 적당하다. 모두 시원한 이단폭포의 모습을 담고 간다.

이곳에선 텐트도 장비도 거창할 필요가 없다. 작은 돔 텐트 하나 펼치면 울창한 숲이 그대로 타프가 되어 준다. 대단한 요리도 필요 없다. 꼬들꼬들 라면도 시원한 물소리 들으며 먹으면 진수성찬. 음악도 필요 없다. 계곡 물소리는 은은한 발라드 노래가 되고 때론 장쾌한 클래식 음악이 된다.

〉〉〉〉 숲 간략 정보

주소 강원도 인제군 기린면 방태산길 241
전화 033-463-8590
숙박 시설 숲속의 집 12인실 1동, 산림문화휴양관 1동(9실)
야영 시설 야영 데크 19개(13㎡ 5개, 10㎡ 14개)
예약 숲나들e www.foresttrip.go.kr(주말, 여름 성수기 추첨/그 외 기간은 수요일 9시 선착순)

숲 주변 돌아보기

》방동약수

방태산자연휴양림을 찾는다면 지척의 방동약수는 필수 코스이다. 가는 길에 들러 물병에 약수를 받아가자. 휴양림에 가서 방동약수로 윤기 좔좔 흐르는 밥을 짓고, 국을 끓여도 좋다. 왠지 건강해지는 느낌이 든다.

주소 강원도 인제군 기린면 방동약수로 89-59

》곰배령

천상의 화원, 곰배령에 오르는 길은 산림청 코스, 국립공원 코스 두 곳이 있다. 방태산자연휴양림에선 산림청 코스 점봉산 생태관리센터가 가깝다. 자동차로 30분 거리. 강선계곡을 따라 입산하는데 미리 탐방신청을 해야 한다. 야생화와 눈 맞추며 오르다 보면 어느새 평평한 곰의 배 위에 서 있고, 설악산 대청봉도 눈에 들어온다.

주소 강원도 인제군 기린면 곰배령길 12 **전화** 033-463-8166

》아침가리계곡

여름 인제는 시원하다. 특히, 아침가리계곡은 그 시원함을 몸소 느끼려는 트레커들로 붐빈다. 전체 코스에 욕심부리지 않고 슬렁슬렁 계곡을 거슬러 오르다가, 적당한 곳에서 쉬고 내려와도 좋다. 물속 바위는 미끄러우니 등산화는 필수. 안전을 위해 구명조끼도 입는 게 좋다.

주소 강원도 인제군 기린면 진동리

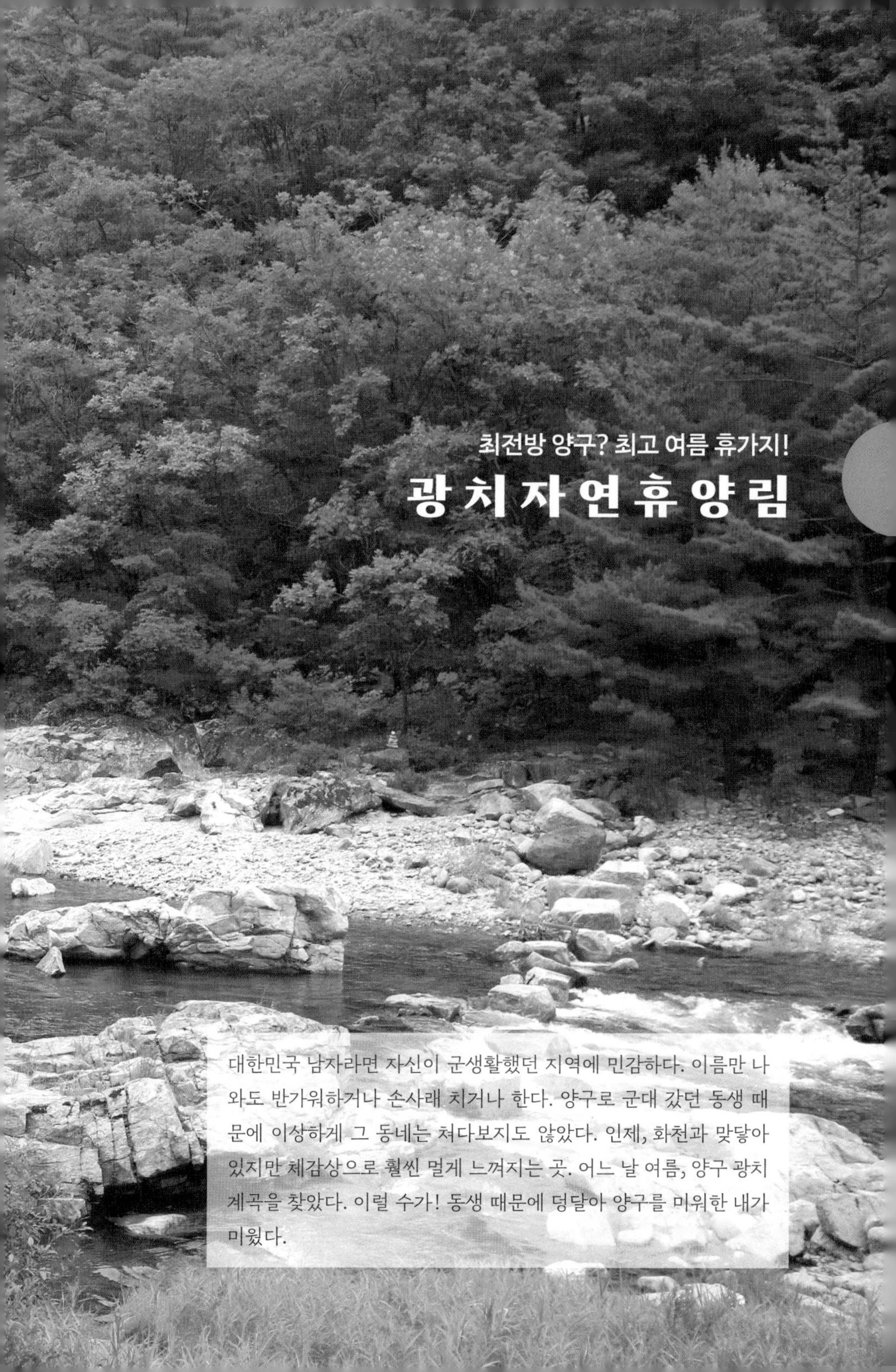

최전방 양구? 최고 여름 휴가지!

광치자연휴양림

대한민국 남자라면 자신이 군생활했던 지역에 민감하다. 이름만 나와도 반가워하거나 손사래 치거나 한다. 양구로 군대 갔던 동생 때문에 이상하게 그 동네는 쳐다보지도 않았다. 인제, 화천과 맞닿아 있지만 체감상으로 훨씬 멀게 느껴지는 곳. 어느 날 여름, 양구 광치 계곡을 찾았다. 이럴 수가! 동생 때문에 덩달아 양구를 미워한 내가 미웠다.

시원한 광치계곡 안에서 먹고 놀고 즐거운 휴가

여름에는 시원한 계곡이 진리이다. 하지만 여름 성수기는 자리 구하기도 힘들뿐더러 어딜 가나 북새통. 우연히 추천받은 양구의 계곡에서 기대 이상의 여름휴가를 보내고 나니 이젠 소문내고 싶지가 않다. 그래도 언젠가는 알려질, 아니 이미 알만한 사람들은 다 아는 그곳은 시원한 양구 광치계곡. 해발 800m의 광치령은 다양한 폭포와 계곡을 품고 있는데 그 안에 '광치자연휴양림'도 자리한다. 손때 묻지 않은 울창한 원시림은 광치의 자랑이다. 양구군이라 체감상 멀게 느껴지지만 사실 춘천에서 닭갈비 먹고 40분 더 간다고 생각하면 그리 먼 거리는 아니다.

광치자연휴양림은 2006년 개장한 공립 휴양림으로 광치계곡을 따라 길게 자리한다. 입구에 들어서면 관리소가 나오고 그 뒤로 즐겁게 물놀이 하는 인파를 목격한다. 물을 막은 계류보가 두 곳 있는데 관리소 뒤가 그중 한 곳으로 첫 번째 물놀이 포인트이다. 관리소를 지나면 숫자로 된 이정표가 있다. 1번을 따라

광치자연휴양림 안의 조형물, 전쟁의 아픔에서 평화를 되새긴다.

계곡의 물을 막은 계류보는 훌륭한 물놀이장

개느삼이란 재밌는 이름의 2인실

다리를 건너면 첫 번째 숙박 시설이 나온다. 왼편으로 숲속의 집 아홉 동이 모여 있는데 개느삼1~9호이다. '개느삼'은 양구에서 자생하는 콩과의 낙엽 관목이란다. 대부분 2인실이고 개느삼6호, 7호만 4인실이다. 자연휴양림에서 보기 드문 2인실이라 관심이 간다. 이곳 숙박객은 개느삼5호 뒤쪽의 공동 바비큐장을 이용해야 한다. 특히, 개느삼7~9호는 바로 앞이 계류보 물놀이장이라 아이들이 안전하게 물놀이 하기에는 더없이 좋은 위치. 내 집 앞이 수영장인 셈이다.

다리 건너 오른쪽으로 가면 세모 지붕을 한 숲속의 집이 차례대로 등장한다. 301호 주목나무만 12인실이고 나머지 숙소는 6인실이다. 일단 특이한 세모 모양에서 점수를 먹고 들어간다. 원룸형에 다락방이 하나 있는 구조이다. 가장 처음 306호 버드나무 방이 앞에 공간이 있어 여유롭고, 그 다음부터는 숙박 시설 간격이 좀 좁다. 조금 아쉬운 점이다. 이 세모난 숙박 시설은 광치자연휴양림에서 가장 인기가 많다. 일단 단독 바비큐장이 있고 바로 옆에는 계류보 물놀이장과는 다른 느낌의 자연스러운 계곡이 흐른다. 평평한 계곡이라 물놀이 하거나 쉴 때도 안전하다. 울창한 숲속이라 그늘도 좋다. 아이들에겐 물놀이장이 좋겠지만 어른들은 의자 놓고 앉아 시원한 계곡물에 발 담그고 망중한을 즐긴다. 이보다 더 좋은 휴가는 없다.

1 세모 집 옆의 놀기도 쉬기도 좋은 계곡
2 색다른 이글루 모양의 6인실
3 일반적인 모양인 숲속의 집 6인실

처음으로 돌아와 관리소에서 2번 이정표를 보고 찾아가면 또 다른 숙박 시설이 나온다. 502호, 503호라는 벽돌집과 504호라는 눈에 띄는 이글루 모양의 집이다. 이 앞에 두 번째 계류보 물놀이장이 있고, 놀이터와 샤워실, 화장실, 데크와 쉼터가 마련되어 있다. 물놀이 하다가 쉬고 다시 '물로 풍덩'을 반복할 수 있다.

3번 이정표를 따라가면 200번대 숙박 시설이 자리한다. 201호 소나무, 202호 마가목, 203호 벚나무, 204호 전나무, 205호 느릅나무로 모두 6인실이다. 옆에 바비큐 공간이 있는 일반적인 숲속의 집 형태다. 205호 옆에는 층층나무란 12인실이 있는데, 바비큐 공간도 두 배로 넓다. 숙박동 위로 너른 운동장과 그 윗단에 2층의 산림휴양관이 자리한다. 휴양관에는 4인실 방이 여덟 개 있다. 대암산 등산로가 바로 위에서 시작되어 산객들이 많이 묵고 간다.

폭포수 바람 맞으며 더위 탈출

오랜만에 방문하니 광치자연휴양림 안에 '숲속카페'가 생겼다. 마을에서 운영하는 곳으로 방문객에게 휴식 공간을 제공하고 지역 경제도 활성화하는 좋은 시스템이다. 여느 카페와는 달리 파전을 먹을 수 있는 것이 이곳만의 매력. 물놀이 후 먹는 파전은 꿀맛이다.

숲속카페에서 산길로 조금 들어가면 아이들이 좋아할 만한 공간이 나온다. 숲속 모험 시설에서 아이들은 밧줄 타기, 암벽타기를 하며 즐거운 시간을 보낸다. 특히, 미니 집라인이 가장 인기가 많다. 서로 타겠다고 하니 조금 기다리는 미덕이 필요하겠다.

무장애 나눔길도 있다. 노약자, 장애인도 안전하고 편하게 숲을 즐길 수 있는 평지성 산책로이다. 거리는 길지 않지만 계곡 따라 시원한 산책을 즐길 수 있다. 휴양관에서 조금 더 들어가면 대암산생태탐방로의 출발점이다. 두 시간부터 다섯 시간까지 다양한 코스가 있다. 가족들과 원시 숲을 느끼며 적당히 걷고 시원

1 커피와 파전을 즐길 수 있는 숲속카페
2 숲속 모험 시설을 즐기는 아이들

시원한 옹녀폭포

무장애 나눔길은 계곡 따라 걷기 좋다.

한 폭포도 보고 싶다면 옹녀폭포까지 다녀오는 1코스가 적당하다. 왕복 5km 거리로 평소 산행을 즐겨 하지 않는 사람이라면 약간 힘든 정도이다. 처음에는 평탄한 숲길. 계곡을 여러 번 넘나든다. 청량한 물소리에 기분도 상쾌하다. 걷다가 숲속에 있는 무언가를 보고 깜짝 놀란다. 노루, 다람쥐, 호랑이까지. 진짜는 아니지만 조형물이라도 꽤 실감난다. 본격적인 오르막이 시작되니 숨이 가빠온다. 그러다가 다시 다리를 건너면 어디선가 물소리가 들려온다. 원시적인 양치식물들의 응원을 받으며 옹녀폭포에 도착한다. 물안개 가득한 신선이 나올 것 같은 폭포다. 에어컨 바람보다 더 시원한 천연 폭포수 바람 맞으며 올해 더위는 여기서 다 날려버린다.

》》》 숲 간략 정보

주소 강원도 양구군 국토정중앙면 광치령로 1794

전화 033-482-3115

숙박 시설 숲속의 집 25동(2인실 7동, 4인실 3동, 6인실 13동, 12인실 2동), 산림문화휴양관 1동(8실)

예약 숲나들e www.foresttrip.go.kr(매월 1일 9시 선착순)

숲 주변 돌아보기

》박수근미술관

박수근 생가터에 군립 미술관인 박수근미술관이 자리한다. 양구 읍내에 있으니 들러서 미술관도 보고 장도 봐서 휴양림으로 가면 좋다. 기념관에서 박수근의 일대기를 살펴보고, 손때 묻은 안경부터 메모지까지 보며 그의 인생을 되짚어본다. 기념관 뒷산으로 가면 묘소도 있다. 부인과의 합장묘로 묘비에서도 소박함이 묻어난다.

주소 강원도 양구군 양구읍 박수근로 265-15 **전화** 033-480-7226

》두타연

금강산 가는 길목인 양구에는 50년 동안 민간인 출입이 통제되었던 천혜의 생태지역, 두타연이 있다. 두타연계곡은 민통선 안쪽이라 숨겨져 있다가 2006년에야 공개되었다. 모순이지만 전쟁의 아픔이 아름다움을 지켜준 것이다. 방문절차를 거치고 들어가면 열목어 형상의 조형물이 반겨준다. 힘차게 흐르는 두타연폭포와 용소를 한동안 감상한다. 걷다 보면 조각 공원도 있고 탱크도 만날 수 있다.

주소 강원도 양구군 방산면 두타연로 297

》양구전쟁기념관

양구에는 최전방답게 한국전쟁을 떠올리는 장소가 많다. 해안면에 전쟁기념관도 있다. 한국전쟁 때 벌어졌던 피의 능선, 펀치볼, 백석산 전투 등 9개의 전투를 살펴보고 재조명하는 곳이다. 입구의 기둥마다 각 전투의 내용이 정리되어 있다. 기념관 건물은 모던하면서도 엄숙한 느낌이라 인상적이다. 철모와 총탄이 예술 작품처럼 꾸며진 공간도 있다. 마지막에 각 전투 전사자 이름을 보며 가슴이 울컥한다.

주소 강원도 양구군 해안면 해안서화로 35 **전화** 033-480-2674

실개천 사진 한 장에 혹하는 곳

월악산국립공원 용하야영장

월악산의 수많은 캠핑장, 펜션을 지나 다다른 길의 끝. 그곳에 용하 야영장이 있다. 최상류라 깨끗한 것은 당연지사. 옥빛이란 이런 것이라 알려주는 계곡, 춤추는 소나무 아래 앉아 실개천에서 물장난하는 아이들을 보라. 눈과 마음이 정화되는 지상낙원의 풍경이다.

월악산에는 송계 말고 용하도 있다네

여름에 월악산 계곡에 물놀이 가야지 하면 송계계곡이 가장 먼저 떠오른다. 물론 송계계곡도 좋지만 덜 혼잡한 곳을 물색한다면 조금만 동쪽으로 이동하자. 한 블록만 더 가면 월악산 용하구곡이 있다. 차량 교행이 힘들 정도로 좁은 길을 끝까지 가면 마지막에 용하야영장과 마주한다. 맑은 물이 억수로 쏟아져 '억수리'라는데 이름처럼 첩첩산중에서 흘러온 온갖 물줄기가 이곳에 다 모인 듯 시원스러운 풍광이다.

용하구곡은 월악산 영봉 남쪽의 만수봉과 동남쪽 문수봉 사이 계곡이다. 활래담, 청벽대, 관폭대, 수문동폭포 등 아홉 가지 명소를 빚으며 흘러 '용하구곡'이란다. 천연림과 이끼가 끼지 않은 맑은 물로 절경을 자랑한다. 하지만 현재 용하구곡은 자연공원법에 의해 출입금지 구역이다. 그 아쉬움을 대신 구곡이 흘러 닿는 용하야영장에서 느껴본다.

용하구곡 옥빛 계곡

실개천에서 노는 아이들 바라보며 식사 준비하기

처음 용하야영장을 찾는 사람은 대부분 사진 한 장에 혹한다. 맑은 물에서 아이들이 놀고 엄마, 아빠는 바로 옆 텐트에 앉아 식사를 준비하는 모습. 계곡물이 흐르는 캠핑장은 많지만 이렇게 야영장 한가운데로 흐르는 광경은 흔하지 않다. 게다가 깨끗하고 수심도 깊지 않아서 아이가 놀기에 안성맞춤. 실개천에 발 담그고 놀 아이들을 떠올린다.

용하야영장 입구에는 매점이 있다. 매점이 있다는 건 한번 들어서면 나오기 어려울 정도로 깊은 곳에 있다는 뜻이다. 잊은 물건이 있다면 간단한 식료품, 비품은 이곳에서 구매할 수 있다. 오른편으로 편의시설동과 A, B구역이 있다. 용하야영장은 어디든 주차하고 짐을 수레로 옮겨야 한다. 평지라 부담은 없으나 거리 차이는 있다. 길가 쪽이 A구역이고 계곡 쪽이 B구역이다. 특히, 가운데 실개천 바로 옆 사이트는 경쟁이 치열한 곳이다. 실개천은 정비되어 위험 요소가 없지만 바로 앞에서 지켜보고 싶은 것이 부모의 마음. 아이가 있는 집은 필히 실개천을 점유할 수 있는 명당을 노려야 한다.

포토 존 같은 중앙 바위서 왼편으로 가면 드넓은 주차장과 C구역이 있다. C구역에는 가운데 개천이 없어 운치는 덜하지만, 주차장과 가까워 짐 옮기기는 편

용하야영장 포토 존

실개천은 없으나 조용한 캠핑이 가능한 C구역

가을에는 조금 여유로운 용하야영장

리하다. 성인끼리 찾거나, 아이 소리가 들리지 않는 호젓한 곳을 선호한다면 이곳이 적당하다. A, B구역에는 소나무가 많은 반면 C구역에는 참나무가 판을 치고 있다.

아이들은 아침부터 저녁까지 실개천을 들락날락한다. 놀다가 밥 먹으라 부르면 달려오고, 먹고 나서 다시 시냇물로 풍덩. 설사 가물어 계곡물이 말라도 실개천은 변함없이 흐른다. 비록 인공적으로 조성한 시냇물이지만 이리 기쁨 주는 아름다운 스폿이 될 줄이야. 꼬맹이들이 있는 집에는 정말 감사한 놀이터다. 실개천이 시시한 큰 아이와 성인은 진짜 계곡으로 가면 된다. 굽이굽이 용하구곡을 흘러온 맑은 물이 내 몸을 급속 냉동시킨다.

하늘이 참 예술이다. 어디 갈까? 궁리하다가 야영장 그늘 아래 앉아 있으니 나서기가 귀찮아진다. 그냥 하루종일 먹고 놀다 가리라. 평소 안 하던 요리도 막 하고 싶어진다. 참나무가 도토리 토해내는 소리를 들으며, 계곡 ASMR 들으며, 자연 카페 '용하'에서 푹 쉬다 가련다.

》》》 숲 간략 정보

주소 충청북도 제천시 덕산면 월악산로 913
전화 043-653-3257
야영 시설 59개 영지
예약 국립공원 예약시스템 reservation.knps.or.kr

숲 주변 돌아보기

》능강솟대문화공간

용하야영장에서 옥순대교로 향하는 호반길을 따라가면 눈길을 끄는 공간이 하나 나온다. 바로 능강솟대문화공간이다. 솟대는 하늘을 향한 인간의 소망을 담은 것으로 전통이 담긴 조형물이다. 이런 솟대를 현대적으로 재해석하여 예술 작품으로 승화시킨 전시품들을 감상하며 자신의 소망도 빌어보자.

주소 충청북도 제천시 수산면 옥순봉로 1100 **전화** 043-653-6160

》제비봉

월악산 영봉은 '악'소리 날 것 같아 겁이 나면서도 멋진 풍광은 보고 싶다면 난이도를 낮춰 제비봉에 도전해보자. 해발 721m. 등산로는 충주호 유람선 타는 장회나루 앞에서 시작한다. 시작부터 내내 오르막이다. 깎아지른 듯한 듯 철제 계단에 숨이 턱 막혀오지만, 조금 참고 오르면 잊지 못할 풍경이 펼쳐진다. 제비가 비상하는 모양이라는 이름처럼 하늘을 나는 듯 짜릿하다. 눈앞의 충주호 풍광은 그대로 사진 공모전 최우수작 감이다. 바위를 뚫고 자라는 멋드러진 소나무는 또 어찌 이리 사랑스러울까? 흘린 땀에 비해 가져가는 황홀함이 100배도 넘는 곳이다.

주소 충청북도 단양군 단성면 설마로 31-36

겁나 시원한 호남 피서지

방화동 자연휴양림·가족휴가촌

외지인이 몰리는 소문난 맛집보다 때로는 현지인 맛집이 끌린다. 이런 곳은 투박하지만 내공이 느껴진다. 숲도 그렇다. 소문난 숲보다 지역민들이 많이 찾는 그런 휴식 공간은 뭔가 포스가 있다. 무진장의 '장수'는 호남의 대표 피서지. 무진장 더운 여름, "시원하당께"를 연발하며 이름처럼 휴가촌에서 휴가를 보낸다.

물의 고장, 긴 물줄기 따라 자리한 거대 휴양단지

장수는 물의 고장이다. 길 장(長), 물 수(水)란 이름 그대로 길고 시원한 물줄기를 어디서든 만난다. 그중 장수군 명산, 장안산 아래 덕산계곡을 따라 길게 자리한 천혜의 휴양지가 바로 방화동자연휴양림과 가족휴가촌이다. 전라도의 전통적인 피서지였으나 이제는 대전통영고속도로나 새만금포항고속도로(익산~장수)로 접근성이 좋아져 외지인들도 많이 찾는 곳이 되었다.

방화동자연휴양림과 가족휴가촌은 한 몸이다. 편의상 숙박 시설이 있는 자연휴양림과 대규모 야영장이 있는 가족휴가촌을 나누어 두었지만 장수군에서 같이 관리하고 예약도 함께 하니 한 덩어리로 봐도 좋겠다. S자로 굽이굽이 흐르는 계곡을 따라 안쪽에 자연휴양림이, 바깥쪽에 가족휴가촌이 자리한다.

관리소를 지나 입구에 들어서면 여느 유원지와 다름없다. 커다란 주차장이 있고 매점과 식당이 보인다. 계곡 건너에는 당일 피크닉족이 그늘막 텐트를 치고 낮잠을 즐긴다. 물가에는 삼삼오오 물놀이가 한창이다. 오른편 언덕 위로 숙박 시설 몇 곳이 눈에 띈다. 이 숙박 시설은 가족휴가촌으로 분류되는데 붉은 빛의 가족휴양동이란 건물은 다른 휴양림의 산림문화휴양관과 같은 곳이다. 2층 건

가족휴가촌의 다문화동

입구 선착순 야영장과 물놀이장

물로 단체 여행객이나 대가족에게 유용한 숙박 시설이다. 다문화동이란 이색적인 숙소도 있다. 외관이 베트남, 필리핀, 중국, 일본 스타일로 단독 숲속의 집 역할을 하는 6인실이다.

다문화동 앞, 계곡 따라 평지에 본격적으로 텐트가 등장한다. 이곳이 바로 캠퍼들이 '방화동'이라 부르는 그 유명한 캠핑 스폿, 가족휴가촌이다. 방화동 가족휴가촌에는 크게 선착순 야영장과 예약제 야영장이 있다. 입구에 피크닉족이 모여 있는 곳이 선착순 야영장으로 여름철에는 피 튀기는 자리 경쟁이 펼쳐진다. 현지인들에게 유리하며 실제로도 많이 찾는 곳이다. 예약제 야영장은 또 세 곳으로 나뉜다. 먼저 52개의 오토캠핑 사이트가 있는 곳, 다음은 카라반 전용 구역, 그리고 산림생태숲 앞 네 개 사이트가 있는 일반 야영장. 현지인이 아닌 경우, 마음 편하게 예약하고 이곳에서 캠핑하면 된다.

초입에 화장실 등 편의시설이 나오고 안쪽으로 길 따라 오토캠핑장이 펼쳐진다. 오토캠핑장은 사이트가 큼직큼직해서 여름에도 거실형 텐트가 눈에 띈다.

1 방화동자연휴양림 오토캠핑장
2 울창한 나무 그늘의 사이트들
3 호젓하게 자리한 숲속의 집

계곡을 따라 25개의 사이트가 쭉 자리하고, 길을 사이에 두고 나머지 26~52번 사이트가 위치한다. 오토캠핑장 전체 모습을 위에서 보면 반달 같다. 여름에는 당연히 계곡 쪽이 인기가 많겠지만 계곡 쪽은 상대적으로 그늘이 부족하다. 오히려 안쪽 사이트가 울창한 플라타너스 나무 지붕이 생겨서 시원하다.

오토캠핑장을 지나면 오르막이 시작되는데 그 직전 오른편에 카라반 사이트가 있다. 이곳은 자가 캠핑카나 카라반을 끌고 와서 캠핑하는 구역으로 모두 열한 개 사이트가 있다. 바닥은 잔디 블록으로 되어 있으나 일반 텐트는 칠 수 없다. 다리를 건너 오르막길을 조금 오르면 산림체험원·생태숲이 나온다. 그 앞에 아담한 일반 야영장이 있다. 사이트가 네 개 있는데 캠핑 스타일에 따라 구역이 나뉘어 있지만 전기 사용도 가능하고 시설 면에서는 오토캠핑장과 별반 다르지 않다.

생태숲과 일반 야영장을 지나 500m쯤 들어가면 산림문화휴양관 한 동, 숲속의 집 네 동이 호젓하게 자리하고 이곳을 방화동자연휴양림이라 부른다. 계곡 따라 시원스럽게 자리한 별장 같다. 잘 정비된 계곡에서 아이들이 물놀이를 즐기고 있다. 휴양관은 방화동자연휴양림 대표사진에서 본 익숙한 모습이다. 넓직한 공간에 듬성듬성 배치된 숲속의 집 네 동은 아주 쾌적해 보인다. 자연휴양림, 가족휴가촌을 통틀어 가장 욕심나는 자리이다.

용소찾아 징검다리를 폴짝폴짝!

장수 '방화동' 하면 캠퍼는 캠핑, 물놀이를 떠올리고 산악회에서는 장안산 군립공원 트레킹 코스로 인식한다. 캠핑족은 보통 캠핑만 하고 돌아가는데, 오토캠핑장에 텐트를 치고 아침 일찍 덕산용소 트레킹을 나서면 어떨까? 덕산용소까지는 3km. 가족과 기분 좋게 땀 흘리며 다녀올 만하다. 휴양림에서 출발하면 더욱 가깝다. 숲속의 집 단지 옆으로 용소 트레킹이 시작되는데 여기부터 거리가 2.4km다. 초반에는 넓고 편한 길로 스타트! 양지와 음지를 반복하며 길은 이어지는데 계속 시원한 물줄기가 따라온다. 500m 지점쯤 시원한 폭포를 마주한다. 방화폭포라는 인공폭포이다. 방화폭포를 지나 시원한 발걸음을 이어가다 보면 1.2km 지점에서 갈림길이 나오며 편한 산책로는 끝난다. 길은 두

계곡 따라 데크길을 편하게 걷는다.

걷다가 빛 내림을 목격하다.

가지. 한쪽은 오르락내리락하는 산길이고 한쪽은 징검다리로 계곡을 넘나드는 우회로이다. 여름이니까 이왕이면 시원한 계곡을 온몸으로 느끼는 길이 더 끌린다. 징검다리 위에서 잠시 심호흡을 한다. 계곡 바람이 선사하는 음이온에 온몸이 깨끗해진다. "겁나 시원하네" 전라도 방언이 터져 나온다. 산길에서 멋진 빛내림을 목격한 아이는 신기함에 눈이 초롱초롱 빛난다. 또 징검다리. 폴짝폴짝 건너고 시원한 물도 한번 만져본다. 다시 숲길. 이번에는 산죽들이 반겨준다. 산악회 사진에서 많이 본 데크로드가 나오면 용소가 가까워진 것이다. 편하게 데크 길로 계곡을 오르면 드디어 1용소에 도착한다.

우렁찬 물소리가 일품인 1용소를 '아랫용소'라 부르기도 한다. 영화 〈남부군〉에서 빨치산 목욕장면을 찍은 장소란다. 그만큼 계곡이 깊고 특유의 분위기가 짙다. 데크로드를 조금 더 걸으면 시끌시끌해지며 물놀이족이 모여 있는 윗용소에 도착한다. 아랫용소보다 조금 작지만 널찍한 바위가 여기저기에 있어 쉬어가기 딱 좋다. 바위에 새겨진 바둑판도 인상적이다. 옛날 유배 온 황희정승이 우울할 때 이곳에서 푸른 물빛을 벗 삼아 바둑을 뒀다는 이야기도 흐른다. 이제 휴양림으로 돌아갈 시간. 내려가다가 더운 일상 속으로 돌아가기 싫어서 자꾸만 계곡을 쳐다본다. 결국은 징검다리 위에 눌러앉아 살갗이 따가울 정도로 차가운 물에 발을 담그고 만다.

〉〉〉〉 숲 간략 정보

주소 전라북도 장수군 번암면 방화동로 778

전화 063-350-2474

숙박 시설 자연휴양림: 숲속의 집 4동, 산림문화휴양관 1동(16실), 가족휴가촌: 다문화동 4동, 가족휴양동 1동(19실)

야영 시설 가족휴가촌: 오토캠핑장 52영지, 카라반 캠핑장 11영지, 청소년 일반 야영장 4영지

예약 숲나들e www.foresttrip.go.kr(월요일 9시 선착순)

숲 주변 돌아보기

》논개사당(의암사)

장수읍에는 논개의 영정을 모신 사당이 있다. 임진왜란 때 진주성에서 적장을 껴안고 남강에 투신한 논개. 장수는 충절의 여인 논개의 고향이고 의암사는 그녀를 기리는 사당이다. 의암사 앞, 의암호 주변에는 수변 데크길도 있어 산책하기 좋다.

주소 전라북도 장수군 장수읍 논개사당길 41

》도깨비전시관

논개생가가 있는 주촌마을에는 도깨비전시관이란 흥미로운 공간도 있다. 옛날이야기에 재미를 붙인 어린아이가 있다면 딱 좋은 코스다. 어른들에게도 어릴 적 향수를 불러일으키는 공간이다. 초등학생 이상이라면 다소 유치하다 느낄 수 있지만 그래도 잘 논다. 도깨비 친구들과 손을 잡으면 노래도 흘러나온다. 도깨비 가면, 방망이도 꽤 정교하게 만들며 즐겁게 시간을 보낸다.

주소 전라북도 장수군 장계면 논개생가길 31-13

》승마레저파크

장수나들목에서 나오자마자 파란 하늘을 배경으로 인상적인 트로이목마를 목격하게 된다. 이곳은 승마체험장으로 방화동자연휴양림과는 불과 15분 거리이다. 예전 장수승마체험장이 승마 체험뿐 아니라 힐링센터, 식당, 카페, 펜션, VR체험 존까지 갖춘 복합 레저 파크로 변신했다. 다양한 프로그램이 있으니 아이들과 수준에 맞는 코스를 선택해 즐기면 좋다. 너무 어린 아이라면 말 간식 주기 체험이 가능하다.

주소 전라북도 장수군 장수읍 승마로 42 **전화** 1688-6397

시원스러운 용추계곡, 이것 하나로 게임 끝

대야산자연휴양림

휴양림을 찾다 보면 루틴이 생긴다. 해마다 추운 계절이 되면 텐트 대신 캐빈에서 아늑한 겨울 캠핑을 즐기기 위해 찾는다. 5월이면 1년에 한번 개방하는 봉암사를 찾기 위해 하룻밤 묵어갔다. 여름에는 무더위를 식히기에 또 용추계곡 만한 곳이 없다. 아, 내 휴양림 루틴에 단단하게 박힌 그 이름은 대야산자연휴양림!

충청도 같은 경상도의 자연휴양림

문경시 가은읍 용추계곡에 자리한 대야산자연휴양림은 문경새재, 선유계곡까지 두루 섭렵할 수 있는 위치에 있다. 경상도와 충청도 경계에 있어 사실 충청도 같은 경상권이다. 대야산(930m)과 둔덕산(970m)에 둘러싸인 천혜의 입지를 자랑한다. 대야산은 속리산국립공원 안에 포함된다.

대야산자연휴양림은 접근방법에 따라 사뭇 느낌이 다르다. 먼저, 중부내륙 고속도로로 문경새재를 거쳐, 가은 읍내를 통과해 들어오면 구불거리지 않고 쑥 들어가는 편안한 길이다. 길도 큼직하고 휴양림 첫인상도 깔끔하다. 다른 방법으로 괴산을 통과해 구불구불한 산길을 지나서 들어가면 깊은 오지처럼 느껴진다. 이런 상반된 이미지는 휴양림 안에서도 계속된다.

수려한 용추계곡을 품고 있는 대야산자연휴양림

깔끔하면서도 깊은 숲의 느낌이 좋은 대야산자연휴양림

눈길 사로잡는 깔끔하고 세련된 시설들

처음 대야산자연휴양림을 찾았을 때는 캐빈이란 야영 시설이 없었다. 야영장은 없었지만 깔끔한 숙박 시설과 시원한 계곡 소문을 듣고 달려갔다. 역시 입구부터 세련되고 깔끔하다. 둥근 모양의 안내센터, 목공예 공방이 먼저 반긴다. 가장 처음 만나는 숙박 시설은 제2산림문화휴양관이다. 모던한 모습에 건축학적으로 공을 들인 건물임을 알 수 있다. 여느 휴양관 방에 비해 층고도 높고, 크기도 꽤 넓은 편이다. 휴양관 옆으로 용추계곡 가는 길이 있어 여름 물놀이객은 2휴양관을 선호한다.

초입의 2휴양관에서 위로 올라가면서 숙박 시설이 하나씩 등장한다. 가장 앞에 2020년 문을 연 신생 숲속의 집 세 동이 나란히 나온다. 차례대로 둔덕산, 희양산, 주흘산이란 이름을 가진 6인실이다. 최신 시설인 만큼 깨끗하고 인기가 많다. 신생 숲속의 집을 지나면 겨울에도 캠핑이 가능한 동그라미 캐빈이 데굴데굴 구르듯 다가온다. 총 열 동이 있는데 2015년 여름 개장 후 지금까지 꾸준히 사랑받고 있다. 이 통나무 캐빈 안에는 그야말로 아무것도 없다. 텐트만 안 친다고 생각하고 침낭, 매트, 취사도구 등 모든 캠핑용품은 챙겨 가야 한다. 또 화장실이나 취사장 등은 공용 시설을 이용해야 한다. 텐트가 없어서 망설이는 초

1 모던한 모습의 2휴양관
2 인상적인 원형 캐빈
3 모던한 모습의 연립동

1

2

3

보 캠퍼나, 겨울에 좀 편하게 캠핑을 즐기고 싶은 사람에게 적합한 시설이다. 참고로 캐빈은 숙박 시설이 아니라 야영 시설로 분류된다. 예약할 때, 야영 시설로 검색해야 나온다.

캐빈을 지나면 연립동이 하나둘씩 나오는데 처음에 나오는 연립동은 지극히 평범한 통나무집이다. 이름도 너무나 보편적인 머루, 다래, 진달래 등의 8인실이다. 조금 더 들어가면 계곡을 감싸고 있는 색다른 건물이 눈에 들어온다. 모던한 모습의 트리하우스처럼 띄워서 지은 복층 7인실이다. 산머루, 산돌배, 산딸기, 산수유로 이름 첫 글자를 '산'으로 통일한 것이 재미있다. 묵어 보니 7인실이지만 약간 작아서 4~5인 가족에게 적합해 보이고, 모양이 세련되어서 끌렸지만 사실 실용성은 일반 연립동이 낫겠다 싶다. 세련된 연립동 네 동 위쪽으로 대야산의 터줏대감 같은 제1산림문화휴양관이 자리한다. 대야산의 가장 오래된 객실로 6인실, 8인실을 합쳐 8개로 구성되어 있다. 세련된 느낌은 없지만 휴양림 가장 안쪽이고 산책로가 가까워 숲속 느낌은 가장 좋다. 마지막으로 연립동 306호 옆으로 대야산자연휴양림의 주인공처럼 '대야산'이란 대형 숲속의 집이 자리한다. 2017년에 신축한 12인실이다. 2019년 여름 성수기 추첨에서 114:1의 최고 경쟁률을 기록해 톡톡히 유명세를 탔다. 한여름 피서를 계획하고 대가족이 움직인다면 이보다 더 좋은 숙소는 없을 것이다. 다만, 경쟁률이 높아 예약 가능성이 희박하다는 것이 최대 단점이다.

동그라미 캐빈에서 하룻밤

동글동글한 귀여운 모양은 눈길을 끈다. 총 열 동인데 편의시설동 바로 앞에 1번, 2번 캐빈이 있고 3~5번은 길 건너에 자리한다. 1~5번 캐빈은 편의시설은 가깝지만 주차 후 짐을 옮겨야 한다는 단점이 있다. 반면 나란히 자리한 6~10번 캐빈은 옆에 차를 둘 수 있는 장점이 있고 그래서 인기가 많다. 각 캐빈 앞 테이블에서 먹고 놀기도 좋다. 햇빛이 강한 날은 타프 하나 정도 치면 아늑하다. 예약이 상대적으로 수월한 겨울에만 대야산 캐빈을 다섯 번 찾았다. 너무 자주 가니 나중에는 가족에게서 "또 대야산이야!"란 원망 아닌 원망이 터져 나오지만 그래도 뜨끈한 캐빈에서 뒹굴뒹굴하면서 놀면 그리 좋을 수가 없다. 창밖의 참나무만 쳐다보고 있어도 기분이 상쾌해진다. 다음 날 아침, 하얗게 변한 동그라미 집들을 보니 동화 속 겨울 왕국, 그 황홀한 모습이다.

하룻밤 사이에 하얀 왕국이 된 대야산

1 용추계곡 가는 산책로
2 시원한 용추계곡에서 첨벙첨벙

2휴양관 앞이나 캐빈 옆으로 '가족 산책로'란 이정표가 보인다. 길을 따라가면 사방댐을 지나 숲길로 간다. 대야산과 둔덕산 사이로 흘러내리는 용추계곡길이 나온다. 너럭바위에 앉아 있으면 신선놀음이 따로 없다. 평평하고 안전해 보통 이곳 하류에서 여름에 물놀이를 즐긴다. 차가운 물에 발만 담아도 전율이 흐른다. 길을 따라 15분 정도 오르면 용추폭포가 보인다. 유명한 하트 모양의 폭포이다. 어디에나 흐르는 용의 전설이지만 대야산은 하트 모양이라 그런지 더욱 애틋하게 느껴진다. 용소는 깊어서 물놀이 하기엔 위험하다. 여름에는 이 용추계곡 하나만으로도 빛이 나며 찾아야 할 충분한 가치가 있는 곳, 대야산자연휴양림이다.

》》》 숲 간략 정보

주소 경상북도 문경시 가은읍 용추길 31-35
전화 054-571-7181
숙박 시설 숲속의 집 4동, 연립동 9동, 산림문화휴양관 2동(19실)
야영 시설 캐빈 10동
예약 숲나들e www.foresttrip.go.kr(주말, 여름 성수기 추첨/그 외 기간은 수요일 9시 선착순)

숲 주변 돌아보기

》에코랄라

문경 최초의 '문화 콘텐츠 테마파크'를 지향하는 곳이 '에코랄라' 이다. 문경 가은읍에 자리하므로 대야산으로 오고 가는 길에 필수 코스다. 기존에 있던 석탄박물관, 가은오픈세트장 옆에 에코타운과 자이언트포레스트 등을 추가했다. 아이 동반 가족은 박물관이나 에코타운보다 놀이터인 자이언트포레스트에서 많은 시간을 보낸다. 모던한 느낌의 에코타운은 일반적인 박물관과 달리 모든 것이 첨단이다. 설명과 활동은 모두 터치 스크린으로 진행된다.

주소 경상북도 문경시 가은읍 왕능길 112 **전화** 054-572-6854

》봉암사

1년에 딱 한 번, 석가탄신일에만 개방되는 사찰이 근처에 있다. 희양산 남쪽 기슭에 자리한 봉암사가 그 주인공. 아무 때나 갈 수 없는 곳이니 더욱 희소성이 높고 때 묻지 않은 느낌이 든다. 국보 지증대사 적조탑비와 보물 부도탑은 꼭 살펴봐야 한다. 경내를 둘러본 후, 맑은 계곡 옆 마애불도 만나고 간다. 계곡 역시 사람 손길이 닿지 않으니 청정 그 자체이다.

주소 경상북도 문경시 가은읍 원북길 313 **전화** 054-571-9088

》고모산성

낙동강 지류인 가은천과 조령천이 영강을 만나는 지점, 세 개의 다리가 어우러진 모습을 진남교반이라 부른다. 그 진풍경을 한눈에 바라볼 수 있는 곳이 바로 고모산성. 진남휴게소 주차장에서 언덕을 오르면 먼저 오미자 터널이 나오고 계속 그 길을 오르면 고모산성에 닿는다. 고모산성은 신라가 영토확장을 시도하던 때에 축성된, 역사가 깊은 곳이다. 성벽을 올라 진남교반의 시원한 모습을 눈에 담고 가자.

주소 경상북도 문경시 마성면 문경대로 1356

최상급 옥빛 속으로 풍덩!

지리산국립공원 소막골야영장

지리산! 이 세 글자만 외치면 된다. 더 이상 설명은 필요 없다. 멀고 먼 지리산까지 여름휴가 온 명분은 오로지 계곡 하나뿐. 천왕봉부터 흘러 내려온 맑디 맑은 옥빛 속에 풍덩! 나는 세상을 다 가졌다.

1호 국립공원 지리산의 너른 품에

지리산은 우리나라 1호 국립공원이다. 전라북도, 전라남도, 경상남도 세 개 도, 다섯 개 시군에 걸쳐 있는 가장 넓은 면적의 산악형 국립공원. 수많은 봉우리가 병풍처럼 펼쳐지며 20여 개의 능선 사이사이 계곡이 자리 잡고 있다. 또 골짜기마다 많은 야영장을 품고 있는데 국립공원 야영장만 해도 무려 열 곳이다. 어디가 좋냐는 것은 '엄마가 좋아? 아빠가 좋아?'라는 질문과 비슷하다. '지리산'이란 세 글자만으로도 다른 캠핑장이 범접할 수 없는 포스가 있으니 말이다. 대중적으로는 남원권의 뱀사골야영장, 달궁야영장과 산청권의 내원야영장이 가장 인기가 많다. 특히, 내원야영장은 편의성이 좋아서 지리산국립공원

1 명불허전, 지리산 계곡
2 지리산 품의 소막골야영장

야영장 중에서도 예약률이 가장 높다. 최근 솔막으로 정비되어 더욱 그렇다. 내원야영장이 지리산만의 야생미가 떨어진다고 느낀다면 바로 옆 라인, 대원사계곡으로 눈을 돌려보자. 유서 깊은 대원사와 맑은 계곡, 야생미 철철 넘치는 소막골야영장이 기다리고 있다.

야생미 넘치는 소막골

산청군 삼장면 대원사 가는 길에 위치한 소막골야영장은 아담하다. 사실 편의성에서는 그다지 환영받을 수 없는 환경이다. 이곳에서 캠핑하려면 세 가지 불편을 감수해야 한다. 우선, 부속 주차장이 없으므로 상가의 민영 주차장을 이용해야 한다는 것. 1일 주차비 5000원은 별도 부담해야 한다. 둘째, 주차장에서 70m가량 내려가면 다리가 나오고 그 건너 야영장까지 짐을 날라야 한다. 짐수레가 있어도 경사가 급해서 녹록지 않다. 마지막으로 전기 사용이 안 되고 샤워실이 없다는 것. 이런 불편한 점이 마음에 걸린다면 처음부터 소막골은 생

다리 건너 짐을 옮겨야 하는 소막골야영장

자연스럽게 배치된 소막골야영장 사이트

각하지 말자.

하지만 단점은 달리 생각하면 장점도 될 수 있다. 짐 나르기 번거롭지만 욕심을 버리고 캠핑장비를 단출하게 챙긴다면 더위에 지치는 일은 없다. 다리를 건너면 완전히 세상과 단절된 듯 깊은 숲에 파묻히는 기분이 든다. 일단, 다리를 건널 때부터 야영객은 일반 탐방객과 완전 분리가 된다. 야영객에게 발급해주는 시설사용료 징수확인증이 없으면 다리를 건널 수 없기 때문. 다리를 건너다가 계곡을 바라보면 혜택을 받은 듯 기분이 좋다. 소막골야영장은 온전히 야영객 차지다. 28개의 사이트가 전부인데 그중 데크가 열여섯 개, 일반 영지가 열두 개이다. 입구 쪽에 노지형 사이트가 있고 안쪽으로 데크가 자연스럽게 배치되어 있다. 데크는 9㎡라 돔형텐트 하나 겨우 올라갈 크기이다.

야영장에는 자연미가 넘친다. 사이트 배치도 그렇고 데크 사이사이 뻗쳐 있는 나무 등걸, 데크 옆 커다란 바위 모두 그대로 야영객과 한 몸이 된다. 울창한 숲이 하늘을 덮고 있어서 더위가 들어올 공간도 없다. 옛날 소와 말을 키우던 골짜기, 소막골에 인위적으로 꾸며진 것은 하나도 없다.

야영객만 누리는 프라이빗 옥빛 계곡

아무리 지리산이라도 여름에는 덥다. 이른 아침부터 푹푹 찌는 삼복더위. 땀 흘려가며 소막골에 입성했는데 온통 불편한 것뿐. 흥이 나지 않는다. 도대체 사람들은 왜 여름 소막골에 열광하는가? 틀림없이 불편함을 상쇄할 비장의 무기가 있을 터다. 아침 먹고 대원사로 향한다. 몇 년 전, 삼복더위에 지리산 천왕봉에 올랐다가 죽다 살아온 악몽이 있다. 이후 여름 지리산은 쳐다보지도 않겠다고 결심했는데 이렇게 또 걷고 있다니 참 지리산은 요물이다.

지리산 대원사계곡은 해발 1200m에 위치한 무제치기폭포와 조개골에서 흘러온 물이 모여 형성된 계곡이다. 지리산 동쪽의 아름다움을 보전하기 위해 경상남도에서 기념물 제114호로 지정했단다. 최근 그 계곡 따라 길이 정비되어 이제 '대원사계곡길' 이란 이름으로 탐방객을 맞고 있다. 그 시작은 바로 소막골야영장 앞이다. 소막골에서 대원사까지 2.2km, 이후 유평마을까지는 3.5km로 왕

1 소막골야영장에서 대원사 트레킹은 필수
2 계곡 따라 걷는 대원사 트레킹
3 걷는 내내 따라오는 지리산 옥빛 계곡

복 7km남짓의 트레킹 코스이다. 혼자 걷거나 계절 좋은 때는 유평마을까지 욕심내보겠지만 삼복더위인 만큼 대원사까지가 적당하다. 걷기 시작하자마자 건너편 소막골야영장과 맑은 계곡, 그 안의 야영객이 눈에 들어온다. 참고로 국립공원 내 계곡은 함부로 들어갈 수 없다. 오로지 야영장 앞 계곡에서만 물놀이가 허용되는데 그곳엔 야영객만 입장 가능하다. 한마디로 야영객을 위한 프라이빗 물놀이장. 탐방객은 다들 걸으며 부러운 눈으로 바라본다.

대원사계곡 길은 흙길, 데크 길, 계단 길이 반복되며 시원한 계곡 따라 이어진다. 계곡 한 번 바라보고 계단을 오르다가 예쁜 꽃과 인사하고 또 걷는다. 걷는 내내 짙은 에메랄드 물빛이 따라온다. 계곡 길이 끝나면 잠시 차도와 나란히 걷기도 한다. 그리고 곧 대원사 일주문. 일주문을 지나면 다시 옥빛 계곡이 등장하는데 이번엔 개성 넘치는 소나무도 합류해 기분 좋은 트레킹을 응원한다.

대원사는 우리나라 대표적인 비구니 참선 도량이다. 그래서 그런지 사찰 분위기도 정갈하다. 붉은 빛을 띠는 다층석탑이 인상적이다. 대원사계곡, 방장교 위에서 보니 지역주민들이 모여서 물가가 참으로 활기차다.

야영장으로 돌아오자마자 참아왔던 그 옥빛 속으로 뛰어든다. 땀 흘린 후 맞이하는 진정한 피서다. 철썩거리다가 문득 고개를 들면 다가오는 지리산의 엄청난 스케일. 이보다 더 황홀하고 짜릿한 순간이 있을까? 애국가 들었을 때처럼 뭉클한 기분을 온몸으로 느낀다.

〉〉〉〉 숲 간략 정보

주소 경상남도 산청군 삼장면 평촌유평로 245
전화 055-972-7775
야영 시설 일반 영지 12면, 야영 데크 16면
예약 국립공원 예약시스템 reservation.knps.or.kr

숲 주변 돌아보기

》남사예담촌

작고 아담하지만 700년 역사를 간직한 아름다운 마을, 남사예담촌이 소막골야영장에서 20km 거리에 있다. 예술적인 담장을 가져 예담촌이란 예쁜 이름이 생겼단다. 담장을 얼핏 보면 무질서해 보이지만 뭔지 모를 따스함이 묻어있다. 이씨 고가 가는 돌담길 중간에 X자로 교차하는 회화나무는 마을의 명물이자 포토 존. 이 나무 아래를 남녀가 걸으면 백년해로한다니 부부나 연인은 꼭 함께 걸어보자.

주소 경상남도 산청군 단성면 지리산대로 2897번길 10 **전화** 070-8199-7107

》목면시배유지

산청 목면시배유지는 이름 그대로 고려 말, 문익점이 원나라에서 목화씨를 가져와 처음으로 재배에 성공한 곳이다. 이를 기념해 전시관, 사적비, 사당 부민각이 생겼다. 전시관은 작지만 목화 재배과정을 알차게 보여준다. 한 톨의 목화씨가 얼마나 소중한 것인지 아이와 함께 느껴 보는 시간을 갖는다. 가을에 방문한다면 목화밭에서 보송보송 목화솜도 직접 관찰해 볼 수 있다.

주소 경상남도 산청군 단성면 목화로 887 **전화** 055-973-2445

》산청 한의학박물관

소막골에서 구불구불 밤머리재를 넘으면 산청 중심지에 닿는다. 산청은 허준의 스승, 유의태의 고향이며 그의 묘가 있는 곳이다. 산청군에서는 대대적으로 '동의보감촌'이란 한방테마공원을 조성했고, 그 안에 위치한 한의학박물관에서는 한의학의 역사와 우수성을 소개하고 있다. 박물관을 둘러 본 후에는 약초식물원, 야외 조형물, 기(氣) 체험장 등 야외 공간도 두루 즐겨보자.

주소 경상남도 산청군 금서면 동의보감로 555번길61 **전화** 055-970-6461

Theme 5

캠핑에 특화된 숲

캠핑 종합 선물 세트

오대산국립공원 소금강산야영장

아이가 뜬금없는 부탁을 한다. 몇 년 전, 친구와 물놀이했던 소금강산야영장, 그곳에 가고 싶다고. 지독히도 무더웠던 그해 여름, 물속에서 나올 줄 몰랐지. 놀다가 배고프면 바로 옆 식당에서 닭백숙 시켜 먹고, 방송국에서 나와 물놀이 현장 취재하는 걸 신기한 눈으로 바라보던 기억. 그땐 그랬지. 그 추억의 소금강산야영장은 어떤 모습으로 우릴 기다릴까?

금강산 버금가는 소금강산

캠핑에 관심 갖기 전에는 오대산에 월정사, 상원사만 있는 줄 알았다. 오대산 소금강이라니. 소금강? 바다도 아닌데 웬 소금? 우습지만 이런 생각을 하는 사람들이 꽤 있다. 율곡 이이가 금강산에 견줄 만큼 아름답다 하여 '작을 소(小)' 자를 붙여 소금강이라고 했다는 사실은 등산로 입구 안내판을 보고야 알게 된다.

오대산국립공원 소금강은 연곡천을 중심으로 한 오대산의 동쪽 구역이다. 원래 이름은 청학산, 청학동. 경관이 아름다워 명승지 1호로 등록된 곳이란다. 오대산 소금강산 탐방은 보통 진고개에서 시작해 노인봉을 거쳐 소금강으로 하산한다. 형형색색 단풍이 아름다운 코스이지만 험하고 거리도 13.3km로 길다. 그 길의 가장 마지막에 기다리고 있는 안식처가 바로 소금강산야영장이다. 등산로 초입에서 다리를 건너면 야영장, 쭉 들어가면 주차장과 식당, 매점 등이 나온다. 예전에는 식당, 노점이 즐비했으나 몇 년 전 정비 후, 등산로 초입이 깔끔해졌다. 야영장 앞에 편의점, 식당도 있으니 준비 못 한 것이 있으면 가서 사면 된다는 가벼운 마음으로 출발할 수 있다.

금강산 버금가는 소금강 풍경

골라서 캠핑하는 맛! 소금강산야영장

오대산국립공원 소금강산야영장은 약 140여 동의 대규모 자동차 야영장이다. 소금강지구 입구에 있는 다리를 건너면 차단기가 나오고, 이곳에서 체크인하면서 입장한다. 우측에 가장 먼저 국립공원 특유의 문패가 반겨준다. 문패 바로 뒤의 A28번 사이트는 주목받고 사진에 찍히는 걸 각오해야 할 듯하다.

소금강산야영장에서는 다양한 형태의 캠핑이 가능하다. 다섯 개 구역으로 나뉘는데 먼저 A구역은 전형적인 오토캠핑 사이트이다. 새로 생긴 관리소 뒤편과 문패 옆으로 쭉 배치되어 있다. 차를 옆에 두고 네모반듯한 사이트 위에 텐트를 설치한다. 전기 사용도 가능하다. 편리하지만 정형화되어 있어 자연미는 덜하다. B구역은 정형화된 모양도 아니고 전기 사용도 불가한 노지 사이트다. 하지만 대체로 나무가 울창해 자연적인 느낌이 든다. 이곳은 호불호가 갈리는 구역이다. 풀밭이라고 싫어하는 사람도 있고 낭만적인 자연 속 캠핑 스팟이라 선호하는 사람들도 있다.

소금강산야영장에는 카라반 사이트도 있다. 고정식 카라반이 있는 구역과 자

편리한 오토캠핑 사이트, A구역

자연미가 넘치는 B구역

1 자차 카라반을 이용하는 C구역
2 고정식 카라반이 있는 D구역
3 편하게 캠핑을 즐길 수 있는 솔막(하늘채)

신의 카라반을 끌고 와서 캠핑하는 구역으로 나뉜다. B구역을 지나 들어가면 야영장 가장 안쪽에 카라반 C구역이 자리한다. 아홉 개의 사이트가 있는데 자차 카라반을 가져와 캠핑하는 곳이다. 카라반이 없는 경우는 이용할 수 없다. 바로 앞에 화장실도 있어서 편리하다. 야영장 입구에서 왼쪽 끝으로 가면 체류형 카라반 열두 대가 서 있다. 이곳을 D구역이라 칭한다. 텐트나 캠핑용품이 없을 경우, 이곳에서 편리하게 캠핑을 즐길 수 있다.

최근 하늘채라는 예쁜 솔막도 소금강산야영장에 자리잡았다. 예전 B구역 풀밭 사이트를 정비해 방갈로 형태의 솔막을 오픈했다. 나무집이고 모양도 예뻐서 사진만 봐도 누구나 탐을 낸다. 솔막은 모두 열다섯 채인데, 두 종류가 있다. 특화형 세 채에 나머지는 일반형이다. 특화형은 지붕이 세모라 더 돋보이는 외관이다. 일반형은 원룸형이고 특화형에는 작은 다락이 있다. 놀이 네트도 있어 아무래도 아이가 있는 집은 특화형이 더 끌린다. 솔막에는 작은 냉장고와 에어컨, 옷장만 있다. 침낭, 취사도구 등은 모두 가져와야 한다. 솔막 야외에는 각각 테이블과 바비큐통이 비치되어 있어 가족끼리 오붓한 식사가 가능하다.

자연미에서
정돈된 세련미로

소금강산야영장에는 초록이 울창하다. 그 초록 위에 자리한 텐트, 솔막, 카라반이 각자 개성을 뽐낸다. 곳곳의 화장실과 개수대도 자연친화적이다. 특히 화장실 지붕 위에 풀이 자란 모습은 자연미의 극치. 소금강산야영장의 단점은 너무 원시적인 느낌이 강한 것이다. 소위 뱀 나올 것 같은 풀밭 사이트와 찬물만 나오는 공동 샤워실 등 편의성은 떨어졌던 것이 사실이다. 그러나 최근 관리소와 샤워실 건물이 신축되었다. 이제는 조금 편해진 곳에서 자연미도 느낄 수 있지 않을까?

조금씩 물드는 가을, 오대산 솔막에서 하룻밤을 보낸다. 뜨끈하게 찜질하느라 몰랐는데 밤새 기온이 뚝 떨어졌다. 제대로 가을도 느끼기 전에 겨울인가? 하얀 서리가 내려앉은 초록잎, 반쯤 빨개진 단풍잎. 갑작스러운 가을과의 이별에 서운하기도 하다. 그러다 아침 도시락을 생각하니 다시 행복해진다. 소금강산야영

소금강산야영장에서 즐기는
근사한 아침 도시락

소금강계곡에서 물놀이 즐기는 가족

장의 아침 도시락 서비스! 전날 신청하고 9시에 관리소에 받으러 간다. 남이 해주는 밥이 가장 맛있다고, 이런 도시락 서비스는 누구의 아이디어인지, 칭찬한다. 번거로운 아침 준비없이 조금 더 잘 수 있고 도시락을 먹으면 철수도 빨라지니 좋지 아니한가? 피크닉 가듯 바구니에 담아 주는 센스. 도시락에 오대산의 사랑이 듬뿍 담겨 있다.

소금강산야영장은 한여름에 그 진가를 발휘한다. 맑고 깨끗한 소금강계곡이 바로 야영장 옆으로 흐른다. 식당, 주차장 정비를 하면서 계곡도 정비되었다. 위험요소들이 없어져 안전한 물놀이가 가능하다. 단, 아무 곳에서 가능한 것은 아니고 야영장 교량에서 계곡 상류로 100m 구간에서만 안전수칙을 준수하며 물놀이를 즐길 수 있다. 차가운 물에 발을 담그자 온몸에 찬기운이 스며든다. 아이는 어릴 적 그때 백숙 먹던 소금강이 그립단다. 계곡의 느낌도 조금 변했다. 야생적이고 다이나믹한 분위기에서 좀 깔끔하고 안전하게. 성인이나 큰 아이들에겐 조금 시시할 수도 있지만 어린 아이들이 안전하게 놀 수 있으니 좋은 개선이 아닐까?

〉〉〉〉 숲 간략 정보

주소 강원도 강릉시 연곡면 소금강길 449

전화 033-661-4161

야영 시설 자동차 영지(a구역) 68동, 일반 영지(b구역) 37동, 캠핑카 영지(c구역) 9동, 카라반(d구역) 12대, 자연의 집 15동(일반형 12동, 특화형 3동)

예약 국립공원 예약시스템 reservation.knps.or.kr

숲 주변 돌아보기

》 월정사

다섯 개의 평평한 대가 모여 앉았다는 오대산 중심에 월정사가 자리한다. 특히 곧게 뻗은 전나무 숲은 발걸음을 황홀하게 한다. 이 길에서 시작하는 선재길은 상원사까지 이어진다. 소금강에서 큰마음 먹고 진고개를 넘어 월정사로 향한다. 팔각구층 석탑을 돌며 가족의 안녕을 기원해 보자. 조금 여유가 있다면 선재길을 일부라도 걸어보면 좋다. 계절따라 다른 자연을 오감으로 느끼며 천천히 걷는다.

주소 강원도 평창군 진부면 오대산로 374-8 **전화** 033-339-6800

》 주문진해변

소금강산야영장에서 가장 가깝고 번화한 해변이 주문진이다. 백사장이 700m나 되는데, 경사가 완만하고 수심이 얕아 가족 단위 피서객에게 적합하다. 맑은 물에서는 조개도 잡힌다. 해변따라 핫플도 많다. 드라마 촬영지로 유명한 일명 '도깨비 방파제'에서 인증샷 찍는 사람들도 구경한다. 주문진해변 바로 위, 향호해변에 있는 버스 정류장은 아예 BTS정류장이라 부른다. 일행 중 청소년이 있다면 슬쩍 이런 곳을 코스에 넣어보자.

주소 강원도 강릉시 주문진읍 주문북로 210

》 휴휴암

소금강산야영장은 행정구역상 강릉이지만 양양과 가깝다. 양양 시작점에 휴휴암이 자리한다. 휴휴암은 고찰은 아니지만 양양을 대표하는 사찰, 낙산사와 또 다른 분위기를 지닌 곳이다. 이름처럼 쉬고 또 쉬는 마음으로 가볍게 찾는다. 묘적전 아래 바다에 거북 형상을 한 바위가 사람들이 가장 많이 모이는 곳이며 물고기도 바글바글한 곳이다.

주소 강원도 양양군 현남면 광진2길 3-16 **전화** 033-671-0093

오로지 캠핑만을 위한 숲

화천숲속야영장

추울수록 빛나는 별빛. 그 별을 바라보는 아이의 호기심도 빛난다. 다른 휴양림 야영장은 동면에 들어가는 12월, 산타클로스가 찾아온다는 그날 밤. 조용한 화천 숲속으로 캠퍼들이 모여든다. 모든 빛이 꺼지면 낙엽송 사이사이로 쏟아지는 별 뭉치. 천문학자를 꿈꾸는 아이에게 크리스마스 선물 같은 캠핑 추억이 쌓인다.

산림청 1호 야영장

지금까진 '화천' 하면 산천어만 떠올린 캠핑족에게 2018년 가을, 희소식이 날아들었다. 바로 산림청 1호 야영장이 문을 열었다는 것. 여기서 의문. 자연휴양림에 야영장이 얼마나 많은데, 1호라니? 그것은 바로 자연 속에서 캠핑을 다양한 방식으로 즐길 수 있도록 계획된 곳이기 때문이다. '산림청' 하면 떠오르는, 숲속의 집이 있는 일반적인 자연휴양림이 아니다. 야영장만 있는 국립자연휴양림, 오로지 캠핑만을 위한 전문 휴양림인 셈이다. 보통 자연휴양림에 가면 비싼 숙박 시설은 그 숲의 주인 같고, 저렴한 야영장은 문간방 손님처럼 보였다. 이젠 야영객들이여, 기죽지 말자. 당당하게 화천숲속야영장에서 주인공은 나야, 나!

화천군 간동면에 있는 화천숲속야영장은 행정구역상 '화천'이지만 '춘천'이라 생각하는 것이 어울린다. 춘천 구봉산 카페거리, 소양강댐 닭갈비타운을 스

1년 내내 캠핑이 가능한 산림청 1호 야영 전문 휴양림

쳐 배후령 터널을 지나면 바로 나온다. 춘천과 화천의 경계이며 양구도 바짝 붙은 위치이다. 수도권에서 약 두 시간이면 닿을 수 있다. 캠핑도 하면서 낭만의 도시 춘천도 즐길 수 있으니 야영객들이 환호할 만하다. 그 환호는 곧 예약으로 이어졌고, 지금까지 국립 휴양림 야영장 중 예약 경쟁률 1위를 고수하고 있다.

지금까지 이런 휴양림 야영장은 없었다

화천숲속야영장은 자연 정취와 편리성, 두 마리 토끼를 다 잡은 곳이다. 지금까지 손바닥 만한 데크 위에서 비좁게 생활하고, 냉수로 설거지하고 언 손을 난로에 녹이던 야영장은 잊어라! 화장실, 샤워실 등 편의시설은 1년 내내 온수가 나오는 특A급 시설, 거실형 텐트도 충분한 대궐 같은 사이트, 짐 옮길 필요 없이 차를 옆에 둘 수 있는 사이트 배치, 사이트마다 있는 배전함과 수도시설은 그야말로 감동이다. 게다가 온수, 전기 사용이 가능해 동계에도 운영된다. 이제껏 이보다 더 완벽한 휴양림 야영장은 없었다.

편의성만 보면 시설 좋은 사설 오토캠핑장과 비슷하지 않냐고 생각할 수도 있

화천숲속야영장의 특급 편의시설인 제2캠핑센터

너른 반려견 동반 캠핑 사이트

1 35㎡의 데크 사이트
2 잔디 블록 사이트
3 쭉쭉 뻗은 낙엽송이 매력적인 화천숲속야영장

다. 천만의 말씀. 아직 숲이 남아 있다. 고개를 들어 하늘을 바라보면 쭉쭉 뻗은 나무가 구석구석 사이트에 피톤치드 빛을 내려주고 있다. 춘천과 화천의 경계에 있는 호반 산행지로 유명한 오봉산(779m) 자락에, 최대한 숲을 살려 조성되었기 때문에 자연 활엽수림과 인공 침엽수림이 적절히 조화를 이루고 있다. 과하게 울창하지도 너무 휑하지도 않은 적당한 녹색의 농도가 딱 좋다. 계절마다 사이사이 울타리가 되는 나무는 옷을 갈아입고 들꽃도 선수 교체를 하며 반겨 준다.

화천숲속야영장에는 총 45개의 오토캠핑 사이트가 있다. 입구 쪽으로 1야영장, 다리 건너 안쪽에 2야영장으로 나뉜다. 그중 초입의 1~4번 야영 데크가 최근 반려견 동반 가능 사이트로 단장되었다. 아이들이 뛰어놀아야 하듯, 댕댕이들도 야외 운동이 필요하니 캠핑 좋아하는 반려인에겐 일석이조의 장소이다. 반려견 전용 구역에는 울타리가 쳐있다. 닫힌 울타리 문 앞에서 강아지 한 마리가 화장실 간 주인을 애타게 기다리고 있다. 반려견 사이트 앞에 화장실 등 편의시설이 있는 제 1캠핑센터가 있다. 이후 야외 잔디 광장을 지나면 일렬로 1야영장 사이트가 나온다.

1야영장을 지나 안으로 들어가면 멋스러운 낙엽송 숲이 등장하고 제2캠핑센터가 당당히 서 있다. 이 캠핑센터 주변으로 2야영장이 자리한다. 오른편 평지, 나무 사이로 사이트가 있다. 캠핑센터 앞 계곡 따라 알록달록 텐트도 속속 눈에 들어온다. 그리고 안쪽 오르막길을 따라 사이트가 또 하나씩 등장한다. 2야영장은 전체적으로 개미집이 연상된다. 입구에 차를 대고 안으로 들어가면 캠핑 사이트가 나온다. 사이트가 쑥 들어가 있어 숲속 독립성은 보장된다. 특이한 점은 화천숲속야영장의 각 사이트는 바닥이 다르다는 것. 데크, 쇄석, 잔디 블록 세 가지로, 골라 쓰는 재미가 있다. 예약할 때 취향에 맞게 선택해야 한다.

별 볼 일 있는 화천 숲속

화천숲속야영장의 밤은 빛난다. 주변에 빛 공해를 일으키는 방해물이 없어 밤에는 온전히 별빛을 내 눈에 담을 수 있다. 빗살 같은 낙엽송 그림자 사이로 숨어 있는 별을 찾아본다. 조금 더 전문적인 별 보기를 원하는 아이와 양구에 있는 국토정중앙천문대로 나들이 삼아 다녀온다. 별을 실컷 보고 춘천 닭갈비도 원 없이 먹는 행복한 밤이다.

이곳에서는 여느 휴양림처럼 숲 해설도 듣고 목공예 체험도 할 수 있다. 특히, 꽃에 대해 배우며 힐링 꽃차를 시음해 보는 체험이 인상적이다. 은은한 꽃향기가 몸과 마음에 퍼지면서 다소 경직되었던 몸이 풀리는 듯하다. 계곡도 있다. 특히 가장 안쪽 37번 사이트 옆으로 가면 기대 이상으로 시원한 계곡을 만난다. 수

꽃차 만들기와 시음

숲 해설을 열심히 듣는 아이

량도 적당해 무더위를 식히기 좋다. 물론 예약은 힘들겠지만 '다음 여름휴가로 여기가 어떨까?' 하는 혼자만의 계획을 세워본다.

》》》 숲 간략 정보

주소 강원도 화천군 간동면 배후령길 1144-24
전화 033-441-4466
야영 시설 오토캠핑 사이트 45개(데크 20개, 쇄석 22개, 잔디 블록 3개)
예약 숲나들e www.foresttrip.go.kr(주말, 여름 성수기 추첨/그 외 기간은 수요일 9시 선착순)

숲 주변 돌아보기

》 구봉산전망대 · 카페거리

화천숲속야영장으로 가는 길에 구봉산전망대와 카페거리를 지난다. 분지형 춘천의 모습이 한눈에 들어오는 전망대에서 잠시 여유를 느끼며 커피 한잔 마시고 간다. 카페가 여럿 있으니 선택하는 재미도 있다. 오늘은 사진 찍기 좋은 이국적인 분위기가 끌린다.

주소 강원도 춘천시 동면 순환대로 1154-117

》 붕어섬유원지

북한강 상류 화천강 한가운데 자리한 붕어섬은 다양한 운동 시설, 자전거 도로, 수변 산책로를 갖춘 종합 공원으로, 가족과 즐기기 좋은 유원지이다. 레일바이크를 타고 아이들과 즐겁게 섬을 한 바퀴 돌아본다.

주소 강원도 화천군 화천읍 하1리 붕어섬

》 국토정중앙천문대

날씨 좋은 밤에는 양구에 있는 국토정중앙천문대를 찾아도 좋다. 화천숲속야영장에서 27km 거리이다. 든든하게 저녁 먹고 따스한 옷도 챙겨서 별 보러 가자. 천체투영실에서 간단한 오리엔테이션을 가진 후 3층 관측실로 이동한다. 시꺼먼 망원경 속 별자리가 내 눈으로 달려와 총총 박힌다.

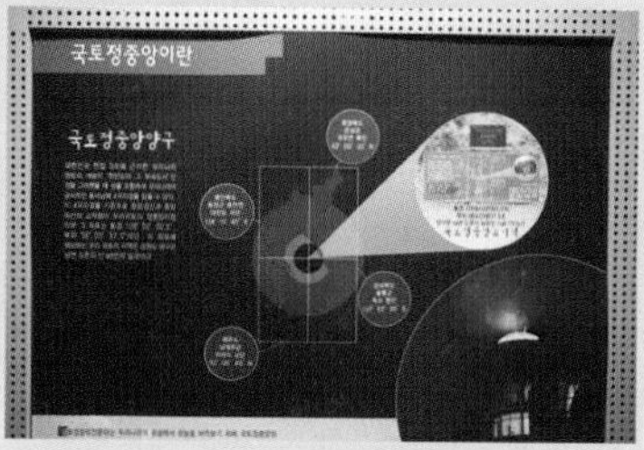

주소 강원도 양구군 국토정중앙면 국토정중앙로 127 **전화** 033-480-7257 **홈페이지** ygtour.kr

가을이 되면 '벼르는 산'이 있다. 이름만 들어도 가슴 벅차오르는 설악! 부실해진 무릎으로 몇 년째 꿈만 꾸는 설악이니 아쉽기만 하다. 하지만 한탄만 하고 있을 수는 없을지니. 먼발치에서 연인 바라보듯 설악과 마주하기 위해 떠난다. 아늑한 설악 품, 설악동야영장으로.

설악의 전통적 베이스캠프

설악산국립공원 설악동야영장

설악이 부른다

초록이 손짓하는 자연을 보면 건강해진다. 붉은 단풍을 보면 마음이 따스해진다. 그래서 숲에 들고 산에 오르지 않을까? 어느 날, 설악산 대청봉에 오르고 싶다는 욕심을 부렸다. 체력이 문제였지만 대피소에서 하룻밤 머무는 1박 2일 산행이라면 가능하지 않을까 하는 희망 어린 계획을 세웠다. 무척 힘들었지만 '명품, 설악'이란 감격스러운 진리를 몸소 느꼈다. 등산로에 들어서는 순간부터 힘든 줄도 모르고 설악이 펼치는 쇼에 넋을 놓는다. 용이 꿈틀대듯 라인을 뽐내는 바위들이 심장을 마구 두드린다. 산 능선에 융단처럼 걸친 신비로운 운해는 말해 뭐할까? 홀딱 반해 버렸다. 그리고 중병, 설악 앓이가 시작되었다.

설악 사랑은 비단 개인적인 짝사랑은 아닌가 보다. 전 국민이 설악을 사랑하니 말이다. 대한민국 사람이라면 누구나 인정하는 최고의 자연경관, 설악산은 강원도 인제, 고성, 양양과 속초에 걸친 면적 39만 8237㎢의 국립공원이다. 인

감격스러운 설악의 풍광

조금씩 단풍으로 물들어가는 설악

제 방면을 내설악, 한계령-오색 방면은 남설악, 동쪽 속초 방면은 외설악이라 부른다.

30여 개의 울룩불룩 봉우리가 펼쳐진 설악산은 전체가 천연기념물, 유네스코 생물권보전지역으로 지정되어 있다. 사계절 아름다운 설악이지만 특히 최고 인기상은 가을 설악산에게 수여한다. 설악산은 대한민국 단풍의 척도다. 설악산부터 물든 단풍은 백두대간을 타고 하향한다. 해마다 단풍 절정 시기를 예상해보지만 딱 맞추기가 힘들다. 대략 10월 초 정상에서 시작해 아래까지 내려오는 데 2주 정도가 소요되니, 울긋불긋한 설악동 속에서 캠핑을 즐기려면 10월 중순이 적기가 아닐까?

국립공원 야영장의 고전(古傳)

설악의 품에 안겨 설악을 느끼기에는 설악동야영장이 고전이다. 설악산국립공원 외설악 코스 초입, 속초시 설악동에 야영장이 자리한다. 200여 동 규모로, 야영장 크기가 어마어마하다. 최근 편의시설이 개선되고 영지도 정비되며, 전통을 이어가는 설악산의 '명불허전 국립공원 야영장'으로 재탄생했다.

설악동야영장의 대문처럼 서 있는 표지석

야영장 가장 끝에 있는 카라반 전용 영지

설악동야영장 입구에 들어서면 병풍처럼 설악이 다가온다. 그리고 관리소를 지나 터줏대감처럼 자리한 커다란 돌덩이 하나에 눈이 간다. 표지석에는 한자로 선명하게 '野營場(야영장)'이라 각인되어 있다. 들 야(野), 다스릴 영(營). 글자 대로 표지석 너머로 푸른 들 여기저기 집을 지은 풍경이 펼쳐진다.

설악동야영장은 워낙 넓어 화장실, 개수대 등 편의시설도 여러 곳에 있다. 사이트 수도 많고 영지마다 특징이 있어 취향에 맞게 자리를 선택해야 한다. 편의성과 깔끔한 사이트가 우선이라면 A구역(1야영장)이 좋다. A구역은 관리소의 오른편, 새로 지은 커다란 편의시설동 옆에 자리한다. 전형적인 자동차야영장으로 사이트가 최근 정비되어 깔끔하고, 전기 사용도 가능하다. 온수 사용이 가능

자유분방한 풀밭 사이트 B구역

한 메인 편의시설동이 바로 옆이니 이곳 사이트는 동계에도 운영된다. 가족 단위 오토캠핑족이 특히 선호해 예약도 가장 힘들다.

A구역 맞은편에 넓게 펼쳐진 B구역, 소위 풀밭 사이트는 전기를 사용할 수 없다. 이곳은 호불호가 갈리는데, 좋게 말하면 자연미가 물씬 풍기는 자유로운 장소이고 나쁜 말로 하면 정비되지 않은 불편한 풀밭이다. 사이트 수도 많고 모양도 자유분방. 그래서 A구역보다 예약은 수월하다. 정말로 극성수기 여름과 최고 단풍철만 피한다면 언제든지 자리를 구할 수 있는 곳이다.

너른 야영장 가장 끝에는 개인 카라반 전용 영지도 여덟 개 있다. 텐트나 카라반이 없는 사람이라면 최근 생긴 풀옵션 카라반을 예약하면 된다. A구역 뒤로 고정형 카라반 열네 대가 자리하고, 야외 테이블도 있다. 텐트 없이도 낭만적인 캠핑을 즐길 수 있는 장소이다.

설악산 품에서 잠들다

10월 둘째 주말, 단풍은 아직 설악동에 닿지 않았다. 이른 감이 있지만 조금씩 붉은 기운이 감돌아 설악동 한뎃잠을 포근히 해준다. 언제 와도 설악동 풍경은 자연친화적이다. 나무가 우렁차고 푸른 빛도 깊어 그늘 걱정을 할 필요가 없다. 씩씩한 담쟁이덩굴은 오늘도 쑥쑥 자라 개수대 건물을 감싸 오른다. 풀이 너무 자라 벌초하고 싶은 자리도 있다. 이런 야생미도 즐기는 것이 설악의 매력을 즐기는 방법이다. 단풍철에 깔끔한 A구역이나, 카라반 예약은 힘드니 소박한 풀밭 사이트에도 만족한다.

설악동야영장에서 설악동 코스 또는 천불동 코스라 부르는 전통적인 단풍코스가 지척이다. 풀밭 사이트 위 알파인 텐트에서 하룻밤을 보낸 산객들은 새벽부터 길을 나선다. 잠시 분주한 새벽 시간을 지나면 설악동에는 다시 고요가 찾

산책하듯 설악을 즐기는 비선대 가는 길

토왕성폭포 가는 길

아온다. 밤새 바람과 씨름하느라 고생했을 나무들, 텐트들 모두 안녕하신가? 안부 인사를 하며 야영장을 산책 삼아 돌아다닌다.

설악산 대청봉이 아니더라도 갈 곳은 많다. 아이와 함께라면 설악산을 즐기는 고전적인 방법, 권금성 케이블카가 최고다. 권씨와 김씨가 쌓았다는 바위 앞에서 설악이라는 존재감을 맘껏 뽐내며 사진을 찍는다. 비선대까지 다녀와도 부담이 없고, 토왕성폭포 코스도 갈만하다. 단, 마지막의 지옥 같은 계단을 감당할 자신이 없다면 토왕성폭포 바로 아래에 위치하는 비룡폭포까지가 적당하다. 살랑거리는 가을 바람 맞으며 아직 덜 든 단풍의 절정을 상상하며 즐겨본다.

》》》 숲 간략 정보

주소 강원도 속초시 청봉로 25
전화 033-801-0903
야영 시설 일반 영지 172동, 전기 영지 24동, 카라반 영지 8동, 카라반 14대
예약 국립공원 예약시스템 reservation.knps.or.kr

》상도문돌담마을

설악동 가는 길에 예쁜 마을이 있다. 속초시 도문동 상도문돌담마을. 500년 역사를 간직한 마을로 1978년에 한옥마을로 지정되었다. 드라마 <사이코지만 괜찮아> 속 배경으로 입소문을 타서 그런지 사진 찍고 산책하는 사람들이 눈에 띈다. 미로 같은 마을 돌담길을 걷다 보면 담벼락에 새겨진 글귀가 인상적이다. 또 돌담 위에 살포시 올려진 '스톤아트' 감상하는 재미도 있다.

주소 강원도 속초시 상도문1길 30

》속초해수욕장

설악동야영장은 산에 있지만 해변도 가깝다. 가까운 속초해수욕장에 들러 가을 낭만을 느끼고 가자. 제법 쌀쌀해진 날씨에도 아이들은 겁도 없이 파도 주위를 맴돈다. 모래 놀이는 필수. 힘찬 파도를 배경으로 속초의 초성인 'ㅅ' 'ㅊ' 앞에서 사진도 남긴다.

주소 강원도 속초시 조양동 속초해수욕장

》낙산사

설악동야영장은 행정구역상 속초이지만 양양과의 경계에 있다. 양양 낙산사가 12km, 자동차로 5분 거리에 있다. 낙산사는 의상대사가 창건한 통일신라 사찰로, 해수관음상이 있는 4대 기도처로 유명하다. 2005년 산불로 소실되었던 아픔도 있다. 의상대에 올라 바다와 조우하고 홍련암에서 시원한 파도 소리 들으며 소원도 빌고 가자.

주소 강원도 양양군 강현면 낙산사로 100 **전화** 033-672-2447

누구나 꿈꾸는 A급 캠핑장

치악산국립공원 금대야영장

수도권에서 가까운데도 이상하게 발길이 닿질 않는 국립공원이 있었다. '악'에 대한 선입견으로 치악산은 거들떠보지도 않았다. 더불어 치악산 야영장도 외면했다. 그런데 웬걸, 한 번 와 보니 여기는 캠핑계의 호텔. 뒤늦게 배운 도둑질에 날 새는 줄 모른다고 오늘도 금손을 자처하며 야영장 예약에 나서본다.

35

시설, 자연환경, 공신력 세 마리 토끼를 다 잡은 숲속

아내는 시설 좋은 캠핑장을 선호하고 남편은 자연환경이 좋은 곳에 가고 싶다. 아이들은 뛰어놀기를 원한다. 게다가 '수도권에서 너무 멀지 않을 것'이란 단서를 달았다. 자연 친화적이면서 시설 좋고 아이들도 놀기 좋은, 게다가 가격도 합리적이고 공신력 있는 캠핑장을 추천해 달란다. 바로 금대야영장을 떠올린다.

치악산국립공원 금대계곡에 자리한 이곳은 치악산이라는 우수한 자연환경 속에서 영원사, 영원산성, 상원사 등 역사와 문화의 향기도 느낄 수 있다. 2014년 7월 정비되며 '에코힐링'이라는 이름을 내세워 재탄생했다. 자동차 진입이 불가한 독립형 46개 영지로, 이름처럼 쾌적한 숲속에서 가족들과 힐링 캠핑하

1 가을, 금대 숲
2 아이들이 관심 갖는 전동카트

기 좋은 환경이다. 주차장에서 짐을 옮겨야 한다는 부담이 있으나 온전한 숲속 캠핑을 즐기기 위한 약간의 고생이니 감수한다. 짐수레가 있어도 경사 때문에 주의해야 한다. 최근 전동카트가 도입되어 부담이 조금 줄었다. 아이들은 서로 전동카트를 조작해 보려 욕심을 부린다. 신기한 장난감마냥 전동카트로 즐겁게 짐을 옮긴다.

5성급 호텔 캠핑장

주차장에서 올라오면 야영장으로 들어가는 문이 등장한다. 문을 통과하면 야영장, 지나치면 남대봉 오르는 등산로가 시작된다. 아치형 문을 통과하면 부채꼴 모양으로 야영장이 쫙 펼쳐진다. 가운데 잔디밭 위의 야영장 이름이 반겨준다. 국립공원 야영장의 상징이다. 그 뒤로 화장실과 샤워실이 있는 반원 모양의 편의시설동이 자리한다. 마치 벙커같다. 그 위에 야외무대와 아담한 숲속 쉼터가 있다. 예쁘장한 참나무 숲속에 아이들이 삼삼오오 모여 논다. 이곳은

숲속 야외무대는 아이들의 놀이터이다.

1 가을 다양한 색채로 빛나는
금대야영장 사이트
2 금대 에코힐링 트레일

특별한 것은 없지만 캠핑하는 동안 아이들의 집합소이자 놀이터이다.

금대야영장은 크게 두 구역으로 나뉜다. 캠핑 사이트는 편의시설동을 기준으로 오른쪽 언덕, 왼쪽 언덕에 계단식으로 배치되어 있다. 아무래도 경사가 있는 만큼 짐이 많으면 부담스럽다. 아이까지 있다면 가능한 하단 사이트를 예약하는 것이 좋다. 위로 갈수록 편의시설과 멀어지고 짐 옮기기 힘들어진다. 대신 독립성을 보장받는다. 가장 꼭대기 구석진 자리, 45번 사이트는 거의 요새 같다. 각 사이트는 크기, 모양, 땅의 기울기, 주변 나무 등 환경이 가지각색이다. 특이하게 바위가 떡하니 자리한 사이트도 있다. 모든 사이트 가장자리에는 측백나무가 심어져 이 나무 울타리가 옆집과의 경계가 되어 독립적인 느낌을 준다. 여름에는 그늘이 캠핑의 우선 요건인데 자리에 따라 그늘도 천차만별이다. 울창한 그늘도 있고 나무가 작아서 종일 해가 드는 자리도 있다. 운에 맡기지 말고 예약 전 꼼꼼히 체크해 보자.

금대야영장을 A급이라 부르는 이유가 뭘까? 전기, 온수 사용 등의 편리성은 물론 기타 시설 관리가 잘 된다. 와이파이 프리 존 서비스도 있다. 주차장부터 계곡을 따라 에코힐링트레일이 있어 산책하기도 좋다. 우리 가족은 여름에 시원한 금대계곡에서 자주 시간을 보낸다. 짐 나르는 수고만 뺀다면 이보다 더 좋은 곳이 있을까?

어여쁜 숲속에서 낭만 캠핑

국립공원 성수기 추첨에서 당당히 금대야영장 한 자리를 득템하고 환호성을 질렀다. 캠핑족이라면 한 번도 안 가본 사람은 있어도 한 번만 간 사람은 없다는 그곳. 그런데 막상 가서는 짐 옮기고 체력이 방전되어 이후 일정이 모두 날아갔다. 하지만 금세 숲에서의 여유가 찾아온다. 오랜만에 책도 읽고 캠핑장도 한 바퀴 돌아본다. 나무도, 바위도, 땅 모양도 같은 자리는 하나도 없다. 저마

가을 낭만이 가득한 금대야영장

금대야영장에서 다녀올 만한 영원사

다 개성을 뽐내는 자리에 형형색색의 텐트가 빛난다. 가을 한가운데, 금대 숲은 참 어여쁘다. 빨강, 노랑, 초록의 절묘한 삼색 하모니. 군데군데 야외 개수대도, 야외 샤워실도 어쩌면 이리 낭만적인지. 이게 다 캠핑족의 낭만이 응집된 금대 숲이라 가능한 그림이 아닐까?

애초에 남대봉까지는 욕심부리지 않았다. 치악산 등산코스 중에 만만한 곳은 하나도 없으니. 금대야영장부터 영원사까지 2.4km는 아이들과도 다녀올 만하다. 영원사까지는 힘든 구간없이 임도로 이어지고, 영원사 이후 급격히 힘들어지는 코스이다. 금대야영장에서 아침을 먹고 다녀오면 영원사까지 왕복 한 시간 반가량 걸린다. 무리하지 않는 트레킹은 가족 모두에게 보람을 준다. 다녀온 후 금대계곡 얼음장 물에서 탁족하며 금대 숲 캠핑을 마무리한다.

》》》 숲 간략 정보

주소 강원도 원주시 판부면 영원산성길 372

전화 033-763-5232

야영 시설 영지 46개

예약 국립공원 예약시스템 reservation.knps.or.kr

숲 주변 돌아보기

》원주한지테마파크

원주에서는 해마다 한지의 우수성을 알리는 한지문화제가 열린다. 그리고 한지테마파크는 그 한지를 주제로 다양한 전시, 교육, 체험을 할 수 있는 문화공간이다. 박물관에서는 한지의 역사, 제조 과정 등을 살펴볼 수 있다. 아이와 한지로 소품을 만들며 유익한 시간을 보낸다.

주소 강원도 원주시 한지공원길 151 **전화** 033-734-4739
홈페이지 www.hanjipark.com

》구룡사

치악산에는 유서 깊은 사찰도 많다. 금대야영장 라인에 영원사, 상원사도 있지만 가장 유명한 곳은 구룡사이다. 구룡사는 신라 문무왕 때 의상대사가 창건한 고찰로 아홉 마리 용에 얽힌 전설이 흐른다. 주차장에서 구룡사까지 걷는 내내 아름드리 소나무가 반긴다. 숲길은 무장애 탐방로 데크 길이라 누구나 편하게 걷는다. 구룡사 앞에 당도했을 때, 엄청난 스케일의 은행나무에 압도된다. 때마침 가을이라면 그 황홀한 노란빛에 입이 떡 벌어진다.

주소 강원도 원주시 소초면 구룡사로 500 **전화** 033-732-4800

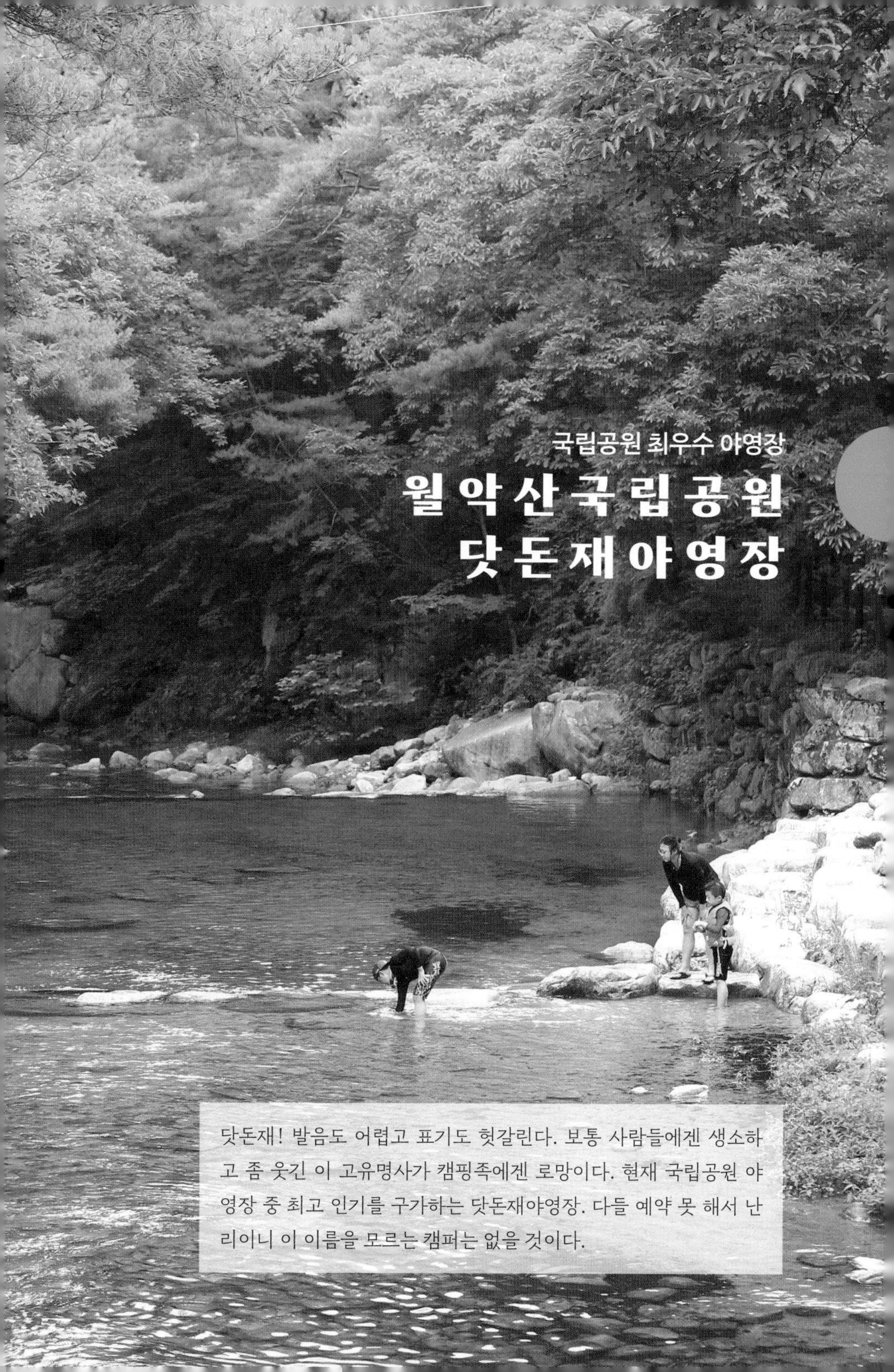

국립공원 최우수 야영장

월악산국립공원 닷돈재야영장

닷돈재! 발음도 어렵고 표기도 헛갈린다. 보통 사람들에겐 생소하고 좀 웃긴 이 고유명사가 캠핑족에겐 로망이다. 현재 국립공원 야영장 중 최고 인기를 구가하는 닷돈재야영장. 다들 예약 못 해서 난리이니 이 이름을 모르는 캠퍼는 없을 것이다.

'악' 소리 나는 산에 '와' 하는 캠핑장

월악산은 소백산과 속리산을 연결하는 백두대간의 중간에 위치한다. 충북 제천시, 충주시, 단양군과 경북 문경시 네 개 시군에 걸쳐 있는 28만 7571㎢ 규모이다. 기암괴석과 깊은 계곡이 어우러져 수려한 경관을 자랑하는 국립공원으로, 신령스러운 봉우리라는 '영봉'을 필두로 만수봉, 금수산, 신선봉, 도락산 등 22개가 넘는 크고 작은 산들이 하모니를 이루고 있다. 기암절벽은 멋진 풍광을 선사하지만 '악'산답게 험준하기로도 유명하다. 험한 만큼 성취감을 맛볼 수 있는 산이라 사계절 산객의 발길이 끊이지 않는다. 월악산국립공원은 야영객에게도 유명한 곳이다. 무려 다섯 개의 국립공원 야영장을 거느리고 있는데, 그중 송계계곡에만 송계야영장, 덕주야영장, 닷돈재야영장이 차례대로 삼총사처럼 자리한다. 세 곳 모두 각기 다른 개성이 있어 고르는 재미도 있다. 닷돈재야영장이 가장 상류에 가장 큰 규모로 자리한다.

캠핑족의 로망, 월악산 닷돈재야영장

옛날 다섯 냥 내고 넘던 고개에
닷돈재야영장이 있다.

닷돈재야영장은 주소가 충북 제천 한수면이지만 충주 수안보와의 경계에 있다. 그래서 찾아가는 길도 괴산나들목에서 나와 충주 수안보를 거쳐 가게 된다. '닷돈재'라는 이름의 유래도 참 재미있다. '재'가 고개를 말하는 건 다 알지만, 발음도 어려운 '닷돈'은 도대체 무엇일까 궁금했다. 알고 보니 닷돈은 글자 그대로 '다섯 냥'이었다. 옛날 이 험준한 고개는 산적들에게 통행료로 다섯 냥을 내야만 넘을 수 있었단다. 닷돈재야영장으로 향하는 길, 탄성이 나오는 바위산을 보고 고개 이름에 수긍하게 된다. 세월은 흘러 흘러 이제 그 고개에 산적들도 혹할 만한 근사한 캠핑장이 들어섰다.

다양한 스타일, 자리 선택도 닷돈재의 행복한 고민

닷돈재야영장은 2015년 재개장하면서 확 달라졌다. 노지형 사이트가 네 가지 콘셉트로 꾸며져 다양한 스타일의 캠핑을 경험할 수 있게 된 것. 그래서 닷돈재야영장의 다른 이름은 4색 야영장이다. '자동차 1야영장, 2야영장, 풀옵션캠핑존1, 풀옵션캠핑존2'로 구역이 나뉘어 있고 들어가는 대문부터 각 존으로 색깔을 구별해 안내하고 있다. 입구로 들어서면 차단기가 나오고, 안내소로 가서 체크인을 한다.

입구에서 오른쪽으로 안내센터가 있고 그 앞에 풀옵션캠핑존1이 있다. 글램핑 텐트가 있던 자리에 최근 솔막이라는 방갈로가 들어섰다. 솔막은 텐트가 없거나 치기 싫을 때 좋은 대안이 된다. 하지만 침낭 등 캠핑용품은 모두 가져가야 한다. 없는 경우를 위해 대여 서비스도 한다. 각 솔막에는 불 피워 고기 먹고 싶은 로망을 실현할 화로대가 하나씩 비치되어 있다. 흥미로운 것은 모래판 위 화로대가 솥단지라는 것이다.

1 닷돈재 탄소 제로 영지, 전기자전거로 자가 발전하는 사이트이다.
2 풀옵션캠핑존의 솔막 시설
3 나무가 울창한 닷돈재야영장 C, D 구역

야영장 가운데에 작은 무대와 월악산 마스코트, 산양 두 마리가 반겨 준다. 그 왼편으로 1야영장 또는 A구역이라 부르는 자동차 야영장이 나온다. 닷돈재는 자동차 야영장이라 해도 기본적으로 차를 옆에 둘 수 없다. 지정 장소에 주차하고 짐을 옮겨야 한다. 가장 처음 만나는 A구역 A1~A5번은 좀 특별한 사이트이다. 일명 탄소 제로(0) 영지. 신재생에너지(풍력, 태양광)와 직접 전기자전거를 돌려 생산한 에너지로 생활하는 흥미로운 존이다. 탄소 발생량이 제로(0)이므로 전기 사용료는 내지 않는다. 아이들과 캠핑하면 신나게 자전거를 돌리면서 절로 환경 교육이 된다.

다리를 건너면 왼편 언덕으로 풀옵션캠핑존1처럼 솔막이 진을 친 풀옵션캠핑존2가 나온다. 계단식으로 되어 있는 것이 앞서 본 1구역과 다른 점일 뿐, 나머지는 똑같다. 다시 다리 건너 오른편으로 들어가면 드넓은 주차장과 자동차

2야영장이 등장한다. 역시 주차하고 짐을 옮겨야 하지만 평지이고 수레가 있어 그리 부담은 없다. 2야영장은 100여 동 규모라 편의상 B~F 구역으로 분류한다. B구역은 입구 쪽 양지에 자리한다. 사이트가 일렬로 마주 보는데 여름에는 그늘이 적은 것이 단점이지만 햇빛이 반가운 겨울에는 반대로 좋은 자리가 된다. C구역, D구역, E구역은 편의상 구역만 나눴을 뿐, 소나무 숲 여기저기에 자리한다. 커다란 숲 사이에 오솔길처럼 길이 있고 그 사이사이에 모양과 크기가 제각각인 사이트가 자연스럽게 들어앉아 있다. 여름에는 계곡 가까운 곳이 인기가 많고, 겨울에는 대부분 편의시설이 가까운 주차장 쪽 사이트가 예약률이 높다. 마지막으로 가장 안쪽, 산속으로 언덕을 오르면 F구역이 나온다. 이곳은 휴양림 같은 분위기이다. 계곡과는 거리가 있지만 호젓한 분위기로 깊은 숲을 좋아하는 사람들에겐 딱 좋다.

여름 물놀이, 겨울 캠핑 모두 가능한 전천후 캠핑장

닷돈재야영장은 전천후이다. 스타일도 다양하고 시설도 좋은데 대부분의 캠핑장이 문을 닫는 겨울에도 운영되니 캠핑족에겐 참 고마운 곳이다. A구역 일부와 F구역은 동계 운영에서 제외되지만 대부분의 구역에서는 캠핑이 가능하다. 또 시원하고 깨끗한 계곡도 닷돈재의 자랑이다. 야영장 가운데 정비된 물놀이장은 평탄화되어 안전하게 즐길 수 있다. 아이들과 둥둥 보트 띄워서 놀기 참 좋다. 여름 닷돈재 풍경에는 젖은 빨래, 튜브 등 물놀이 용품이 알록달록 색을 더해준다.

팔방미인 캠핑장답게 이곳은 사계절 인기를 끌고 있다. 특히, 여름 성수기 예약은 하늘의 별 따기. 계곡 가까운 자리는 더욱 그림의 떡이다. 해마다 여름과 겨

1 시원한 닷돈재야영장 계곡
2 닷돈재 소나무들의 향연
3 씽씽이 타고 닷돈재 순찰 도는 꼬맹이 부대

울에 이곳을 찾는데, 한 자리씩은 당첨되거나 취소분을 구하니 행운이 아직은 유효한 것 같아 기분이 좋다.

닷돈재야영장 숲에는 특히 소나무가 많다. 가만히 앉아서 관찰하니 어쩌면 이리 개성적일까? 곧은 나무는 하나도 없고 다들 유연성이 대단하다. 길 따라 구불거리는 몸짓을 구경하고 있자니 '휭'하고 씽씽이 부대가 지나간다. 1박 2일 내내 닷돈재를 순찰 도는 꼬맹이들 덕분에 미소가 절로 나온다.

》》》 숲 간략 정보

주소 충청북도 제천시 한수면 송계리 70-2
전화 043-653-3250
야영 시설 자동차 야영장 영지 124개, 솔막 46동
예약 국립공원 예약시스템 reservation.knps.or.kr

숲 주변 돌아보기

》만수계곡 자연관찰로

구불구불 산길을 넘다 보면 닷돈재야영장으로 들어가기 전 만수계곡을 만난다. 만수봉으로 가는 길목에 걷기 좋은 자연관찰로가 있다. 만수교에서 1km남짓 계곡을 따라 걷는다. 무장애 탐방로 구간도 있어 몸이 불편한 가족, 친구와도 함께할 수 있다. 특히 휠체어를 타고도 계곡물을 만져볼 수 있도록 배려한 물놀이 체험장이 참 인상적이다. 다리를 건너면 야생화 단지가 있다. 일제 강점기 송유 채취 가마도 보며 아픈 역사를 짚어보고 간다.

주소 충청북도 제천시 한수면 미륵송계로 988

》충주미륵대원지

닷돈재야영장은 충주 수안보에 접해 미륵대원지와는 불과 3km 거리이다. 오며 가며 들러보자. 미륵대원지는 고려 절터로 중원미륵리사지로 불리다가 2011년 충주미륵대원지로 문화재 명칭이 변경되었다. 석굴식 법당의 중앙에 대좌를 두고 석불입상을 봉안했다. 우리나라에서 유일하게 북쪽을 바라보는 절터란다. 보물로 지정된 5층 석탑 꼭대기에 길게 세운 쇠꼬챙이가 인상적이다.

주소 충청북도 충주시 수안보면 미륵리 52-2

》하늘재

충주미륵대원지 바로 앞에는 2천 년 역사를 간직한 옛길이 자리한다. 바로 하늘재. 최초의 고갯길로 문경새재가 개통되며 뒷전으로 밀려났지만, 이곳이 요충지였음을 알 수 있다. 하늘재는 편도 2km 거리로 편안한 숲길이라 누구나 걷기 좋다. 왕복 두 시간이면 충분한 코스이다. 중간중간 동식물에 대한 설명도 읽으며 걷는다. 김연아의 몸짓을 닮았다는 일명 '김연아 소나무'도 만난다. 트레킹 끝에는 충청도에서 경상도로 넘어가며 이름처럼 파란 하늘과 마주한다.

주소 경상북도 문경시 문경읍 관음리 산69-1

솔 향기 맡으며 벚꽃 비 맞는 곳

희리산해송자연휴양림

습관적으로 겨울에만 찾는 숲속 야영장. 동계 캠핑할 수 있는 휴양림이 제한적이니 그렇지 않을까? 이 숲의 푸른 모습은 어떨지 상상해본다. 이 벌거숭이 벚나무들이 화사한 옷을 입는 4월의 흐뭇한 풍경도 떠올린다. 이따금 솔바람이 불면 가만히 의자에 앉아 벚꽃 비를 맞고 싶다. 올 봄에는 꼭!

접근성 좋은 바다 근처 해송 휴양림

충남 서천에 위치한 희리산해송자연휴양림은 1998년에 개장한 국립 자연휴양림이다. 희리산은 해발 329m로 휴양림은 산 중턱에 있고, 이름처럼 산 전체가 해송으로 빼곡히 채워져 있다. 소나무와 어우러진 숲속의 집과 야영장이 운치를 더한다. 산길을 한참 달리는 여느 휴양림과 달리 희리산해송자연휴양림은 서해안고속도로 나들목에 근접해 접근성이 좋다. 서해안과 인접해 바다도 즐기기 좋다. 서천이지만 군산과도 가까워 두루두루 관광하기도 안성맞춤. 게다가 겨울에는 캠핑할 수 있는 휴양림 야영장이 제한적이니, 겨울 단골 휴양림이 될 수밖에 없다.

희리산해송자연휴양림은 소나무도 멋있지만, 입구의 호수 산천호가 운치를 더해준다. 호수 뷰의 연립동은 인기가 많다. 2층짜리 연립동 건물 세 채가 은은하게 호수를 바라보고 있다. 소나무 사이사이로 보이는 옥빛 호수를 바라보며

해송 숲에 자리한 숲속의 집

희리산해송자연휴양림의 초겨울 풍경

새 연립동 2층의 광폭 베란다

새로 생긴 연립동. 세련되고 모던한 외형이 돋보인다.

모닝커피 한 잔 마시고 싶다. 숲속의 집은 모두 4인실로 아담하다. 초입의 연립동과 달리 숲속의 집은 그야말로 소나무 숲에 폭 안겨 있다. 다만, 객실 간격이 좀 좁은 것이 옥의 티다.

전통적인 숲속의 집과는 달리 최근 문을 연 연립동은 세련된 모습이다. 2야영장 편의시설동 뒤쪽 산기슭에 자리한다. 건물 세 동이 나란히 있는데, 가운데 1동은 단층에 두 객실이 붙어 있고 양쪽 건물은 2층, 네 개 객실로 구성되어 있다. 외관이 일반적인 객실에서는 처음 보는 민트색이라 굉장히 모던한 느낌이 든다. 특히, 2층 객실의 독특한 베란다가 압권이다. 이런 구조를 휴양림 객실에서 본 적이 있었던가? 넓은 베란다에서 고기 구워 먹고 싶은 마음이 샘솟으나 이런 숙박객들이 많은지 그곳에는 큼직하게 '바비큐 금지, 취사 금지, 텐트 금지'라고 쓰여 있다. 마음을 접고 의자 하나 놓고 앉아 커피만 마시고 간다. 그래도 충분하다. 눈을 들면 온전히 하늘과 해송만 보인다. 겨울이라도 절대 섭섭하지 않은 풍경이다. 밤에 이곳에서 별을 본다면, 눈이 쏟아진다면 얼마나 환상적일지 상상만으로도 행복해진다.

겨울에 빛나는 자연휴양림 야영장

푸른 휴양림 데크 위에 집을 짓고 하룻밤을 보내는 낭만적인 캠핑! 쌀쌀한 가을비가 내리고 기온이 뚝 떨어진 10월 중순 이후로는 조금 힘들어진다. 휴양림 야영장은 10월까지 운영되는 경우가 많다. 일반적으로 11월이 되면 국립 휴양림을 비롯한 대부분의 휴양림 야영장은 폐쇄되고 동면에 들어간다. 물론 최근 전기 시설이 보강되는 추세이나 전기만으로는 겨울 캠핑하기가 어렵다. 겨울이 다가오면 습관적으로 동계 캠핑이 가능한 휴양림을 검색해본다. 화천숲속야영장 등 캠핑 특화 휴양림이 생긴 것은 반가운 일이다. 화천숲속야영장이 개장하기 전에는 겨울에 갈만한 휴양림 야영장은 딱 두 곳, 동쪽의 청옥산자연휴양림과 서쪽의 희리산해송자연휴양림이 동계 캠핑지의 양대 산맥이었다.

희리산해송자연휴양림 야영장에는 총 네 곳의 야영장이 있다. 먼저, 4인실 숲속의 집으로 가는 길목에 1야영장이 자리한다. 전형적인 오토캠핑장이다. 주차 공간 바로 옆에 사이트가 있다. 거실형 텐트가 주를 이루는 겨울에는 캠핑하기 좋으나 그늘이 전혀 없어 여름에는 캠핑하기 좋은 환경은 아니다. 조금 더 들어

좋은 편의시설이 있어 겨울에도 캠핑이 가능하다.

거실형 텐트나 이동식 카라반 설치가 가능한 4야영장

가면 희리산해송자연휴양림의 대표 캠핑지, 2야영장이 나온다. 25개의 야영 데크가 있고 이곳 야영장 중에서 가장 큰 규모이다. 계곡을 따라 길게 뻗어 있는 모양이다. 소나무도 좋지만 2야영장에는 벚나무가 많다. 4월 벚꽃 시즌에는 2야영장 데크 구하기가 어렵다. 몇 년째 도전 중이나 아직 그 유명한 '희리산 벚꽃 캠핑'의 로망을 이루지 못했다.

2야영장 앞에는 사계절 온수가 나오는 편리한 편의시설동, 캠핑센터가 자리한다. 캠핑센터 옆에는 4야영장이 있다. 4야영장은 캠핑카 전용 사이트이다. 데크에 올라가지 않는 거실형 텐트나 개인 카라반을 끌고 올 경우, 이곳을 예약한다. 2야영장과 마주보고 있어 서로 다른 캠핑 스타일을 비교해보는 재미도 있다. 휴양림 가장 안쪽에 3야영장도 있다. 2야영장처럼 데크로 구성되어 있으나 동절기에는 운영되지 않는다. 겨울 희리산에서의 캠핑을 계획할 때, 오토캠핑 스타일이라면 1야영장 또는 4야영장, 미니멀 캠핑이라면 2야영장을 예약하면 된다.

조금 큰 텐트를 데크에 올리려 욕심을 부려 본다. 겨우 야영 데크에 텐트를 안착하고 잠시 숨을 돌린다. 빛바랜 낙엽이 뒹구는 초겨울 숲. 아직 끈질긴 단풍잎 몇 장이 매달려 있다. 조금 산책하다 보니 이제야 '해송'이란 이름이 공감된다. 언제나 푸르니 희리산은 겨울에도 삭막하지 않아서 좋다. 걷다가 매점에서 서천 특산물, 모시 송편도 구매해 맛본다. 겨울 희리산도 참 좋구나! 오늘 눈 예보가

삭막한 겨울, 희리산해송자연휴양림 데크에서 행복한 캠핑

있던데 제발 왕창 쏟아져서 하얀 해송 숲, 그 안의 하얀 풍경을 느끼게 해달라고 빌어본다.

〉〉〉〉 숲 간략 정보

주소 충청남도 서천군 종천면 희리산길 206

전화 041-953-2230

숙박 시설 숲속의 집 4인실 9동, 연립동 7동(24실)

야영 시설 야영 데크 40개(2야영장 25개, 3야영장 15개), 캠핑카 야영장 영지 22개(1야영장 12개, 4야영장 10개)

예약 숲나들e www.foresttrip.go.kr(주말, 여름 성수기 추첨/그 외 기간은 수요일 9시 선착순)

숲 주변 돌아보기

》 국립생태원

비행기를 타지 않고 세계 생태를 한눈에 볼 수 있는 곳이 서천에 있다. 바로 국립생태원. 열대관, 사막관, 지중해관, 온대관, 극지관에서 각 기후와 동식물을 모두 살펴볼 수 있다. 생태교육 겸 희리산 가는 길에 들러보자. 규모가 워낙 커서 시간적 여유를 갖고 찾는 것이 좋다.

주소 충청남도 서천군 마서면 금강로 1210 **전화** 041-950-5300 **홈페이지** www.nie.re.kr

》 신성리갈대밭

생태도시를 지향하는 서천에서 쓸쓸한 초겨울에 찾으면 딱인 곳이 신성리갈대밭이다. 금강을 경계로 군산과 마주 보는 곳, 무려 20만㎡ 넓이에 사람 키를 넘는 2m 이상 높이의 갈대가 빼곡하다. <공동경비구역 JSA> 등 영화, 드라마 촬영지로 알려져 서천의 대표 명소가 되었다. 바람에 흔들리는 갈대밭 산책은 이왕이면 해질녘이 좋다. 미로 같은 갈대 숲길을 걷다보면 어느덧 황홀한 일몰을 선물 받는다.

주소 충청남도 서천군 한산면 신성리 125-1

》 장항스카이워크

해변을 따라 걷는 스카이워크는 눈을 시원하게 해준다. 장항스카이워크는 송림해변을 따라 하늘을 걷는 길이다. 이곳은 7세기에 기벌포 해전이 있었던 역사적 장소란다. 스카이워크를 즐긴 후에는 상쾌한 소나무 숲 산책도 한다. 근처 국립해양생물자원관도 볼만하니 꼭 들러보자.

주소 충청남도 서천군 장항읍 장항산단로 34번길 74-45 **전화** 041-956-5505

대한민국 캠핑 역사와 함께하다!

덕유산국립공원 덕유대야영장

묵은 감정이 폭발하기 직전, 발길은 이미 너그러운 숲으로 향한다. 울창한 숲, 그 품에서 하룻밤 한뎃잠을 청하면 모든 일에 포용력이 생긴다. 보너스 같은 무주구천동 나들이. 함박꽃이 활짝 웃으니 덩달아 웃음이 난다. 흐르는 계곡물에 '잠시 내려놓은' 뒤 텐트로 돌아올 때 한결 가벼워진 발걸음이 좋다.

명불허전 캠핑의 성지

전북 오지, 무진장(무주, 진안, 장수)의 대장은 무주이다. 그 이름처럼 깊고 울창한 무주는 덕유산에 안겨 있다. 백두대간의 중심부, 해발 1500m 이상의 고지대가 많은 덕유산은 다양한 아고산대 특징을 보여준다. 고지대이니 여름에는 시원하고 겨울에는 춥고 눈이 많이 내린다. 무주에 스키장이 있는 지리적 이유이다. 그 고지대, 무주군 설천면에는 스키장뿐 아니라 국내 최대 야영장도 있다. 이름만 들어도 다 아는 덕유대야영장. 500여 동 규모의 국립공원 야영장으로 1993년에 조성되었으니, 대한민국 캠핑 역사와 동거동락한 '캠핑의 성지'라 해도 과언이 아니다.

덕유대야영장은 여느 캠핑장과는 비교가 안 되는 스케일을 자랑한다. 야영장 전체가 덕유산 한 자락을 통째로 빌린 거대한 숲이다. 나무 전시장처럼 소나무, 전나무, 참나무, 단풍나무뿐 아니라 구상나무까지 그 종류가 다양하다. 나무는 덕유대의 역사처럼 굵직해서 그 속에 텐트를 치면 더위가 들어올 틈이 없다. 캠퍼 중에 덕유대를 모르는 사람은 없으며 덕유대 캠핑은 모두의 로망이다. 이런

우리나라에서 네 번째로 높은 덕유산 향적봉

무진장 시원한 캠핑 성지

나무 전시장, 덕유대야영장

명성은 더위가 기승을 부리는 한여름에 더욱 빛난다. 무조건 그늘과 계곡을 확보해야 하는 여름 캠핑에 있어 덕유대는 천혜의 장소이다.

배치도가 무용지물, 어마어마하게 큰 야영장

어마어마하게 큰 덕유대야영장. 잘못하면 길을 잃을 수 있다. 500여 동 규모의 우리나라 최대 야영장으로, 일곱 개의 영지가 있는데 계곡가 평지의 7영지를 제외하고는 모두 산비탈에 계단식으로 조성되어 있다. 야영장이 거의 산의 한쪽 면을 차지하고 있다고 봐도 무방할 것이다.

안내를 받고 들어서면 곧 왼편으로 7영지를 만난다. 덕유대야영장 전체에서 유일하게 오토캠핑을 즐길 수 있는 곳이다. 편의시설도 좋고 전기 사용이 가능해 동계에도 운영되는 곳이다. 게다가 평지이고 계곡을 끼고 있어 덕유대야영장 중 가장 인기가 많다. 특히 여름 휴가철, 여기서의 캠핑은 3대가 덕을 쌓아야 한다는 말처럼 국립공원 야영장 중 예약 경쟁률이 높기로 유명하다. 7영지를 지나 갈림길에서 오른쪽 언덕으로 올라가면 나머지 영지로 간다. 1영지부터 6영지로 나뉜 이곳은 일반 야영장으로, 차를 일정 장소에 놓고 짐을 옮겨야 하며 전기 사

전기 사용이 가능한 7영지

정돈된 느낌의 5영지

용이 되지 않아 동절기에는 운영되지 않는다.

먼저, 야영장 관리소를 지나면 위쪽으로 카라반, 아래쪽으로 체류형 시설(솔막, 통나무집, 황토집)이 나온다. 텐트가 없거나 간편하게 캠핑을 즐기고 싶을 때 이 시설을 이용하면 된다. 솔막은 총 열 채가 산비탈에 자리한다. 마치 동화 속 집을 연상시키는 하얀 외형 덕분에 인기도 많다. 안에 간단한 캠핑용품은 있으나 대부분 자신의 장비를 가져와야 한다. 카라반 존 옆으로 1영지가 있다. 계단식이고 크기는 작지만 깊은 숲의 느낌이 참 좋다. 비탈을 오르면 2영지, 3영지가 나온다. 1영지보다는 큰 사이트다. 자리에 따라서는 다소 거친 맛도 느껴진다. 하지만 공통점은 커다란 나무들이 울창한 덕에 타프가 필요 없을 정도라는

덕유대야영장의 랜드마크

것. 화장실, 개수대 등 편의시설은 곳곳에 있다. 단, 편의시설을 오고 갈 때 약간 숨 차오르는 등산은 각오해야 한다.

덕유대야영장 중앙에는 랜드마크가 있다. 바로 키 작은 나무가 모여 그려내는 이름, 덕유대! 이 상징을 기준으로 왼쪽 비탈에 1~3영지가, 오른편 비탈에 4~6영지가 배치되어 있다. 랜드마크 뒤로는 붉은 단풍나무가 보이고 그 위로는 국립공원 종복원기술원과 식물복원센터가 있다. 4영지도 2,3영지와 마찬가지로 경사가 꽤 느껴지는 곳이다. 4영지에서 내려오면 5영지가 자리한다. 5영지는 7영지 다음으로 정비된 느낌이 드는 곳이다. 대체로 사이트가 크고 4영지에 비해 경사도 덜한 편이다. 5영지 아래에 6영지가 아담하게 자리한다. 6영지에서 더 들어가면 대형 야외공연장도 있다. 이곳에서는 각종 행사나 공연도 열려 야영을 더욱 즐겁게 해준다.

너그러운 숲에 들다

캠핑장 예약하기 힘든 요즘, 언제 가도 너그러이 받아주는 곳이 덕유대야영장이다. 받아준다기보다는 워낙 넓어서 7영지 전기 사이트 빼고는 항상 자리가 남는다. 급작스럽게 캠핑이 땡길 때, 떠나기 좋은 곳. 전기 사용만 포기하면 어디든 여유로움이 찾아온다. 원시림 속 영지도 좋고 깔끔한 소나무 옆도 좋다. 사진을 찍어도 '적당한 여백'이 생기는 숲속 텐트들. 계단식으로 자리한 사이트에서 전망을 바라보며 마시는 커피. 케냐AA에서 참나무 향이 난다. 초여름의 상큼한 초록이 자연 타프가 되는 덕유대야영장에서는 숲이 방패처럼 막아주니 더위 걱정이 없다. 아침을 먹자마자 아이들은 벌써 7영지 쪽 계곡으로 길을 나선다. 아이들이 아빠와 물놀이 간 사이, 엄마는 이곳을 숲속 도서관으로 만든다. 오랫동안 손길이 닿지 않던 묵은 수필 한 권이 술술 읽힌다. 선선한 바람

너그러운 숲속 텐트

이 책장을 자동으로 넘긴다. 두 번째 책을 손에 들려는 찰나, 갑자기 소란스러워지며 물놀이 갔던 아이들이 우르르 등장한다. 엄마의 휴식은 끝. 덕유대는 꼬들꼬들한 라면을 끓여내는 분식집으로 탈바꿈해야 한다.

덕유대의 밤에 열대야란 존재하지 않는다. 오히려 한여름에도 경량 패딩 정도는 준비하는 센스가 필요하다. 여름이라고 반팔이나 얇은 겉옷만 챙겼다가는 찬 밤공기에 당황할 수 있다. 쉬엄쉬엄 무주구천동 산책을 나선다. 산중 날씨는 변덕스럽다. 갑작스러운 소나기에 우박까지. 덕유산이 그만큼 기온 변화가 심한 고지대란 걸 몸소 느끼게 된다.

〉〉〉〉 숲 간략 정보

주소 전라북도 무주군 설천면 구천동 1로 159

전화 063-322-3174

야영 시설 일반 영지 426개, 자동차 영지 68개, 카라반 전용 영지 8개, 체류형 시설(카라반 14대, 솔막 10동, 통나무집 3동, 황토집 2동)

예약 국립공원 예약시스템 reservation.knps.or.kr

숲 주변 돌아보기

》 구천동 어사길

덕유대야영장은 구천동에서 향적봉으로 가는 길 초입에 자리한다. 덕유산 산행이나 트레킹하기 유리한 곳이다. 산행이 엄두가 안 난다면 계곡 따라 어사길을 걸어보자. 7영지를 지나면 갈림길이 나온다. 하나는 임도로 백련사까지 가는 탐방로이고, 또 하나는 계곡 따라 걷는 오솔길, 일명 어사길이다. 어사길은 자연관찰로이다. 다양한 식생을 관찰하면서 어사 박문수의 이야기, 덕유마을 사람들의 이야기를 읽으며 걷기 좋다.

주소 전라북도 무주군 설천면 삼공리 464 **전화** 063-322-3174

》 덕유산 관광곤돌라

덕유대야영장에서 백련사를 거쳐 덕유산 최고봉인 향적봉에 닿는다. 그 거리가 8.5km나 되고 백련사 이후부터 길도 험해 등산 초보자에겐 어려운 코스이다. 쉽고 보편적인 방법을 시도해 보자. 바로 무주리조트 관광곤돌라의 힘을 빌어 향적봉에 가는 것이다. 15분 탑승 후 내리는 곳은 설천봉. 600m만 내 발로 오르면 우리나라에서 네 번째로 높은 봉우리인 향적봉과 감격스럽게 조우할 수 있다. 확 트인 풍광 속에 지리산, 가야산까지 한눈에 들어온다.

주소 전라북도 무주군 설천면 만선로 185 **전화** 063-322-9000

》 태원도원

무주에는 우리나라 국기인 태권도의 다양한 면모를 살펴볼 수 있는 태권도원이 있다. 박물관뿐 아니라 체험관도 운영해 아이들과 함께 참여하면 유익하다. 태권도원의 자랑인 시범단 공연도 시간을 맞춰 관람해보자. 한 편의 뮤지컬 속에 태권도 기술과 격파가 적절히 조화를 이룬 멋진 공연이다.

주소 전라북도 무주군 설천면 무설로 1482 **전화** 063-320-0114

자칭 타칭, 캠핑계의 5성급 호텔

청옥산자연휴양림

습관이란 무섭다. 매해 여름, 국립 휴양림 성수기 추첨에는 고민 없이 신청 넣는 곳이 있으니. 그곳은 깊고 푸른 봉화 산골, 청옥산자연휴양림이다. 여름휴가 루틴이 된 데에는 다 이유가 있을 터. 누구든지 열대야는 발도 못 붙이는 그 숲의 상쾌한 밤을 한 번만 경험한다면 여름마다 먼 길 마다 않고 달려갈 수밖에 없으리라.

구불구불 깊은 산골 휴양림은 어디 갔나?

경북 봉화군 석포면에 자리한 청옥산자연휴양림은 1991년 개장한 국립 휴양림이다. 태백산맥 줄기, 해발 1277m의 청옥산. 그 700m 지점에 자리한다. 고도가 높으니 시원할 수밖에 없다. 한여름에도 열대야를 경험할 수 없는 곳. 10년 전, 여름에 찾았다가 홀딱 반해서 매해 여름마다 찾고 있는 이유이기도 하다. 전국이 폭염경보로 절절 끓고 있을 때, 유일하게 지도에서 빨간색 불이 켜지지 않고 하얀색을 유지하는 곳이 바로 청옥산이 있는 봉화 산지와 태백산 일대다.

사실 처음 청옥산자연휴양림을 찾았을 때는 구불구불 멀미를 유발하는 길고 긴 여정이었다. 행정구역은 봉화이지만 봉화 중심지에서도 한참을 들어간다. 봉화라기보다는 거의 태백. 정말 오지 중 오지에 자리한 휴양림이었다. 캠핑장에 들어서자 수많은 텐트에 또 놀랐다. '헉, 이런 오지를 찾아온 사람이 이렇게 많다니.' 이미 알 만한 사람들은 다 알고 있었던 것이다. 청옥산자연휴양림이 1등급 피서지라는 것을.

지금 청옥산자연휴양림 가는 길은 옛날에 비하면 너무 쉬운 길이 되었다. 국도 31호선 고속화도로가 휴양림 바로 옆으로 뚫리면서, 접근성이 획기적으로 개선된 것. 그래서 청옥산자연휴양림을 베이스캠프로 봉화와 태백, 두 지역 모두를 둘러보기 좋아졌다. 2야영장 하단에서 그 도로가 떡하니 눈에 들어온다. 접근성이 좋아진 대신에 약간의 소음을 얻었다고 할까? 어디나 일장일단이 있으니 그 정도면 울창한 청옥산 생활에 큰 흠은 되지 않는다.

이제는 산길 넘을 필요가 없으니 청옥산자연휴양림 입구에 어려움 없이 안착한다. 이정표가 보이면 여기서 매표소까지도 800m가량을 더 들어간다. 예전에는 이 길도 비포장길이라 울퉁불퉁 불편했는데 부드러워졌다. 휴양림 내 도로도 말끔히 포장되었다. 이제 비가 와도 질퍽거리며 이동하지 않아도 된다. 나름 거

1 캠핑계의 5성급 호텔이라는 청옥산자연휴양림 야영장
2 활엽수, 침엽수가 조화롭다.
3 청옥산에서 보내는 시원한 여름휴가

친 맛과 오지 느낌이 매력 포인트였던 청옥산자연휴양림. 너무 정돈되면 자연의 맛이 떨어지지 않을까? 기우이다. 활엽수와 침엽수가 골고루 조화롭게 빛나는 울창한 숲은 어디 가지 않았으니까 말이다.

각양각색의 야영장이 있는 캠핑 백화점

먼저 관리사무소 겸 매표소를 마주한다. 그리고 너른 주차장과 목공예 체험을 할 수 있는 생태공예체험장이 나온다. 그 뒤로 다리가 있고 건너에 산림문화휴양관과 1야영장이 자리한다. 청옥산자연휴양림은 '캠핑 특화' 휴양림이

오토캠핑이 가능한 2야영장

청옥산자연휴양림 야영장의 명물, 복층 데크

라 숙박 시설이 그리 많지 않다. 휴양관과 위쪽 연립동 몇 채가 숙박 시설의 전부이다. 캠핑을 하지 않는다면 선택의 여지없이 이곳으로 가야 한다. 1야영장은 예전에는 데크도 작고 전기 사용도 불가능했으나, 최근 데크가 12㎡로 커지고 전기 사용도 가능해지면서 편의성이 개선되었다. 멋있는 낙엽송 아래 데크 열 개가 둥글게 자리한다.

다시 운동장으로 나와 휴양림 안쪽으로 올라가면서 청옥산자연휴양림의 보석 같은 야영장이 등장한다. 먼저 2야영장이다. 이곳 야영장 중 메인 구역이고 인기도 가장 많다. 데크가 50개 넘게 있던 것이 최근 정비되며 37개로 줄었지만, 그래도 여전히 엄청난 규모이다. 2야영장은 크게 하단과 상단으로 나눌 수 있는데, 하단에 화장실, 개수대, 샤워실 등 편의시설이 자리한다. 상단에도 화장실, 개수대는 있지만 샤워실은 없어서 샤워하려면 여기까지 내려와야 한다. 하단은 편의시설이 가까운 장점이 있지만 데크 간격이 좁은 것, 고속화도로의 소음 등이 단점이다.

편의시설 주변에 모여 있는 데크군을 지나면 이번에는 길을 따라 주르르 중간 데크군이 나온다. 이 중 청옥산자연휴양림의 명물이 있는데 바로 221번 복층 데크이다. 최근 번호가 바뀌었는데 예전 번호 230번을 복층으로 알고 예약하면 낭패를 볼 수 있다. 중간 데크군을 지나면 우측으로 다목적 운동장과 개수대, 그리고 위쪽으로 2야영장의 마지막 데크군이 자리한다. 예전에는 주차 공간이 서로 뒤엉켜 조금 불편했는데 데크 수가 줄며 문제가 해결되었다. 샤워실이 없어서 하단보다는 편의성이 좀 떨어지지만, 그래도 울창한 숲이 어디든 머리 위를 받쳐주니 시원해서 좋다.

2야영장을 지나면 3야영장이다. 열 개의 데크가 길 따라 쭉 있고 편의시설동과 311번, 312번 데크가 위쪽에 나온다. 오른쪽 숲 안에 홀로 있는 306번 데크가 눈에 띄는데 크기도 25㎡로 월등히 크다. 3야영장을 지나면 연립동이 나온다. 매발톱, 비비추, 초롱꽃이란 이름으로 매발톱만 3인실이고 나머지는 4인실이다. 캠핑하지 않는 가족에겐 여기가 좋겠다. 조금 더 오르면 편의시설과 4야영장도 나온다. 데크가 일곱 개 있는데 크기가 24㎡인 데다가 땅에 붙은 형태라 거실형 텐트 설치가 용이하다.

불편한데 이상하게 끌리네

청옥산자연휴양림에는 다른 휴양림에서는 볼 수 없는 '비장의 무기'가 두 개 있다. 정말로 극명하게 호불호가 갈리는 장소들이다. 하나는 일명 '불편한 야영장'이라 불리는 5야영장이다. 2015년 개장했는데 전기도 안 되고, 사이트도 작고, 게다가 차도 못 들어가는 정말 오지스러운 곳이다. 휴양림 가장 안쪽 주차장에서 산길로 등짐을 지고 오르면 5야영장이 나온다. 노지와 데크가 섞여 있는데 크기도 4㎡, 1인용 돔형 텐트 하나 겨우 올라갈 정도이다. 화장실만 있고 나머지 편의시설은 아래 야영장까지 가야 한다. 정말로 이름처럼 불편하다. 하지만 복잡한 세상과 단절하고 조용히 사색하기엔 더없이 좋은 곳이다. 이 깊은 숲에서 홀로 캠핑을 즐기는 자! 진정한 자연인이다.

진정한 자연인이 되는 곳, 약간은 불편한 5야영장

두 번째 색다른 장소는 '캐빈'이다. 텐트만 치지 않는 반 캠핑 스타일로 예약 시 야영 시설로 분류된다. 야외 간이 화장실이 있고 샤워장은 공동 샤워장을 이용해야 한다. 정말로 숲속 오두막 느낌이 물씬 풍긴다. 텐트는 치기 귀찮은데 캠핑 기분은 느끼고 싶을 때 좋은 대안이 된다.

청옥산자연휴양림 캠핑은 캠핑족이라면 누구나 꿈꾸고 실행에 옮기는 일이다. 다섯 곳의 야영장, 캐빈에서 스타일에 맞게 골라서 캠핑하는 맛이 있다. 소위 '캠핑계의 호텔'이라는 수식어를 달았다. 특히, 2야영장은 겨울에도 운영되어 언제나 오토캠핑이 가능한 휴양림 야영장으로 각인되었다. 다만, 접근성만이 청옥산으로 가는 걸림돌이었는데 도로 상황이 좋아졌으니 더는 청옥산 행을 방해하는 요소는 없다. 단 하나 아쉬운 것은 계곡 입수가 금지되어 있어 물놀이를 하고 싶으면 근처 봉화계곡이나 삼척 덕풍계곡 등을 찾아야 한다는 것. 사실 청옥산 숲속에 있으면 시원해서 별로 물놀이 생각도 나지 않는다.

》》》 숲 간략 정보

주소 경상북도 봉화군 석포면 청옥로 1552-163
전화 054-672-1051
숙박 시설 연립동 1동(3실), 산림문화휴양관 1동(13실)
야영 시설 오토캠핑장 야영 데크 66개, 일반 야영장 노지 6면, 일반 야영장 데크 24개, 캐빈 6동
예약 숲나들e www.foresttrip.go.kr(주말, 여름 성수기 추첨/그 외 기간은 수요일 9시 선착순)

숲 주변 돌아보기

》태백산국립공원 백천마을

청옥산자연휴양림 바로 아래의 백천계곡은 열목어가 뛰노는 청정 지역이다. 백천마을은 2016년 태백산국립공원 명품 마을로 지정된 곳으로, 해마다 여름에는 별빛 축제도 열린다. 여섯 가구가 사는 조용한 산촌 마을. 아름드리 숲길을 따라 마을을 한 바퀴 돌아보기 좋다. 투방집, 사과부자집, 끝집 등 특징을 살린 이름이 참 정겹다. 열목어가 산다는 계곡은 깊고 투명하다. 보호구역이라 입수는 금지이다. 고랭지 배추밭도 보고, 할머니가 직접 쪄서 파는 옥수수도 맛보며 상쾌한 마을 산책을 마무리하고 지척의 휴양림으로 돌아간다.

주소 경상북도 봉화군 석포면 백천길 376

》구문소·태백고생대자연사박물관

청옥산자연휴양림은 행정구역상으로 봉화이지만 태백과의 경계에 있어 태백 나들이하기 좋다. 구문소는 불과 10km, 15분 거리에 있다. 황지연못에서 발원한 낙동강이 만든 거대한 석문, 구문소는 천연기념물 제417호로 5억 년 전 고생대에 형성되었다고 한다. 그리고 그 지층 위에 세워진 것이 바로 태백고생대자연사박물관이다. 아이와 지질학, 인류의 탄생에 대해 살펴보며 유익한 시간을 보낼 수 있다.

주소 강원도 태백시 태백로 2249 **전화** 033-581-8181

》분천역 산타마을

영동선의 간이역, 분천역은 1년 내내 크리스마스 분위기이다. 스위스풍 역사와 광장 주변은 산타를 테마로 꾸며 곳곳에서 사진 찍기 좋다. 이곳에서는 관광열차도 즐길 수 있는데 분천역부터 태백 철암역까지 운행되는, 일명 'V트레인'이라 부르는 백두대간협곡열차이다. 시속 30km로 굽이굽이 절경을 감상하며 느린 기차 여행을 즐긴다.

주소 경상북도 봉화군 소천면 분천길 49

내 생애 최고의 단풍 성지
가야산국립공원
백운동야영장

'가야산' 하면 해인사밖에 아는 단어가 없었다. 그러다 우연히 대구의 한 야영객의 사진을 보고 가야산으로 달려갔다. 그곳에는 빨강, 노랑 별천지가 펼쳐지고 있었으니. 생애 최고의 단풍을 가야산 만물상과 백운동야영장에서 원 없이 마주했다.

가을의 끝을 잡고 가야산과 마주하다

아쉬운 가을 끝자락, 11월 초가 되면 중부 지방은 김장하느라 바쁜 겨울권이다. 어영부영하다 가을을 놓쳤다는 아쉬움이 남는다면 남쪽으로 향하라. 그곳에는 아직 가을이 남아 있다. 내장산 등 유명 단풍명소의 인파가 두렵다면 내장산에서 옆으로 눈을 돌려 보자. 장수, 함양, 거창을 거쳐 눈에 딱 띄는 수려한 산이 하나 있을지니. 그곳은 지덕을 갖춘 산, 가야산이다.

가야산은 경남 합천, 거창, 경북 성주에 걸쳐 있는 국립공원이다. 그곳에는 해인사와 팔만대장경 등 명승고적과 수려한 홍류동계곡이 자리한다. 소소하면서도 때론 웅장한 멋이 공존하는 곳이다. 가야산국립공원 안에는 세 개의 국립공원 야영장이 있다. 합천 해인사 가는 길에 삼정야영장과 치인야영장이 나란히 자리하고, 동쪽 만물상 코스 앞에 백운동야영장이 있다. 삼정·치인야영장은 행정구역상 합천이고 백운동야영장만 경북 성주에 속한다. 세 곳 모두 20여 동 규모의 아담한 야영장인데, 조금씩 분위기가 다르니 마음에 드는 곳을 골라 캠핑을 즐기면 된다. 해인사, 홍류동계곡을 찾고 싶다면 삼정·치인야영장이, 가야산 산

수려한 가야산 품의 백운동야영장

행, 특히 만물상 코스가 당긴다면 백운동야영장만큼 좋은 곳은 없다. 아니 결론은 세 곳 모두 거리가 그리 멀지 않으니 어디든 예약만 된다면 감사히 간다.

백운동야영장의 특혜, 울룩불룩 바위 전시장을 즐기다

백운동야영장은 경북 성주군 수륜면 백운리, 가야산국립공원 백운동 지구에 자리한다. 백운동 지구는 가야산 동쪽 만물상의 위상 덕분에 사계절 산객들의 사랑을 받는 곳이다. 특히 가을 단풍이 아름다운 곳으로 유명하다. 또 맑은 용기골계곡이 흘러 가족 단위 탐방객도 많다.

백운동야영장 바로 앞에 백운동탐방지원센터와 만물상 코스, 용기골 코스의 출발점이 있다. 대체로 국립공원 야영장은 산행 코스 출발점과 가까운 곳에 있지만, 이렇게 바로 코 앞에, 그것도 두 개의 코스가 시작되는 야영장은 처음 본다. 이보다 더 좋은 산행 베이스캠프가 있을까? 바로 집 앞에서 편하게 시작하는 산행, 그리고 하산 후에는 쉴 수 있는 내 텐트가 바로 앞에 있다니. 실제로 산

바위의 전시장, 만물상 코스

행 내내 엄청난 마음의 위안이 되었다.

백운동야영장에 머물면 가야산 만물상은 즐겨야 하는 의무이자 권리이다. 상쾌한 아침, 든든히 챙겨 먹고 만물상을 향해 출발한다. 탐방센터 앞에 두 개의 문이 있다. 오른쪽은 용기골 코스, 왼쪽은 만물상 코스 입구이다. 원점회귀이니 어느 코스를 선택하든 도착지는 야영장 앞이다. 만물상 코스가 더 험하고 힘드니 용기골로 올라 만물상으로 내려오는 게 낫다. 처음에는 용기골계곡을 따라 쉬엄쉬엄 단풍 구경을 하며 오른다. 서성재를 앞두고 어느새 단풍은 낙엽으로 바뀐다. 서성재는 옛날 성주와 합천을 이어주는 고개로 군사 요충지였단다. 고개 위에서 기온은 점점 겨울처럼 변신해 점퍼를 꺼내 입게 된다. 상아덤 아래 전망대부터 감탄이 터져 나온다. 설악산도 부럽지 않은 이 풍광. 만 가지 바위가 그려내는 환상적인 그림이다. 딱 아이들이 좋아하는 공룡, 스테고사우루스 한 마리가 꿈틀거리는 모습이다. 조심스럽게 그놈의 등껍질을 넘나들다 보면 힘든 줄도 모른다. 바위에 기생하는 신기한 소나무도 하산 내내 소소한 기쁨을 안겨준다. 어느덧 하산의 끝이 가까워질 무렵, 계단을 내려가다 깜짝 놀란다. 확 트인 풍경 속에 유난히 빨간색으로 빛나는 장소가 있었으니 그곳은 바로 내 보금자리, 백운동야영장이다.

단풍 맛집,
백운동야영장

산행으로 지친 몸을 끌고 단풍 속 텐트로 들어간다. 백운동야영장은 관리소가 따로 없고 백운동탐방지원센터에서 체크인을 한다. 야영장 예약 차량만 다리를 건너 야영장으로 진입하니 어수선할까 봐 걱정할 필요는 없다. 백운동야영장은 한눈에 들어올 정도로 아담하다. 계단식으로 사이트가 배치되어 있다.

백운동야영장 들어가는 다리

가장 상단에는 '솔막'이라는 방갈로 형태의 숙박 시설이 자리한다. 총 열 동으로 텐트 없는 사람이나 편하게 캠핑하고 싶은 사람에게 유용한 시설이다. 안에 취사도구, 침낭, 매트 등은 없기에 개인 용품을 가져와야 한다. 솔막 아래 단에는 A구역 일곱 개의 사이트가 자리한다. 그리고 화장실 등 편의시설을 지나 B구역 영지 아홉 개가 있다. 자리마다 크기와 짐 옮기는 난이도가 조금씩 다르지만, 좋고 나쁨은 크게 차이가 없을 정도로 비슷하다. 단, 상단 사이트는 화장실 다녀올 때, 오르락내리락하며 운동이 절로 된다.

가장 상단의 솔막

솔막 내부

야영장 텐트 주변에서 단풍 퍼레이드가 펼쳐진다.

빨강 속의 백운동야영장, 붉은 잎이 추락하고 있다.

백운동야영장에는 유난히 단풍나무가 많다. 가을 풍경은 그야말로 빨갛다. 야영장 진입하는 다리부터 빨강 퍼레이드가 시작된다. 입구도 빨강, 화장실 가는 길도 빨강, 개수대 가는 길도 빨강, 텐트 주변도 빨강, 심지어 내 텐트도 빨강. 저기 아저씨 의상도 빨강이고 설거지 가방도 빨강이다. 가을 백운동야영장에는 빨강 아니면 입장 불가인가 보다. 지금껏 '단풍' 하면 설악산, 내장산이 대표 명사였는데 오늘부터 '단풍' 하면 가야산, 백운동야영장을 그 대표로 바꾸련다.

빨강 속에서는 무엇을 하든 정겹고 예쁘다. 바라보고만 있어도 흐뭇한 웃음이 새어 나온다. 뛰노는 아이도, 엄마 아빠도 잠시 세상 걱정을 잊고 가을을 만끽한다. 다음 날 아침, 밤새 바람 소리가 예사롭지 않더니 가을은 어딘가로 사라졌다. 붉은 잎들은 모두 추락하고 말았다. 가까스로 매달린 애처로운 몇 잎에 마지막 작별 인사를 건넨다. 이렇게 가야산국립공원 백운동야영장에서 가을을 배웅하며 겨울 맞을 준비를 하고 돌아간다.

》》》 숲 간략 정보

주소 경상북도 성주군 수륜면 가야산식물원길 17
전화 054-931-1430
야영 시설 솔막(방갈로) 10동, 자동차 영지 16동
예약 국립공원 예약시스템 reservation.knps.or.kr

숲 주변 돌아보기

》가야산역사신화테마관

백운동 탐방센터 아래에는 넓은 주차장이 있고 역사공원이 조성되어 있다. 그곳에 가야산역사신화테마관도 자리한다. 아이들과 백운동야영장에서 캠핑한다면 필수 코스이다. 가야산 일대에서 왕성한 문화를 꽃피웠던 고대국가 가야의 흔적을 살펴본다. 다양한 영상을 활용해 역사를 쉽게 설명하고 있어, 아이들과 재밌게 역사 여행을 떠날 수 있다.

주소 경상북도 성주군 수륜면 가야산식물원길 21 **전화** 054-930-8483

》해인사

해인사는 팔만대장경을 봉안하고 있는 법보사찰이다. 백운동야영장이 가야산 동쪽에 위치하는 반면 해인사는 가야산 서남쪽에 있다. 하지만 12km 거리로 가까운 편이니 들러보자. 주차장부터 해인사까지는 제법 올라가야 하지만 숲이 울창한 걷기 좋은 길이다. 대적광전 뒤에 장경판전이 자리한다. 그 앞에서 우리 문화유산의 과학성, 우수성을 오래오래 되새기는 시간을 가져 본다.

주소 경상남도 합천군 가야면 해인사길 122 **전화** 055-934-3000

》대장경테마파크

해인사 가는 길에 먼저 대장경테마파크에 들른다. 대장경의 의미와 제작 역사를 알기 쉽게 설명해 놓았는데, 본격적인 역사를 공부하는 초등 고학년부터는 꽤 유익한 공부가 된다. 부처의 힘을 빌려 나라를 구원하고자 했던 조상들의 간절함, 그 염원을 담아 강화도에서 합천 해인사까지 이어진 대장정은 경이롭게 느껴진다.

주소 경상남도 합천군 가야면 가야산로 1160 **전화** 055-930-4801

캠핑, 주왕산 트레킹의 콜라보

주왕산국립공원 상의야영장

"여기 우리나라 맞아?" 사진 속의 주왕산은 중국 어디로 착각하고 도 남을 정도였다. 옛날 용암이 만든 이색적인 절경. 게다가 그 입구에 캠핑하기 좋은 국립공원 야영장도 기다리고 있으니 안 갈 수가 없다. 한 장의 사진에 끌려 사과향 가득한 청송으로 달려갔다.

더 빠르게 만나는 주왕산 절경

멀고 먼 경북 3대 오지 중 하나였던 청송. 12년 전, 처음 청송행은 고난이었다. 6살 아이와 손잡고 동대구역에서 내려서 대구 출장 왔던 남편을 만났다. 금방 청송에 갈 줄 알았는데 대구에서도 꼬불꼬불 3시간가량을 더 들어갔다. 결국 지쳐서 어디가 어딘지도 모르고 텐트만 던지고 곯아떨어졌던 기억. 그런 청송이 확 달라졌다. 2016년 12월, 영덕으로 고속도로가 뚫리면서 이제는 청송나들목에서 주왕산까지 18km. 획기적인 발전이다. 3대 오지 BYC에서 'C(청송)'은 빼도 되지 않을까? 이제 '청송'이라는 이름만 듣고 멀다고 지레 겁먹을 필요 없다.

주왕산국립공원은 1976년에 우리나라 열두 번째 국립공원으로 지정되었다. 깊은 역사에 비해 인지도는 그리 높은 편이 아니다. 아마 이런 절경이 서울에서 가까운 곳에 있었다면 주왕산이 설악산 버금갈 만큼 인기가 많았을 것이다. 그래도 영남의 제1명승지로 영남권 사람들에겐 꽤 인기가 많은 곳이다. 오래전 용암이 흘러내리면서 굳은 용결 응회암이 이색적인 절경을 선사한다. 이 수려한 주왕산국립공원이 시작되는 초입에 상의야영장이 자리한다. 상의야영장에서 캠핑하면 주왕산이 바로 코앞인 셈이다.

주왕산 입구의 상의야영장

주왕산을 배경으로 캠핑

주왕산국립공원 상의 지구 탐방로 초입에 커다란 주차장과 탐방센터가 있다. 길을 따라 오른편으로는 상가가 있고 왼편 다리를 건너면 상의야영장이 바로 나온다. 입구에 상의야영장으로 안내하는 반달이가 보인다. 다리를 건너 '어서 오십시오'란 커다란 문을 지나면 야영장이다. 시원스러운 계곡과 아름드리 버드나무가 연둣빛을 살랑거리며 반긴다. 관리소가 나오고 바로 뒤에 식당 겸 매점도 있다. 이렇게 매점도 있고 건너편도 번화하니 상의야영장에서 캠핑할 때는 빠트린 것이 있어도 당황스럽지 않다.

야영장은 계단형으로 이루어져 있다. 자동차 야영장인데 3단형 중 가장 아랫단이 A영지이다. A영지만 주차하고 짐을 날라야 한다. 평지이고 그리 멀지 않아 부담은 적다. A영지는 데크 사이트로 덜 정형화된 느낌이 든다. 편의시설 오고 가는 길도 자연스럽다. A영지의 장점은 울창한 플라타너스, 메타세쿼이아가 울

1 정형화된 B구역
2 카라반이 있는 C구역
3 주왕산 기암을 배경으로 한 사이트

창한 지붕이 되어준다는 것. 다시 만난 상의야영장의 플라타너스는 초봄이라 아직 앙상하다. 처음 만났던 상의야영장의 얼굴만한 플라타너스 잎사귀는 아직도 생생하다.

A영지에서 한 단 오르면 B영지이다. 차를 옆에 두는 전형적인 오토캠핑 사이트이다. B영지는 A영지와 대조적으로 나무가 한 그루씩 있지만 그리 크지 않아서 여름에는 그늘이 부족할 수 있다. 마지막으로 가장 윗단은 C영지, 카라반 사이트이다. 정박식 카라반이 열 대 있는데 좀 편하게 캠핑을 즐기고 싶을 때 안성맞춤이다. 뒤편으로 주왕산국립공원 사무소도 있어 왠지 보호받는 느낌도 든다.

상의야영장은 자연과 문명이 조화를 이룬 곳이다. 바로 앞에는 편의점, 각종 프랜차이즈 커피숍이 즐비한 현대 문명. 편리하게 즐기는 오토캠핑 사이트와 카라반. 그 안에서 잠깐만 눈을 들어 바라보면 연두색으로 깨어나는 자연이 반짝이고 있다. 야영장 한 켠의 사과 농장. 그 뒤로 떡하니 서 있는 태고의 바위. 참으로 믿음직스럽다. 가장 오른쪽 끝 사이트가 그래서 부럽다. 텐트 문을 열면 바로 주왕산 기암과 마주한다.

주왕산 트레킹은 필수

산과 들이 온통 연둣빛으로 칠해지고 파스텔톤의 산벚꽃이 점점이 포인트가 되는 봄날, 온가족이 주왕산 트레킹을 나서본다. 상의야영장에서 캠핑한다면 주왕산 트레킹은 의무가 아닐까? 야영장을 나와 번화가를 지나면 바로 대전사에 닿는다. 주왕산국립공원의 다양한 탐방로 중 가장 으뜸은 바로 주왕계곡 따라 용추폭포까지 이어지는 코스이다. 이 길은 대전사부터 용추폭포까지 이어지는 2.1km 코스로 '은빛고을탐방로'라는 예쁜 이름도 갖고 있다. 무장애 탐방로라서 유모차, 휠체어도 진입 가능하고 남녀노소 누구나 편하게 걸을 수 있다.

봄빛 가득한 주왕산

주왕계곡 따라 용추폭포까지 이어지는 은빛고을탐방로

주왕산은 산 전체가 지질공원이다. 기암괴석과 폭포들은 약 7천만 년 전 용암이 흘러내리며 만들어졌단다. 참 신비로운 작품이다. 그 작품은 시작부터 만난다. 대전사 앞 마당에서 바라본 장군봉은 소위 '달력 사진'이다. 누구나 우람한 장군봉을 사진에 담고 간다. 걷는 내내 길도 편하고 기암들 감상하느라 눈도 즐겁다. 아직은 4월이라 살짝살짝 비추는 연둣빛이 전부지만 곧 주왕계곡은 분홍빛 계곡이 될 터이다. 5월이면 주왕산에 자생하는 산철쭉인 '수달래'가 지천으로 피어난다. 옛날 당나라에서 쫓겨온 주왕의 한이 맺혔다는 슬픈 전설을 품은 꽃이다.

주왕산 최고 주상절리로 꼽는 급수대를 만나고 곧 인상적인 학소대도 마주친다. 다리를 건너며 떡시루를 닮았다는 '시루봉'과도 인사한다. 잠시 후 쉼터를 지나 드디어 사진에서 많이 본 장면이 등장한다. 바로 '용추협곡'이다. 마치 중국 영화 속 어딘가에 들어와 있는 기분이 든다. 오랜 세월 침식 작용이 만들어낸 이국적인 풍광 속에서 서로 찍고 찍히기를 반복하며 멋진 사진 한 장을 남기려 애를 쓴다. 협곡을 지나면 기암괴석 사이로 콸콸거리며 용추폭포가 나온다. 아

1 대전사 뒤로 보이는 장군봉
2 시원스러운 용연폭포
3 가까이서 즐기는 절구폭포

담하지만 협곡과 어우러져 시원하게 빛난다.

용추폭포 전망대가 무장애 탐방로의 종점이다. 노약자와 동행했다면 여기서 돌아가면 된다. 여력이 있다면 조금 더 올라 2폭포(절구폭포), 3폭포(용연폭포)까지 다녀와도 좋다. 무장애 탐방로는 아니지만 경사가 거의 없어 걷기 무난한 길이다. 900m 후, 길이 갈린다. 오른쪽으로는 절구폭포, 왼쪽으로는 용연폭포 이정표. 어딜 먼저 가든 부담없는 거리이다. 용연폭포는 2단 폭포이다. 시원한 물줄기를 위, 아래에서 담아본다. 절구폭포도 만나본다. 용연폭포보다는 조금 작고 수량이 부족하지만 역시 멋진 2단 폭포이다. 폭포 아래서 한동안 쉬어간다. 바라보기만 해도 가슴이 시원해지고 주왕산의 기운이 곳곳에 스며드는 듯하다.

》》》 숲 간략 정보

주소 경상북도 청송군 주왕산면 공원길 169-7
전화 054-870-5341
야영 시설 자동차 영지 49동, 카라반(체류형) 10동
예약 국립공원 예약시스템 reservation.knps.or.kr

숲 주변 돌아보기

》주산지

'주산지'는 조선시대에 조성된 저수지이다. 영화 촬영지, 사진 출사지로 소문나면서 이제는 주왕산과 더불어 청송의 필수 관광지가 되었다. 물에 잠겨 자생하는 왕버들이 그려내는 그림 같은 풍광은 봄, 여름, 가을, 겨울 각기 다른 모습으로 다가온다. 버드나무는 1720년 주산지가 생기기 전부터 이곳을 지키고 있었다니 그 깊은 생명력에 고개가 숙여진다. 주산지까지는 약 30분 거리의 산책 코스라 누구나 가볍게 다녀올 수 있다. 가는 길에 할머니들이 나와 파는 사과도 맛보자. 청송 사과는 어디서든 꿀맛이다.

주소 경상북도 청송군 주왕산면 주산지리 73

》달기약수

청송에 가면 꼭 맛봐야 하는 것이 사과와 약수이다. 특히 부곡리에 있는 달기약수가 유명하다. 달기약수는 톡톡 튀는 탄산을 비롯해 아연, 철 등이 녹아 있어 위장병 등에 효과가 좋다고 한다. 주변에는 약수를 이용한 각종 닭 요리를 내는 식당이 있다. 약수를 받아와 캠핑장에서 밥을 지어도 윤기 좔좔 흐르는 건강 밥을 맛볼 수 있다.

주소 경상북도 청송군 청송읍 약수길 16

part

3

테마별·지역별 모아 보기

2022,
지금 가장 핫한 숲

1 동두천자연휴양림 p.126

#예약 경쟁률 최고 #예약 개시와 함께 순삭
#예약 넘사벽 휴양림

2 연곡해변솔향기캠핑장 p.216

#동해안 최고 인기 캠핑장
#오션뷰 캠핑장
#한 번도 못 간 사람은 있어도
한 번만 가는 사람은 없다

3

월악산국립공원 닷돈재야영장 p.396

#인기 많은 국립공원 캠핑장
#시설 좋은 A급 국립공원 야영장

4

신시도자연휴양림 p.244

#지금 최고 인기 휴양림
#국립 휴양림 추첨 경쟁률 최고
#오션 뷰 휴양림

5 유명산자연휴양림 p.286

#인기 휴양림 순위 상위권
#언제나 TOP10
#정통 인기 휴양림

6 안면도자연휴양림 p.224

#서해안 최고 인기 휴양림
#충청남도 추첨제 휴양림
#추첨 당첨도 어렵지만 취소분 따내기도 힘든 곳

7 봉수산자연휴양림 p.174

#호수 뷰 휴양림
#관리 잘 되는 휴양림
#꾸준히 인기 있는 휴양림

8 축령산자연휴양림 p.294

#경기도 유명 추첨제 휴양림
#강씨봉자연휴양림과 추첨 경쟁 계의 양대산맥

9 화천숲속야영장

p.372

#국립 자연휴양림
야영 시설 최고경쟁률
#반려견 동반 가능

2018년 이후 개장한,
따끈따끈 신생 숲

1
양평쉬자파크 p.64

#럭셔리한 휴양림
#고급스러운 휴식을 지향하는 곳

2
동두천자연휴양림
p.126

#아이들의 천국
#수도권 최고 인기 휴양림

3
철원두루웰숲속문화촌
p.142

#철원군의 야심작
#돌려주는 철원사랑상품권으로
철원 관광까지 OK

4 화천숲속야영장 p.372

#산림청 1호 전문 야영장
#사계절 오토캠핑 가능한 숲

5 춘천숲체원 p.72

#신생 국립 숲체원 #모험 시설 운영 숲체원

6 무주향로산자연휴양림 p.190

#눈길 사로잡는 숙박 시설
#사계절 장작 피울 수 있는 휴양림

7

신시도자연휴양림

p.244

#해안형 휴양림
#해·달·별을 형상화한 휴양림
#녹색에너지 친환경 휴양림

8

완도자연휴양림

p.252

#오션뷰 휴양림
#난대림 휴양림
#완도수목원과 한 몸

9

변산반도국립공원 고사포야영장

p.238

#해안형 국립공원 야영장
#텐트에서 일몰 감상 가능

10
문수산자연휴양림
p.198

#리조트형 휴양림
#럭셔리한 경상권 휴양림

11
하동편백자연휴양림
p.110

#편백 숲 휴양림
#산 전망 좋은 휴양림

12
사천케이블카자연휴양림
p.276

#편백숲에서 하룻밤보내며
사천케이블카까지
#편백 숲 야영장 최고

원시 자연을 만나는 명품 숲

아이와 뛰어놀기 좋은 숲

사계절 바비큐 가능한 숲

축령산자연휴양림 p.294
동두천자연휴양림 p.126
고대산자연휴양림 p.134
광치자연휴양림 p.324
철원두루웰숲속문화촌 p.142
봉수산자연휴양림 p.174
무주향로산자연휴양림 p.190
태학산자연휴양림 p.182

목공 체험이 가능한 숲

경기도잣향기푸른숲 p.48
철원두루웰숲속문화촌 p.142
공주산림휴양마을 p.166
방화동자연휴양림·가족휴가촌 p.338
남해편백자연휴양림 p.268
붉은오름자연휴양림 p.116

걷기 좋은 데크로드·무장애 탐방로가 있는 숲

유명산자연휴양림 p.286
산음자연휴양림 p.56
경기도잣향기푸른숲 p.48
고대산자연휴양림 p.134
광치자연휴양림 p.324
안면도자연휴양림 p.224
붉은오름자연휴양림 p.116

봄꽃이 화려한 숲

여름 물놀이하기 좋은 숲

단풍이 끝내주는 숲

설경이 아름다운 숲

이색 숙소가 있는 숲

양평쉬자파크(초가원) p.64
광치자연휴양림(이글루) p.324
봉수산자연휴양림(트리하우스) p.174
소백산자연휴양림(화전민촌) p.158
안면도자연휴양림(한옥) p.224
방화동자연휴양림(동남아시아 가옥) p.338
청옥산자연휴양림(캐빈) p.420

카라반·글램핑 시설이 있는 숲

오대산국립공원 소금강산야영장 p.364
설악산국립공원 설악동야영장 p.380
연곡해변솔향기캠핑장 p.216
월악산국립공원 닷돈재야영장 p.396
덕유산국립공원 덕유대야영장 p.412
변산반도국립공원 고사포야영장 p.238
가야산국립공원 백운동야영장 p.428
주왕산국립공원 상의야영장 p.436
비슬산자연휴양림 p.88

숙박 시설에 침대가 구비된 숲

동두천자연휴양림 p.126
용대자연휴양림(장애인객실) p.310
변산자연휴양림(장애인객실) p.260
신시도자연휴양림(장애인객실) p.244
조령산자연휴양림(2인실) p.150
무주향로산자연휴양림(트리하우스 일부, 동굴집) p.190

이색 체험·이색 활동이 가능한 숲

춘천숲체원(집라인 모험 시설) p.72

광치자연휴양림(미니 집라인) p.324

양양송이밸리자연휴양림(집라인) p.208

철원두루웰숲속문화촌(집라인 모험 시설) p.142

조령산자연휴양림(족욕) p.150

소백산자연휴양림(네트 어드벤처, 족욕, 승마) p.158

모험 시설

족욕

집라인

모험 시설

한눈에 보기

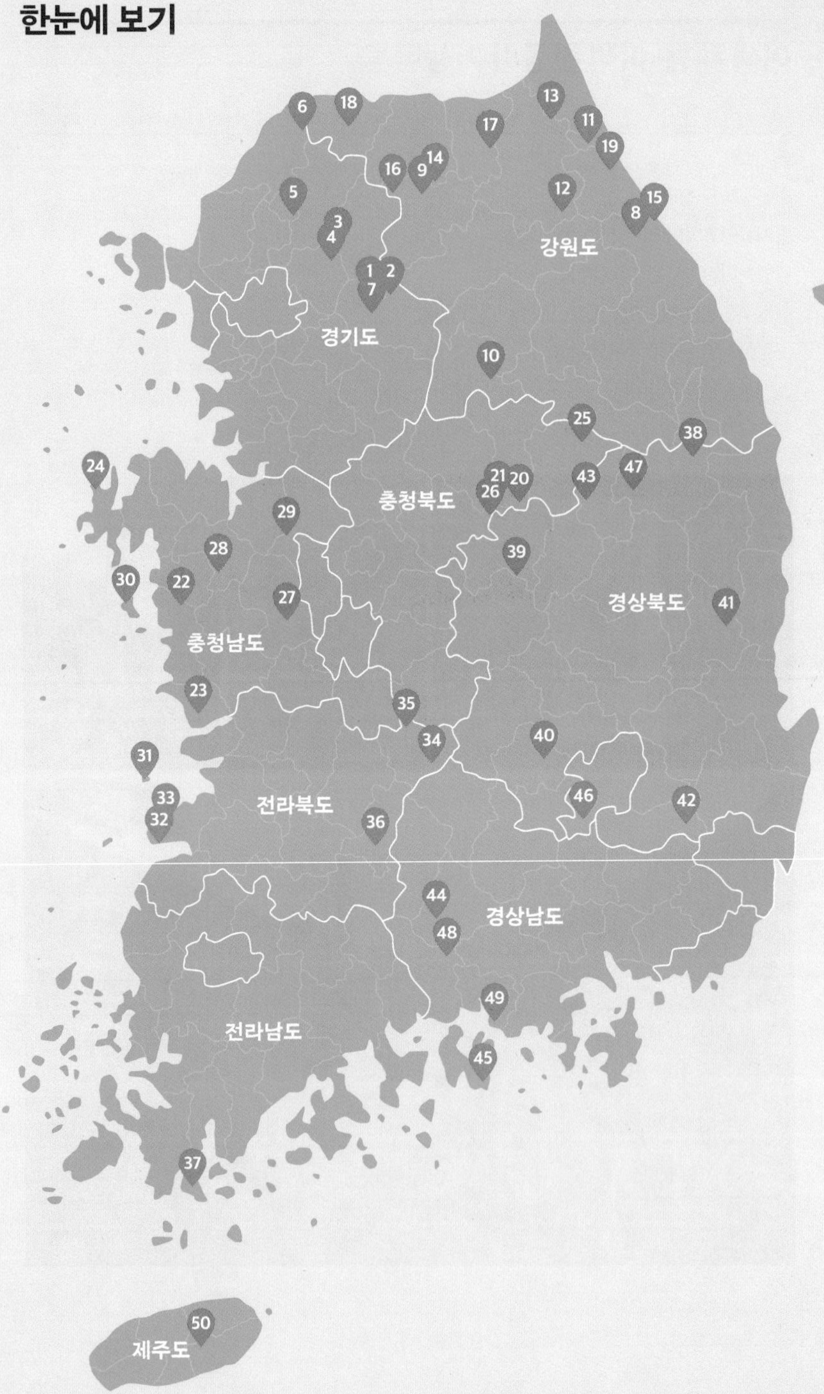

강원도
경기도
충청북도
충청남도
경상북도
전라북도
경상남도
전라남도
제주도
1
2
3
4
5
6
7
8
9
10
11
12
13
14
15
16
17
18
19
20
21
22
23
24
25
26
27
28
29
30
31
32
33
34
35
36
37
38
39
40
41
42
43
44
45
46
47
48
49
50

	이름	국공립	지역		주소	전화번호	p.
1	유명산자연휴양림	국립	경기도	가평군	설악면 유명산길 79-53	031-589-5487	286
2	산음자연휴양림			양평군	단월면 고북길 347	031-774-8133	56
3	경기도잣향기푸른숲	공립		가평군	상면 축령로 289-146	031-8008-6769	48
4	축령산자연휴양림			남양주시	수동면 축령산로 299	031-8008-6690	294
5	동두천자연휴양림			동두천시	탑동가산로 1	031-860-3257	126
6	고대산자연휴양림			연천군	신서면 고대산길 84-79	031-834-2200	134
7	양평쉬자파크			양평군	양평읍 쉬자파크길 193	031-770-1009	64
8	오대산국립공원 소금강산야영장	국립	강원도	강릉시	연곡면 소금강길 449	033-661-4161	364
9	춘천숲체원			춘천시	신북읍 장본2길 331	033-912-9000	72
10	치악산국립공원 금대야영장			원주시	판부면 영원산성길 372	033-763-5232	388
11	설악산국립공원 설악동야영장			속초시	청봉로 25	033-801-0903	380
12	방태산자연휴양림			인제군	기린면 방태산길 241	033-463-8590	318
13	용대자연휴양림			인제군	북면 연화동길 7	033-462-5031	310
14	화천숲속야영장			화천군	간동면 배후령길 1144-24	033-441-4466	372
15	연곡해변솔향기캠핑장	공립		강릉시	연곡면 해안로 1282-2	033-662-2900	216
16	집다리골자연휴양림			춘천시	사북면 화악지암1길 130	033-243-8920	302
17	광치자연휴양림			양구군	국토정중앙면 광치령로 1794번길 265	033-482-3115	324
18	철원두루웰숲속문화촌			철원군	갈말읍 지경1길69	033-450-5198	142
19	양양송이밸리자연휴양림			양양군	양양읍 고노동길 98-50	033-670-2644	208
20	월악산국립공원 용하야영장	국립	충청도	제천시	덕산면 월악산로 913	043-653-3257	332
21	월악산국립공원 닷돈재야영장			제천시	한수면 미륵송계로 1647	043-653-3250	396
22	오서산자연휴양림			보령시	청라면 오서산길 531	041-936-5465	80
23	희리산해송자연휴양림			서천군	종천면 희리산길 206	041-953-2230	404
24	태안해안국립공원 학암포야영장			태안군	원북면 옥파로 1152-37	041-674-3224	232
25	소백산자연휴양림	공립		단양군	영춘면 하리방터길 180	043-423-3117	158
26	조령산자연휴양림			괴산군	연풍면 새재로 1795	043-833-7994	150
27	공주산림휴양마을			공주시	수원지공원길 222	041-855-0855	166
28	봉수산자연휴양림			예산군	대흥면 임존성길 153	041-339-8936	174
29	태학산자연휴양림			천안시	동남구 풍세면 휴양림길 105-2	041-529-5108	182
30	안면도자연휴양림			태안군	안면읍 안면대로 3195-6	041-674-5019	224
31	신시도자연휴양림	국립	전라도	군산시	옥도면 신시도길 271	063-464-5580	244
32	변산자연휴양림			부안군	변산면 변산로 3768	061-581-9977	260
33	변산반도국립공원 고사포야영장			부안군	변산면 운산리 441-11	063-582-7835	238
34	덕유산국립공원 덕유대야영장			무주군	설천면 구천동1로 159	063-322-3174	412
35	무주향로산자연휴양림	공립		무주군	무주읍 무학로 153-36	063-322-6884	190
36	방화동자연휴양림·가족휴가촌			장수군	번암면 방화동로 778	063-353-0855	338
37	완도자연휴양림			완도군	완도읍 대야일구1길 115	061-550-3570	252
38	청옥산자연휴양림	국립	경상도	봉화군	석포면 청옥로 1552-163	054-672-1051	420
39	대야산자연휴양림			문경시	가은읍 용추길 31-35	054-571-7181	346
40	가야산국립공원 백운동야영장			성주군	수륜면 가야산식물원길 17	054-931-1430	428
41	주왕산국립공원 상의야영장			청송군	주왕산면 공원길 169-7	054-870-5341	436
42	운문산생태·경관보전지역			청도군	운문면 운문사길 55	054-371-6405	102
43	국립산림치유원			영주시	봉현면 테라피로 209	054-639-3400	96
44	지리산국립공원 소막골야영장			산청군	삼장면 평촌유평로 245	055-972-7775	354
45	남해편백자연휴양림			남해군	삼동면 금암로 658	055-867-7881	268
46	비슬산자연휴양림	공립		대구시	유가읍 일연선사길 61	053-659-4400	88
47	문수산자연휴양림			봉화군	봉성면 시거리길 378	054-674-3700	198
48	하동편백자연휴양림			하동군	옥종면 돌고지로 1088-51	070-8994-0717	110
49	사천케이블카자연휴양림			사천시	실안길 242-45	055-835-9524	276
50	붉은오름자연휴양림	공립	제주도	서귀포시	표선면 남조로 1487-73	064-782-9171	116

숲 예약 달력

일	시	방식	시설 및 할 일	신청 범위	대기
1	09시	선착순	집다리골자연휴양림 예약	익월 1일~말일분	X
		선착순	광치자연휴양림 예약	익월 1일~말일분	O
		선착순	봉수산자연휴양림 예약	익월 1일~말일분	O
		선착순	무주향로산자연휴양림 예약	익월 1일~말일분	X
	14시	선착순	모든 국립공원 야영장 예약	당월 16일~말일분	O
	09시(~4일 24시)	추첨제	축령산자연휴양림 신청	익월 1일~말일분	-
		추첨제	안면도자연휴양림 신청	익월 1일~말일분	-
4	09시(~9일 18시)	추첨제	국립 자연휴양림(아세안자연휴양림 제외) 신청	익월 금 토요일, 공휴일 전날 숙박분	-
5	10시	-	축령산자연휴양림, 안면도자연휴양림 당첨 발표		-
6	09시	선착순	안면도자연휴양림 미결제분 예약		X
7	09시	선착순	축령산자연휴양림 미결제분 예약		O
10	16시	추첨제	국립 자연휴양림 당첨 발표		-
15	09시	선착순	모든 국립 자연휴양림 미결제분(첫째~셋째주 분) 예약		O
	14시	선착순	모든 국립공원 야영장 예약	익월 1일~15일분	O

요일	시	방식	시설명	신청 범위	대기
월요일	09시	선착순	장수방화동자연휴양림 예약	3주차분	O
화요일	09시	선착순	동두천자연휴양림 예약	6주차분	O
		선착순	문수산자연휴양림 예약	5주차분	O
수요일	09시	선착순	모든 국립자연휴양림 예약	6주차 평일분	O
		선착순	고대산자연휴양림 예약	6주차분	O
		선착순	철원두루웰숲속문화촌 예약	6주차분	O
		선착순	송이밸리자연휴양림 예약	6주차분	O
		선착순	공주산림휴양마을 예약	6주차분	X
		선착순	태학산자연휴양림 예약	6주차분	O
		선착순	소백산자연휴양림 예약	6주차분	O
		선착순	조령산자연휴양림 예약	6주차분	X
		선착순	완도자연휴양림 예약	6주차분	O
		선착순	하동편백자연휴양림 예약	6주차분	O
		선착순	사천케이블카자연휴양림 예약	6주차분	O
		선착순	붉은오름자연휴양림 예약	6주차분	X
수요일	10시	선착순	양평쉬자파크 예약	4주차분	X
매일	10시	선착순	연곡해변솔향기캠핑장 예약	익월 같은 날짜 숙박 개시분	X
매일	09시	선착순	춘천숲체원, 국립산림치유원 예약	4주 후 숙박 개시분	X

※ 이 책에 실린 정보는 2022년 7월까지의 정보 수집을 바탕으로 하며, 변동 사항이 있을 수 있습니다.
특히 코로나19로 인해 시설의 운영 상태·방식에 변화가 있을 수 있으니 주의 바랍니다.